国家科学技术学术著作出版基金资助出版

热电材料与器件

陈立东 刘睿恒 史 迅 著

科学出版社

北 京

内 容 简 介

本书比较全面地梳理和总结了热电材料与器件研究领域的基础理论和新的发现，同时基于作者过去 20 余年从事热电材料研究所积累的创新科研成果，并结合国内外该领域的研究进展和相关理论，系统阐述了热电材料的多尺度结构设计与性能调控策略，总结了器件设计集成与应用技术的最新研究成果。本书特别注重基本物理效应与高性能热电材料设计合成的融合，并且对该领域的未来发展和挑战提出了作者的基本思考，利于启发读者的创新思维。

本书可供从事热电材料研究以及器件研发的科研人员、研究生和工程技术人员参考学习，也可作为大专院校材料科学与工程、半导体、热工程等专业的教学参考用书。

图书在版编目(CIP)数据

热电材料与器件/陈立东，刘睿恒，史迅著.—北京：科学出版社，2018.3
ISBN 978-7-03-056434-4

Ⅰ.①热⋯ Ⅱ.①陈⋯ ②刘⋯ ③史⋯ Ⅲ.①热电转换-功能材料 Ⅳ.①TB34

中国版本图书馆 CIP 数据核字（2018）第 017266 号

责任编辑：翁靖一 / 责任校对：韩 杨
责任印制：赵 博 / 封面设计：耕 者

科学出版社 出版
北京东黄城根北街 16 号
邮政编码：100717
http://www.sciencep.com

北京中石油彩色印刷有限责任公司印刷
科学出版社发行 各地新华书店经销
*

2018 年 3 月第 一 版 开本：720×1000 1/16
2025 年 1 月第七次印刷 印张：13
字数：250 000

定价：98.00 元
（如有印装质量问题，我社负责调换）

序

热电转换物理效应、热电材料及其应用技术的研究历史悠长。长期以来，热电转换技术主要应用于特种电源、微小型制冷等技术领域，是一个"小众"的研究领域。进入21世纪，快速发展的清洁能源、特殊电源、高功率电子器件等技术领域对高效热电转换技术提出了新的、迫切的需求，使得热电材料和热电转换技术开始受到工业界和学术界的广泛关注。

近20年来，热电材料科学得到快速发展，特别是热电半导体输运物理机制的深入理解支撑了高性能热电材料的研发，热电性能得到快速提升，同时，器件设计方法与集成技术也不断完善。在此背景下，陈立东研究员等着手撰写《热电材料与器件》一书，梳理和总结该领域最新研究成果，我为之高兴。该书不仅梳理了热电材料领域的基础知识，而且还涵盖了作者本人在内的研究者们多年来在热电材料设计理论与制备科学、器件设计与集成技术等方面取得的诸多原创性重大成果，形成了有关热电材料与器件较为全面、丰富的知识体系。

该书特别注重基本物理效应与高性能热电材料设计合成的融合，不仅重点阐述了基础理论在材料设计中的应用，而且归纳总结出了性能优化方法的基本策略和创新思路，并且对于相关的科学和技术的发展方向和未来挑战提出了作者的基本思考，有利于开阔眼界、启发读者创新思维的萌生。相信该书的出版，一定能够为从事热电材料研究与器件研发的科研人员和工程技术人员以及在相关专业学习的高等院校师生提供很好的参考价值！

2017年12月

前　言

热电能量直接转换的第一个物理效应——泽贝克效应（Seebeck effect）于 1821 年被发现，这是一个由温差产生热电势的温差发电效应。此后经过 30 余年，佩尔捷效应和汤姆孙效应先后被发现，三者构成了描述热电能量直接转换物理效应的完整体系。汤姆孙基于热力学理论建立了三种热电效应间的关联性，构筑了热电能量相互转换的热力学基础理论。然而，直到 20 世纪 50 年代，热电发电与制冷技术才开始获得实际应用，主要是受限于人们一直没有找到高性能热电材料。20 世纪 50 年代，得益于半导体理论的建立及其在热电材料开发中的成功应用，半导体热电材料的性能获得较大幅度提升，Bi_2Te_3、$PbTe$、$SiGe$ 等多种体系的无量纲热电优值 ZT 达到或接近 1.0。此后的半个多世纪，热电转换技术在空间电源、局域制冷等技术领域一直发挥着不可替代的作用。

当今，化石能源短缺和环境污染问题凸显，能源的多元化和高效多级利用成为系统解决能源与环境问题的一个重要技术途径。热电转换技术作为一种绿色能源技术和环保型制冷技术受到工业界和学术界越来越广泛的关注。例如，工业余热的高效多级利用、环境能量回收、特种电源等技术的发展对分散型、低能量密度热能高效转换新技术的开发提出了迫切需求。同时，电子信息、新能源汽车等现代产业的发展对微小空间高效快速温控、局域高热流密度主动热控等技术的需求日益扩大。热电发电和热电制冷技术，由于其不可替代的灵活性、多样性、可靠性等优势和特点，作为支撑诸多现代产业的关键技术正受到前所未有的期待。自 20 世纪 90 年代以来，热电材料科学得到长足的发展，特别是对热电半导体输运物理机制的深入理解、新的热电材料设计理论的提出、热电材料多尺度结构调控方法和制备技术的快速发展等，推动了高性能热电材料的研发，ZT 值突破了徘徊几十年的 1.0 的瓶颈，热电材料科学和热电转换技术的内涵也得到了拓展和丰富。

作者过去 20 余年一直从事热电材料与器件的研究，有幸与诸多同仁一起经历着热电材料科学的高速发展期。本书试图较全面地梳理和总结热电材料与器件技术领域的最新研究成果，特别关注近 20 年来发展起来的热电材料设计新理论、合成新方法、器件集成新技术，并将热电材料的基础理论与材料研究和技术开发有机地融合起来，阐述热电材料的多尺度结构设计与性能调控的策略与方法，向读者提供热电材料和器件的研发策略。

本书按照基础物理知识、材料制备、器件技术的次序展开，试图对热电材料基础科学问题和器件关键技术问题进行全面覆盖。第 1 章至第 3 章讲述热电转换基本原理、热电材料性能优化策略和热电输运性能的测量等基础知识，借鉴已有的资料和最新研究成果，试图在融合经典半导体物理和热电输运新效应的基础上，阐述热电材料设计的策略和方法。热电材料物理性质的精确测量一直是该领域面临的一个技术难题，第3章，除了介绍热电材料关键物理性质的测量原理和方法外，还特别关注测量误差的分析，并讲述了低维材料热电性能的测量新方法。第4章至第6章，分别讲述典型热电材料体系及其性能优化、低维结构及纳米复合热电材料、导电聚合物及其纳米复合热电材料的合成、结构与性能调控，努力浓缩最新的研究成果，阐述热电材料的多尺度结构调控与制备科学。第7章涉及热电器件设计集成与应用，特别关注高效率、高可靠器件的设计原理与制造关键技术，并展望热电转换技术的未来发展。

本书基本素材主要取自作者研究团队多年来的创新研究成果，同时汇聚了国内外热电材料和器件研究的论文和专利，在撰写过程中得到了许多国内同行的鼓励和大力支持。在本书成稿之际，衷心感谢各位同仁的帮助和本组所有研究生、博士后和老师对研究工作所做的贡献！特别感谢曾华荣、仇鹏飞、宋君强、宗鹏安、姚琴、瞿三寅、柏胜强、张骐昊、廖锦城、郑珊等在本书编著过程中所做的大量的图片处理、文献查找和文字校对等工作！

限于作者水平和精力，书中难免存在不足和疏漏，恳请广大读者和同行专家批评指正。

陈立东　刘睿恒　史　迅

2017年12月

目 录

序
前言

第1章 热电转换基本原理 ··· 1
1.1 引言 ··· 1
1.2 热电转换物理效应 ··· 1
1.2.1 泽贝克效应 ··· 1
1.2.2 佩尔捷效应 ··· 3
1.2.3 汤姆孙效应 ··· 4
1.2.4 热电效应间的关系 ··· 5
1.3 热电转换效率与热电材料性能优值 ··· 6
1.3.1 热电发电器件性能参数 ··· 7
1.3.2 热电制冷器件性能参数 ··· 11
参考文献 ··· 15

第2章 热电材料性能优化策略 ··· 16
2.1 引言 ··· 16
2.2 热电输运基础理论 ··· 17
2.2.1 载流子输运的能带模型 ··· 17
2.2.2 载流子的散射 ··· 21
2.2.3 固体材料中的热传导与声子散射 ··· 22
2.2.4 β因子与优异热电材料的基本特征 ··· 26
2.3 热电材料性能优化典型策略 ··· 27
2.3.1 多能带简并 ··· 27
2.3.2 电子共振态 ··· 29
2.3.3 合金固溶 ··· 29
2.3.4 声子共振散射 ··· 31
2.3.5 类液态效应 ··· 32
2.4 纳米结构热电输运理论与纳米热电材料 ··· 34
2.4.1 纳米尺度的电输运 ··· 34

  2.4.2 纳米尺度的热输运 ·· 37
  2.4.3 纳米晶与纳米复合热电材料 ······································ 38
参考文献 ·· 39

第3章 热电输运性能的测量 ·· 43
3.1 引言 ·· 43
3.2 块体材料热电性能测量 ··· 43
  3.2.1 电导率 ·· 43
  3.2.2 泽贝克系数 ·· 44
  3.2.3 热导率 ·· 46
3.3 薄膜材料热电性能测量 ··· 51
  3.3.1 薄膜材料热导率测量 ··· 51
  3.3.2 薄膜材料电阻率测量 ··· 54
  3.3.3 薄膜材料泽贝克系数测量 ·· 55
  3.3.4 纳米线电导率和泽贝克系数测量 ······························· 58
  3.3.5 纳米线热导率测量 ·· 60
3.4 总结 ·· 62
参考文献 ·· 62

第4章 典型热电材料体系及其性能优化 ··································· 65
4.1 引言 ·· 65
4.2 Bi_2Te_3 基合金 ·· 66
4.3 PbX（X=S,Se,Te）化合物 ·· 70
4.4 硅基热电材料 ·· 75
  4.4.1 SiGe 合金 ·· 75
  4.4.2 Mg_2X（X = Si, Ge, Sn） ····································· 78
  4.4.3 高锰硅化合物 ·· 80
  4.4.4 β-$FeSi_2$ ·· 82
4.5 笼状结构化合物 ··· 85
  4.5.1 方钴矿与填充方钴矿 ··· 85
  4.5.2 笼合物 ·· 90
4.6 快离子导体热电材料 ·· 92
4.7 氧化物热电材料 ··· 95
4.8 其他新兴热电材料体系 ··· 97
  4.8.1 半 Heusler 合金 ··· 97
  4.8.2 类金刚石结构化合物 ··· 100
参考文献 ·· 103

第 5 章 低维结构及纳米复合热电材料 110

- 5.1 引言 110
- 5.2 超晶格薄膜热电材料的制备与性能 110
  - 5.2.1 超晶格热电薄膜的制备 110
  - 5.2.2 超晶格结构的声子输运特征与热导率 112
  - 5.2.3 超晶格的载流子输运特征与电性能 114
- 5.3 纳米晶热电薄膜材料的制备与性能 117
- 5.4 热电材料纳米线的制备与结构调控 119
- 5.5 热电材料纳米粉体的制备 120
- 5.6 纳米复合热电材料的制备与结构调控 125
- 5.7 典型纳米复合热电材料的结构调控与性能优化 126
  - 5.7.1 $CoSb_3$ 基方钴矿纳米复合材料 126
  - 5.7.2 PbTe 基材料的多尺度结构调控 128
- 5.8 总结 129
- 参考文献 129

第 6 章 导电聚合物及其纳米复合热电材料 137

- 6.1 引言 137
- 6.2 导电聚合物及其纳米复合材料的热电性能调控 137
  - 6.2.1 导电聚合物热电性能概述 137
  - 6.2.2 掺杂程度调节 141
  - 6.2.3 聚合物分子链有序化 142
  - 6.2.4 有机/无机界面效应 146
  - 6.2.5 电荷迁移架桥 149
  - 6.2.6 纳米插层超晶格结构 150
- 6.3 导电聚合物基纳米复合热电材料的制备方法 153
  - 6.3.1 粉体混合法 153
  - 6.3.2 溶液介质混合法 153
  - 6.3.3 原位聚合法 155
  - 6.3.4 层层自组装法 157
- 6.4 总结 158
- 参考文献 159

第 7 章 热电器件设计集成与应用 163

- 7.1 引言 163
- 7.2 热电器件基本结构与制备方法 163
  - 7.2.1 热电器件基本结构与工作原理 163

    7.2.2　热电器件的典型制造工艺 …………………………………… 165
7.3　热电器件设计与评价 ………………………………………………… 168
    7.3.1　器件设计原理与方法 …………………………………………… 168
    7.3.2　单级/多段器件结构设计 ……………………………………… 170
    7.3.3　器件评价方法 …………………………………………………… 173
7.4　界面设计与连接技术 ………………………………………………… 176
    7.4.1　电极材料的选择与电极连接技术 ……………………………… 176
    7.4.2　热电材料/电极过渡层与界面结构 …………………………… 178
    7.4.3　界面电阻和界面热阻的测量 …………………………………… 180
7.5　微型热电器件的设计与集成 ………………………………………… 182
    7.5.1　微型器件基本结构与制造技术 ………………………………… 182
    7.5.2　微型热电器件性能与优化方法 ………………………………… 183
7.6　器件应用与服役性能 ………………………………………………… 185
7.7　挑战与展望 …………………………………………………………… 186
参考文献 ……………………………………………………………………… 186

关键词索引 ………………………………………………………………… 190

第1章 热电转换基本原理

1.1 引　　言

热电能量直接转换的第一个物理效应——泽贝克效应*(Seebeck effect)于1821年被发现，这是一个由温差产生热电势的温差发电效应。此后经过30多年，佩尔捷效应*(Peltier effect)和汤姆孙效应*(Thomson effect)先后被发现，三者构成了描述热电能量直接转换物理效应的完整体系[1-3]。尽管泽贝克效应与佩尔捷效应的发现均涉及由两种不同导体组成的回路并且均发生在不同导体的接点处，但它们都不是界面效应，后来发展起来的固体物理学告诉我们，包括汤姆孙效应在内的三个热电基础物理效应均起源于导体中的载流子所携带能量的差异。

汤姆孙基于热力学理论建立了三种热电效应间的关联性，构筑了热电能量相互转换的热力学基础理论[3]。汤姆孙理论向人们揭示，具有正负泽贝克系数的两种导体构成的回路（热电偶）是一种热引擎，它可以利用温差发电，也可以利用电流泵浦热能或制冷。然而，由于可逆的热电效应总伴随着不可逆的焦耳热效应和热传导，使热电能量转换效率难以提高，热电偶除了测量温度的应用外，作为热引擎并没有实现实际应用，在相当长的一段时期，热引擎的设计也没有一个系统的理论来指导。直到1911年，Altenkirch第一次分析了热电能量转换效率与构成热电臂材料间物理参数（泽贝克系数、电导率、热导率）之间的关系[4]，指出提高转换效率必须提高构成热电臂导体材料的泽贝克系数的绝对值和电导率，同时还需要降低两种导体的热导率，基本形成了今天我们用以判断热电材料性能的重要判据——热电优值 Z(figure of merit)或无量纲热电优值 ZT(dimensionless figure of merit)的基础框架。

本章简要阐述热电转换物理效应与基本原理及热电能量转换效率与材料物理性质的关系。

1.2　热电转换物理效应

1.2.1　泽贝克效应

固体材料中热能直接转换为电能的物理现象首先由德国科学家 Thomas Johann Seebeck 于1821年发现，称为泽贝克效应，在此后的二三十年间，科学家

---

* 全国科学技术名词审定委员会审定正式公布的专业术语。

们又先后发现佩尔捷效应和汤姆孙效应，这三种物理效应和热焦耳效应构成了描述和解析热电能量转换过程的物理基础。

Thomas Johann Seebeck 在实验中，将两条不同的金属导线首尾相连形成回路，当对其中的一个结加热、另一个结保持低温状态时，发现在回路周围产生了磁场，如图1-1（a）所示。他当时认为产生磁场的原因是温度梯度导致金属被磁化，因此称为热磁效应（thermomagnetism）。但随后不久，于1823年，该现象的物理解释被 Hans Christian Oersted 的实验更正。Oersted 的实验发现，这种现象起因于温度梯度在不同材料的节点间形成了一个电势差 V_{ab}，从而产生了回路电流而导致导线周围产生磁场，据此提出热电效应（thermoelectricity）的概念。但该现象是由泽贝克首先发现而被命名为泽贝克效应。

图 1-1 泽贝克效应

如图1-1（b）所示，两种不同的导体材料 a 和 b 连接时，如果两个接头具有不同温度，其中冷端温度为 T，热端温度为 $T+\Delta T$，在导体 b 的两个自由端（保持相同温度）间可以测量回路中产生的电势差 V_{ab}，V_{ab} 可由式（1-1）来表达。

$$V_{ab}=S_{ab}\Delta T \tag{1-1}$$

式中，S_{ab} 为两种导体材料的相对泽贝克系数（differential Seebeck coefficient），μV/K；电势差 V_{ab} 具有方向性，取决于构成回路的两种材料本身的特性和温度梯度的方向。规定当热电效应产生的电流在导体 a 内从高温端向低温端流动时 S_{ab} 定义为正。泽贝克系数也可称为温差电动势率（thermoelectric power 或 thermal EMF coefficient）。

泽贝克效应的成因可通过温度梯度下导体内电荷分布的变化作简单解释。如图1-2所示，以 p 型半导体（空穴为多数载流子）为例，当材料处于均匀温度场时，其内部载流子的分布（浓度、能量和速度）是均匀的，材料整体处于电中性。当导体的两端存在温差时，热端（温度 $T+\Delta T$）的空穴比冷端（温度 T）的空穴获得更高的能量（$E+\Delta E$），在热端形成更多的空穴，由于空穴浓度差导致其从热端向冷端扩散并在冷端堆积，形成材料内部电荷浓度的不均匀分布，从而在材料内部形成空间电场或电势差，同时在该电势差作用下产生一个反向漂移电荷流，当

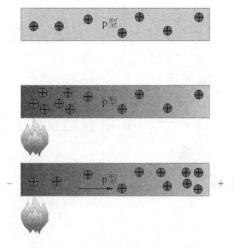

图 1-2 泽贝克效应原理示意图

热运动的电荷扩散流与内部电场产生的漂移电荷流相等时达到动态平衡，半导体两端形成稳定的温差电动势 V。

对于以上描述的温差电动势形成过程，可以定义材料在温度 T 的绝对泽贝克系数 (S) 为

$$S = \lim_{\Delta T \to 0} \frac{V}{\Delta T} \tag{1-2}$$

图 1-1 (b) 回路中测量的相对泽贝克系数 S_{ab} 与 a、b 材料的绝对泽贝克系数 (S_a、S_b) 间存在如下关系：

$$S_{ab} = S_a - S_b \tag{1-3}$$

绝对泽贝克系数与温度场方向无关，只与材料本身的性质有关。p 型半导体中载流子是空穴，由于其热端空穴的浓度较高，空穴从高温端向低温端扩散，形成从高温端指向低温端的温差电动势，根据式 (1-1) ~ 式 (1-3) 的定义和规定，绝对泽贝克系数为正。相应地，n 型半导体的温差电动势的方向是从低温端指向高温端的，绝对泽贝克系数为负。通常情况下，金属的泽贝克系数都很小，只有几微伏每开 (μV/K)，而半导体材料泽贝克系数可达到几十到几百微伏每开 (μV/K)。

1.2.2 佩尔捷效应

佩尔捷效应是泽贝克效应的逆过程，是用电能直接泵浦热能的现象。当在由两个不同导体连通的回路中通电流时，除了由电阻损耗产生焦耳热外，在两个接头处会分别放出和吸收热量（图 1-3）。这个效应由法国科学家 J. C. A. Peltier 于 1834 年首先发现，因此称为佩尔捷效应。他将铋（Bi）和锑（Sb）两种金属线相连接并在此回路中通电流后发现，两种金属接头处变冷使水滴结冰，如果改变电流方向则接头变热，冰被融化 [图 1-3 (a)]。

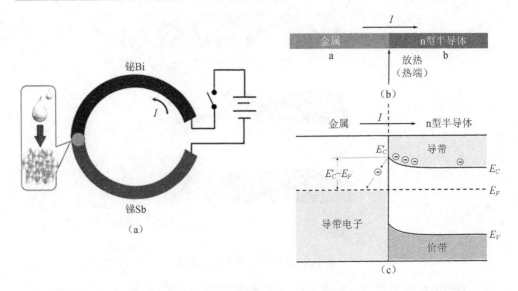

图 1-3 佩尔捷效应与机理示意图

如图 1-3（c）所示，当电子在电场作用下从能级高的导体流向能级低的导体（对于金属-n 型半导体连接体系，电子从 n 型半导体流向金属）时，该电子在界面势垒处向下跃迁，在宏观上表现为放热；当电子从能级低的导体流向能级高的导体时，则会吸收一定热量向上跃迁，表现为吸热效应。实验表明，单位时间吸收或者放出的热量与电流强度成正比，因此，当电流从 a 流向 b 时在 a-b 接头处单位时间释放（或吸收）的热量可表示为

$$dQ/dt = \pi_{ab} I \tag{1-4}$$

式中，π_{ab} 为电流从 a 流向 b 的相对佩尔捷系数（differential Peltier coefficient），单位为 V；t 为时间；I 为导体中通过的电流。当电流从金属流向 p 型材料（电子从能级低的导体流向能级高的导体）时表现为吸热，相对佩尔捷系数为负；如果电流反转，佩尔捷系数也相应发生正负反转从而具有方向性，即

$$\pi_{ab} = -\pi_{ba} \tag{1-5}$$

与泽贝克系数相同，接点的相对佩尔捷系数与构成接点的两种材料的绝对佩尔捷系数间存在如下关系：

$$\pi_{ab} = \pi_a - \pi_b \tag{1-6}$$

由此可见，基于佩尔捷效应可以实现热电制冷或泵浦热量。

1.2.3 汤姆孙效应

泽贝克效应与佩尔捷效应的发现均涉及由两种不同金属组成的回路并且均发生在不同导体的接点处，但它们都不是界面效应，运用我们现在的知识知道它们都起源于构成接点的两种导体的体性能,即均起源于不同导体中电子所携带能量的不同。热电效应间的关联性起初并未被人们认识到,直到1855年英国科学家汤姆孙(William Thomson,后来成为Lord Kelvin,即开尔文勋爵)开始关注到热电效应间存在关联,他运用热力学理论解析泽贝克效应和佩尔捷效应的关联性,进而提出在均质导体材料中必然存在第三种效应,即当电流流过一个存在温度梯度的均匀导体时,在这段导体上除了发生不可逆的焦耳热外,还会产生可逆热量的吸收或放出。这种效应于1867年被后人的实验证实,称为汤姆孙效应。

当沿电流方向上导体的温差为ΔT时,则在这段导体上单位时间释放(或吸收)的热量可表示为

$$dQ/dt = \beta \Delta T I \tag{1-7}$$

式中,β为汤姆孙系数,单位为V/K。当电流方向与温度梯度方向一致时,若导体吸热,则汤姆孙系数为正,反之为负。由于该表达式与材料比热的定义非常接近,因此汤姆孙形象地称β为"电流的比热",汤姆孙效应的根源与佩尔捷效应相似,不同之处在于佩尔捷效应中的电势差由两种导体中不同载流子的势能差所引起,而汤姆孙效应中的势能差则是由同个导体中的载流子温度梯度所引起。与前两种效应相比较,汤姆孙效应在热电转换过程中对能量转换产生的贡献很微小,因此在热电器件设计及能量转换分析中常常被忽略。

1.2.4 热电效应间的关系

泽贝克效应、佩尔捷效应和汤姆孙效应均是导体的本征性质,并且存在相互关联性。汤姆孙运用热力学理论给出这三个参数的关系式:

$$\pi_{ab} = S_{ab}T \tag{1-8}$$

$$\beta_a - \beta_b = T\,dS_{ab}/dT \tag{1-9}$$

式(1-8)称为开尔文关系,最早由平衡热力学理论近似求出[3],其严格推导需要从非可逆热力学理论求解[5]。迄今,对众多的金属和半导体材料的实验研究证实了上述两个方程的正确性。对于单一导体,式(1-9)可改写为

$$\beta = TdS/dT \tag{1-10}$$

式(1-8)和式(1-9)中的泽贝克系数和佩尔捷系数都是两种导体的相对值,根据式(1-3)和式(1-6)可知,如果回路中一种材料的泽贝克系数(或佩尔捷系数)为零,另一种材料的绝对泽贝克系数(或佩尔捷系数)便可通过测量回路的相对泽贝克系数(或相对佩尔捷系数)获得。

超导体在其超导状态下不产生温差电动势,泽贝克系数为零。在泽贝克系数的标定中,以金属铅与低温超导体构成的电偶回路中测量得到的相对泽贝克系数

标定为铅的绝对泽贝克系数,其他材料的泽贝克系数便与铅构成电偶回路来测量标定。佩尔捷系数在实验上很难测量,可以根据测量的泽贝克系数和开尔文关系求出材料的佩尔捷系数。另外,由式(1-10)可以进一步推导出关系式:

$$S = \int_0^T \frac{\beta}{T} dT \tag{1-11}$$

由此可以看出,汤姆孙效应只是在一种导体内的自发泽贝克效应,虽然宏观热电效应表现在接头处,但整个效应的作用过程贯穿材料本身,因此,它们不是表面和界面效应,而是体效应。目前没有高温下的超导材料,所以在泽贝克系数标定测量中,只要测量低温泽贝克系数,然后测量高温汤姆孙系数便可依据式(1-11)实现高温泽贝克系数的标定[6,7]。

1.3 热电转换效率与热电材料性能优值

热电转换器件一般由 n 型(n type)和 p 型(p type)的热电材料通过热并联、电串联的形式构成,其中一个 n 型热电偶臂和 p 型热电偶臂构成的π形(π shape)元件为热电器件的最基本结构,多个π形元件串联或并联构成热电组件(thermoelectric module)。热电器件的发电和制冷的工作原理如图 1-4 所示。

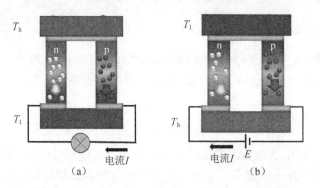

图 1-4 热电发热器件(a)和制冷(b)的示意图

根据工作环境及用途的不同,热电器件可以设计成很多种构型,如平板型器件、级联叠堆器件、薄膜型器件、环型器件等。其中,平板型器件是最为典型的热电器件,被广泛应用于各种发电或者制冷应用中,其基本构型如图 1-5 所示。本章将以平板式器件为基本构型,描述器件在发电和制冷过程中的热能转换与器件结构和材料热电性能参数间的关联性。在分析过程中,材料的物理参数均视为不随温度变化的常数,以便获得器件性能与材料物理参数间的简洁关系,并且假定器件中热流单向流动,即热流从高温端通过器件的 p 型热电臂和 n 型热电臂流

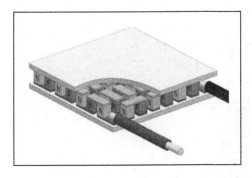 

图 1-5 平板式热电器件结构图与实物照片

向低温端,热电臂与周边的热交换为零,另外也假定热电器件高温端和低温端与外界的热交换不存在热阻。实际材料的物理参数(热导率、电导率、泽贝克系数等)往往是随温度变化的,并且器件与外界的热交换也不是本章中所假定的那样单向和理想,对于实际材料体系及实际结构器件的性能预测与设计将在第 7 章中详述。

1.3.1 热电发电器件性能参数

1. 发电效率 η

当热电发电器件两端在温差存在的情况下,即可发电带动负载工作。而能量转换效率是评价热电发电器件性能的最重要指标。对图 1-6 中 π 形热电元件的泽贝克发电过程,设定器件在工作过程高温端和低温端温度分别为 T_h 和 T_l,其热电转换效率定义为

$$\eta = \frac{P}{Q_h} \tag{1-12}$$

式中,η 为发电效率;P 为输出到负载上的功率;Q_h 为热端的吸热量。暂不考虑器件界面处的热阻和电阻及单臂材料内的汤姆孙发热,此时若视该器件为一个封闭体系,即所有提供给该体系的净热量必须从高温端通过材料单向地向低温端传导,不计侧面散热损失,则该体系从高温端向低温端传导的总热量为热传导 $K(T_h-T_l)$ 和佩尔捷热泵传导 $\pi_{np}I$ 之和(其中,K 为器件两电偶臂的总热导;I 为回路中电流,π_{np} 为 n、p 热电臂的总佩尔捷系数),其值应与该封闭体系的热端吸热量 Q_h 和自身焦耳发热热量 $\frac{1}{2}I^2R$ 之和相等[7](R 为器件两电偶臂的总电阻,考虑到总焦耳发热热量 I^2R 只有一半传递到热端,另一半传递到冷端),因此有

$$\pi_{np}I + K(T_h - T_l) = Q_h + \frac{1}{2}I^2R \tag{1-13}$$

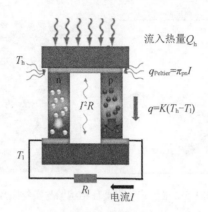

图 1-6　热电发电器件能量转换过程示意图

结合式（1-8），则器件从外界吸收热量可表示为

$$Q_h = S_{np}T_h I - \frac{1}{2}I^2 R + K(T_h - T_l) \tag{1-14}$$

其中，S_{np} 为 n、p 热电臂的总泽贝克系数（绝对值）。此时回路中的泽贝克电压为

$$V = S_{np}(T_h - T_l) \tag{1-15}$$

而如果负载电阻为 R_l，则回路电流和输出功率可表示为

$$I = \frac{S_{np}(T_h - T_l)}{R + R_l} \tag{1-16}$$

$$P = \left[\frac{S_{np}(T_h - T_l)}{R + R_l}\right]^2 R_l \tag{1-17}$$

则式（1-12）可细化表示为

$$\eta = \frac{P}{Q_h} = \frac{I^2 R_l}{S_{np}T_h I - \frac{1}{2}I^2 R + K(T_h - T_l)}$$

$$= \frac{S_{np}^2(T_h - T_l)R_l}{\frac{1}{2}S_{np}^2 R(T_h - T_l) + S_{np}^2 T_h R_l + K(R + R_l)} \tag{1-18}$$

如果定义热电优值为

$$Z = \frac{S_{np}^2}{RK}$$

式中，Z 主要与温差电偶的性质有关；$R = \frac{l_n}{A_n}\rho_n + \frac{l_p}{A_p}\rho_p$；$K = \frac{A_n}{l_n}\kappa_n + \frac{A_p}{l_p}\kappa_p$；$\rho$ 和 κ 分别为热电材料的电阻率和热导率；A 和 l 分别为热电偶臂的截面积和长度，则

$$\eta = \frac{T_h - T_1}{T_h} \frac{R_1/R}{(1+R_1/R) - \frac{T_h - T_1}{2T_h} + \frac{(1+R_1/R)^2}{ZT_h}} \quad (1\text{-}19)$$

式中，$\frac{T_h - T_1}{T_h}$ 为卡诺循环极限效率。若定义 $\varepsilon = R_1/R$，令 $\frac{\partial \eta}{\partial \varepsilon}=0$，可求得当负载电阻 R_1 和器件内阻 R 的比值满足 $\varepsilon = R_1/R = \sqrt{1+Z\overline{T}}$ 时，$\overline{T}$ 为高低温端平均温度，发电器具有最大能量转换效率：

$$\eta_{\max} = \frac{T_h - T_1}{T_h} \frac{\sqrt{1+Z\overline{T}} - 1}{\sqrt{1+Z\overline{T}} + T_1/T_h} \quad (1\text{-}20)$$

从式（1-20）可以看出，在卡诺循环效率范围内，器件的最大转换效率只与器件冷热端温度差和热电材料的 ZT 有关。同时热电温差转换与其他热机一样也在理想卡诺热机范围之内，其效率将小于卡诺循环效率。

由上述可知，器件的参数 ZT 为无量纲参数，由热电材料本身性能所决定，因此其被称为材料的热电优值，其表达式为

$$ZT = \frac{S^2 \sigma}{\kappa} T \quad (1\text{-}21)$$

从式（1-21）可以看出，材料的 ZT 值越大，热电器件的转换效率越高。图 1-7 所示为低温端为 300 K 时，不同热端温度下热电器件发电效率与材料平均 ZT 值的关系图，图 1-8 为低温端为 300 K 时的 $\eta_{\max}$ 与温差的关系曲线。可以看出，如果想要达到与传统热机相当的 25%的转换效率，材料的平均 ZT 值需达到 2 以上。目前，大多数热电材料的平均 ZT 值都在 1 以下，导致器件的转换效率远低于传统热机。因此，如何提高材料的 ZT 值成为热电材料领域的核心工作。

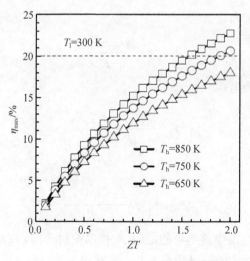

图 1-7　低温端为 300 K 时 $\eta_{\max}$ 与 ZT 的关系

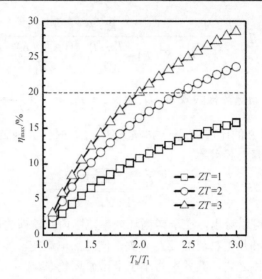

图 1-8 低温端为 300 K 时的 η_{max} 与温差的关系

2. 输出功率

根据泽贝克效应，当器件两端的温差为 $T_h - T_l$ 时，在回路中产生的泽贝克电压为

$$V = S_{np}(T_h - T_l) \tag{1-22}$$

显然，这个电压的一部分施加到发电器自身的内阻 R 上，另一部分则加到负载电阻 R_l 上。加在负载电阻上的电压即为发电器的实际输出电压，可表示为

$$V_0 = S_{np}(T_h - T_l) \frac{R_l}{R_l + R} \tag{1-23}$$

此时，回路中的电流为

$$I_0 = \frac{S_{np}(T_h - T_l)}{R_l + R} \tag{1-24}$$

因此可得发电器的输出功率 P_0 为

$$P_0 = \frac{S_{np}^2 (T_h - T_l)^2 R_l}{(R_l + R)^2} \tag{1-25}$$

或

$$P_0 = \frac{\varepsilon}{(\varepsilon + 1)^2} \cdot \frac{S_{np}^2 (T_h - T_l)^2}{R} \tag{1-26}$$

当负载电阻 R_l 与发电器本身的电阻 R 相匹配时，即 $\varepsilon = R_l / R = 1$ 时，负载能够从发电器中获得最大的输出功率 P_{max}，其数值为

$$P_{\max} = \frac{S_{np}^2 (T_h - T_l)^2}{4R} = \frac{S_{np}^2 \Delta T^2}{4R} \tag{1-27}$$

此时，相应的发电效率为

$$\eta = \left(\frac{T_h - T_l}{T_h} \right) \Big/ \left[2 - \frac{1}{2}\left(\frac{T_h - T_l}{T_h} \right) + \frac{4}{ZT_h} \right] \tag{1-28}$$

取 $A_1 = A_n + A_p$ 为两温差电偶臂的截面积总和，可以导出单位面积的输出功率为

$$\frac{P_0}{A_1} = \frac{\varepsilon}{(\varepsilon+1)^2} \cdot \frac{S_{np}^2 (T_h - T_l)}{(A_n + A_p)(\rho_n l_n / A_n + \rho_p l_p / A_p)} \tag{1-29}$$

1.3.2 热电制冷器件性能参数

1. 制冷效率

图 1-9 所示为热电制冷模式下的工作示意图，描述热电制冷性能的主要参数包括制冷效率、最大制冷量和最大温差。它们的数学表达式简述如下，热电制冷器的制冷效率 COP 定义为

$$\text{COP} = \frac{Q_c}{P} \tag{1-30}$$

式中，COP 为制冷效率；Q_c 为冷端的吸热量（制冷量）；P 为输入的电能。如图 1-9 所示，回路电流 I 将在上端接头处由 n 型电偶臂流入 p 型电偶臂，导致在下端接头处放热，在上端接头处吸热，从而在两端建立起温差 $\Delta T = T_h - T_l$。根据佩尔捷效应，器件单位时间内从冷端向热端的抽热为 $\pi_{np} I$；另外，由于冷、热端的温差存在，不可避免地引起由器件热端向冷端的热传导。设器件对偶的总热导为 K，则热流为 $K\Delta T$。此外，由于电流流过整个对偶回路时，由于器件对偶的内阻也会产生相应的焦耳热。可以证明[3]，这部分焦耳热流会大致均匀地传导至器件的冷热两端，因此，如果系统内阻为 R，单位时间内由于焦耳热而流入冷端的热量为 $\frac{1}{2}I^2 R$。利用上述分析结果，把制冷器件考虑为一个封闭绝热系统，建立冷端的热平衡方程，

$$Q_c + \frac{1}{2}I^2 R - \pi_{np} I = Q_k = -K(T_h - T_l) \tag{1-31}$$

可获得该接头处单位时间的制冷量 Q_c 为

$$Q_c = \pi_{np} I - \frac{1}{2}I^2 R - K(T_h - T_l) \tag{1-32}$$

或
$$Q_c = S_{np}T_1 I - \frac{1}{2}I^2 R - K(T_h - T_1) \tag{1-33}$$

其中，$R = \dfrac{l_n}{A_n}\rho_n + \dfrac{l_p}{A_p}\rho_p$，$K = \dfrac{A_n}{l_n}\kappa_n + \dfrac{A}{l_p}\kappa_p$，式中下标 n 和 p 分别代表 n 型和 p 型热电臂。

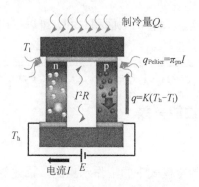

图 1-9　热电制冷器件能量转换过程示意图

热电臂两端的外加电压 V 应当等于在热电臂上的电压降 $V_R = IR$ 加上反抗泽贝克电压所需要的电压降 $V_S = S_{np}(T_h - T_1)$，即

$$V = V_R + V_S = IR + S_{np}(T_h - T_1) \tag{1-34}$$

由此可得制冷器的输入功率 P 为

$$P = IV = I^2 R + S_{np}(T_h - T_1)I \tag{1-35}$$

将式（1-33）和式（1-35）代入效率的定义式（1-30）中，即可获得制冷器的制冷效率为

$$\text{COP} = \frac{S_{np}T_1 I - \dfrac{1}{2}I^2 R - K(T_h - T_1)}{I^2 R + S_{np}(T_h - T_1)I} \tag{1-36}$$

显然，对于给定的温差 $T_h - T_1$，制冷器的制冷效率 η 将随外加电流的变化而变化。若令 $d\text{COP}/dI = 0$，可以求得相应于 COP 取极值的最佳电流值 I_{COP} 为

$$I_\eta = \frac{(S_n - S_p)(T_h - T_1)}{R\left[\sqrt{1 + Z\overline{T}} - 1\right]} \tag{1-37}$$

或

$$I_\eta = \frac{(S_n - S_p)(T_h - T_1)}{\left(\dfrac{l_n}{A_n}\rho_n + \dfrac{l_p}{A_p}\rho_p\right)\left[\sqrt{1 + Z\overline{T}} - 1\right]} \tag{1-38}$$

式中，Z 值与式（1-20）中有着相同的定义。相应于这个最佳电流，制冷效率具有最大值 COP_{max}，为

$$COP_{max} = \frac{T_l}{T_h - T_l} \cdot \frac{\sqrt{1+Z\overline{T}} - \frac{T_h}{T_l}}{\sqrt{1+Z\overline{T}} + 1} \quad (1\text{-}39)$$

此时所对应的外加电压和输入功率分别为

$$(V_{CD})_\eta = S_{np}\frac{(T_h - T_l)\sqrt{1+Z\overline{T}}}{\sqrt{1+Z\overline{T}} - 1} \quad (1\text{-}40)$$

$$P_\eta = \frac{\sqrt{1+Z\overline{T}}}{R}\left[S_{np}\frac{(T_h - T_l)}{\sqrt{1+Z\overline{T}} - 1}\right]^2 \quad (1\text{-}41)$$

式中，$\overline{T} = (T_h - T_l)/2$，它是热电偶元件的平均温度。

进而可以获得制冷器热端在单位时间放出的热量为

$$Q_b = Q_c + P = S_{np}T_h I + \frac{1}{2}I^2 R - K(T_h - T_l) \quad (1\text{-}42)$$

同样，当热电器件用于加热模式时，可获得加热效率为

$$COP = \frac{S_{np}T_h I + \frac{1}{2}I^2 R - K(T_h - T_l)}{I^2 R + S_{np}(T_h - T_l)I} \quad (1\text{-}43)$$

2. 最大温差 ΔT_{max}

热电制冷器的另一个重要性能参数是器件两端所能建立起的温差 $\Delta T = T_h - T_l$。显然，这个温差与制冷器的制冷能力和外加负载有关。利用器件冷端的热平衡方程式（1-31），可以求得

$$\Delta T = \frac{S_{np}T_l I - \frac{1}{2}I^2 R - Q_c}{K} \quad (1\text{-}44)$$

对于器件冷端处于绝热状态，即 $Q_c = 0$ 时，类似，令 $d\Delta T/dI = 0$，可以求得相应于 ΔT 取极值时的最佳电流 I_T 为

$$I_T = \frac{S_{np}T_l}{R} \quad (1\text{-}45)$$

当制冷器工作于这个最佳电流时,具有的最大温差 ΔT_{max} 为

$$\Delta T_{max} = \frac{1}{2} Z T_1^2 \qquad (1\text{-}46)$$

该式也可以表述为制冷器冷端可达到的最低温度为

$$(T_1)_{min} = \left[\sqrt{1+2ZT_h} - 1 \right] / Z \qquad (1\text{-}47)$$

式中,Z 的定义与式(1-20)完全一样。

3. 最大制冷量 $Q_{c,max}$

制冷器单位时间从外界吸入的热量(或称制冷量)由式(1-32)给出,很显然,当材料的特性一定时,其器件的制冷量与通过器件的电流和两端的温差有关;对于不同的外加电流和温差条件,其制冷量是不同的。同样若令 $dQ_c/dI=0$,可以获得相应于 Q_c 取极值时的最佳电流值 I_q 为

$$I_q = I_T = \frac{S_{np} T_1}{R} \qquad (1\text{-}48)$$

相应的制冷量 Q_c 为

$$Q_c = \frac{S_{np}^2 T_1^2}{2R} - K(T_h - T_1) \qquad (1\text{-}49)$$

进一步,若定义制冷器处于最佳电流 I_q 工作状态,且器件两端的温差为 0 时的制冷量为器件的最大制冷量 $Q_{c,max}$,则

$$Q_{c,max} = \frac{S_{np}^2 T_1^2}{2R} \qquad (1\text{-}50)$$

很显然,由于器件是工作于两端温差为 0 的条件下,因而最大制冷量与材料的热导性质无关。此外,利用式(1-49)和式(1-50),以及前述的式(1-44)和式(1-46),可以获得制冷量和温差的关系为

$$Q_c = K(\Delta T_{max} - \Delta T) \qquad (1\text{-}51)$$

$$\Delta T = \frac{1}{K}(Q_{c,max} - Q_c) \qquad (1\text{-}52)$$

由上述两式可以看出,器件的制冷量随温差的变化为线性关系,若将制冷量 Q_c 对应于温差 ΔT 作直线,那么在两轴上的截距分别为 ΔT_{max} 和 $Q_{c,max}$,反之亦然。

此外,由等式还可以看出,直线的斜率就是热电偶的总热导 K($K = \frac{A_n}{l_n}\kappa_n + \frac{A_p}{l_p}\kappa_p$),因此,可以利用实验测出制冷量随温差的变化来计算材料的热导性质。

参 考 文 献

[1] Seebeck J. Magnetische Polarisation der Metalle und Erze durch Temperatur-Differenz Abh. Akad. Wiss. Berlin, 1822: 289-346.
[2] Peltier J C A. Nouvelles expériemences sur la caloricite descourants électriques. Annales de Chimie et de Physique, 1834, 56: 371-386.
[3] Thomson W. On a mechanical theory of thermo-electric currents. Proceedings of the royal society of Edinburgh, 1851: 91-98.
[4] Altenkirch E. Elektrothermische kalteerzeugung. Physik. Zeitschr, 1911, 12: 920.
[5] Müller I. Thermodynamics of Irreversible Processes. New York: North-Holland Pub.Co-distributors for USA: Interscience Publishers, 1951.
[6] Borelius G, Keesom W H, Johansson C H, et al. Establishment of an absolute scale for the thermo-electric force, proceedings of the koninklijke akademie van wetenschappen te Amsterdam. 1932, 35:10-14.
[7] Christian J W, Jan J P, Pearson W B, et al. Proceedings of the royal society of London series a-mathematical and physical sciences. 1958, 213: 245.

第 2 章 热电材料性能优化策略

2.1 引　　言

材料无量纲热电优值（ZT）是判断材料热电性能的重要判据，长期以来，热电材料的研究基本都是围绕如何提高 ZT 展开。根据 $ZT=S^2\sigma T/\kappa$ 可知，高性能的热电材料必须具备高的泽贝克系数和电导率［通常把 $S^2\sigma$ 称为功率因子（power factor）］以及低的热导率。图 2-1 定性地表达了影响材料热电性能的三个参数与载流子浓度的变化关系。材料的泽贝克系数和电导率与材料的载流子浓度相关，随着载流子浓度的增加，电导率增加而泽贝克系数下降，两者的变化呈相反的趋势。对于大部分半导体材料，具有最佳热电性能的最优化载流子浓度的量级通常为 $10^{19}\sim10^{20}$ cm^{-3}，处于重掺杂状态（或简并态）；热导率通常又可分为载流子热导率和晶格热导率两部分，载流子热导率与电导率呈正比关系，因此，过高的电导率会直接导致高的热导率，不利于提高材料的 ZT 值。晶格热导率较为相对独立，但是，由于电子与导热声子的散射机制通常相互关联和相互影响，通过散射声子的手段降低晶格热导率常常对电导率和泽贝克系数产生影响。因此，决定材料热电性能的三个重要参数 S、σ、κ 之间密切相互关联，单独追求其中一个参数的增大或减小往往导致其他参数非协同性的变化，这是热电性能 ZT 难以持续提高的根本原因。因此，实现对电、热输运的独立或协同调控，是热电材料科学领域长期以来追求的目标。

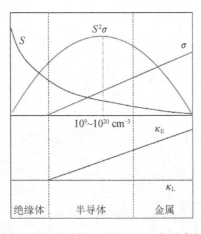

图 2-1　材料的电导率、泽贝克系数、功率因子、热导率与载流子浓度的关系

本章将基于半导体物理和晶体材料中热输运的基本机理,梳理论述热电材料输运性能调控的基础理论,阐述电热输运关键物理参数间的相互关联。在此基础上,总结近二十年中发展起来的热电材料设计理论和多尺度结构调控策略。

2.2 热电输运基础理论

2.2.1 载流子输运的能带模型

经典的热电材料基本都是半导体材料,其电输运性能取决于半导体中的载流子的特性与输运。其热电性能的本征要素(载流子的浓度、迁移率及载流子散射过程)决定了半导体材料的电导率和泽贝克系数。本节以典型半导体的能带结构理论为基础,介绍热电材料中载流子输运的基础理论。

对于能带结构可用单抛物带模型近似的单载流子半导体体系,当外场为零时,晶体中的载流子处于平衡状态,遵从费米-狄拉克分布,载流子浓度为导带底能态密度 $g(E)$ 与载流子占据概率 $f(E)$ 的乘积,可分别表示为[1-4]

$$g(E) = \frac{4\pi(2m^*)^{3/2}}{h^3} E^{1/2} \quad (2\text{-}1)$$

$$f(E) = \frac{1}{1+\exp\left(\dfrac{E-E_F}{k_B T}\right)} \quad (2\text{-}2)$$

式中,m^* 为载流子有效质量;h 为普朗克常量;E_F 为费米能级;k_B 为玻尔兹曼常数;f 为费米-狄拉克分布函数。

在外场作用下实际晶体中载流子的定向运动过程中,处于平衡状态且仅有电场和温度梯度作用下的玻尔兹曼方程为

$$\frac{1}{\hbar}(\nabla kE \cdot \nabla T)\frac{\partial f}{\partial T} - \frac{e}{\hbar}\varepsilon \cdot \nabla k f = -\frac{f-f_0}{\tau} \quad (2\text{-}3)$$

式中,f 为平衡态分布函数;f_0 为非平衡态分布函数;ε 为外场;∇T 为温度梯度;τ 为弛豫时间;$\hbar$ 为简约普朗克常量。由于载流子受到散射作用,其分布函数也会产生相应的偏离,当偏离较小时,分布函数可表示为

$$\frac{\mathrm{d}f(E)}{\mathrm{d}t} = \frac{f(E)-f_0(E)}{\tau} \quad (2\text{-}4)$$

针对一定的散射过程引入相应的散射因子 λ,此时弛豫时间与载流子能量的关系为

$$\tau = \tau_0 E^{\lambda-1/2} \quad (2\text{-}5)$$

则对于一维情况可得

$$\frac{f(E)-f_0(E)}{\tau}=U_x\left\{e\pmb{\varepsilon}_x+\left[T\frac{\mathrm{d}}{\mathrm{d}T}\left(\frac{E_\mathrm{F}}{T}\right)+\frac{E}{T}\right]\frac{\mathrm{d}T}{\mathrm{d}x}\right\} \quad (2\text{-}6)$$

式中，U_x 为载流子在 x 方向的漂移速度。按电流密度的定义，并利用奇偶函数积分的特征，得到相应的一维电流密度表达式为

$$i_x=\pm\int_0^\infty eU_x\cdot f(E)g(E)\mathrm{d}E=\pm e\left\{e\pmb{\varepsilon}_x+T\frac{\mathrm{d}}{\mathrm{d}T}\left(\frac{E_\mathrm{F}}{T}\right)\frac{\mathrm{d}T}{\mathrm{d}x}\right\}K_1\pm\frac{e}{T}\frac{\mathrm{d}T}{\mathrm{d}x}K_2 \quad (2\text{-}7)$$

式中，正负号分别对应空穴与电子。而载流子对热导率的贡献为

$$\begin{aligned}j_x&=\int_0^\infty(E-E_\mathrm{F})U_xg(E)\frac{\partial f_0}{\partial E}\varphi(E)\mathrm{d}E\\&=\left[e\pmb{\varepsilon}_x+T\frac{\mathrm{d}}{\mathrm{d}T}\left(\frac{E_\mathrm{F}}{T}\right)\frac{\mathrm{d}T}{\mathrm{d}x}\right]K_2+\frac{1}{T}\frac{\mathrm{d}T}{\mathrm{d}x}K_3-\frac{E_\mathrm{F}}{e}i_x\end{aligned} \quad (2\text{-}8)$$

其中，

$$K_m=\int_0^\infty\tau U_x^2g(E)E^{m-1}\frac{\partial f_0}{\partial E}\mathrm{d}E \quad (m=1\sim 3) \quad (2\text{-}9)$$

无温度梯度时，$\frac{\mathrm{d}T}{\mathrm{d}x}=0$，电导率为

$$\sigma=\frac{i_x}{e_x}=e^2K_1 \quad (2\text{-}10)$$

利用式（2-7）和式（2-8），并根据佩尔捷系数的定义，可得到

$$\pi=\frac{j_x}{i_x}=\mp\frac{1}{e}\left[\frac{K_2}{K_1}-E_\mathrm{F}\right] \quad (2\text{-}11)$$

泽贝克系数为

$$S=\frac{\pi}{T}=\mp\frac{1}{eT}\left[\frac{K_2}{K_1}-E_\mathrm{F}\right] \quad (2\text{-}12)$$

实际上，泽贝克系数也可按其定义，利用式（2-7）并取外电场 $\pmb{\varepsilon}_x=0$ 和电流 $i_x=0$ 的条件导出，其结果与式（2-12）完全相同。

载流子对热导率的贡献可根据热导率的定义并取 $i_x=0$ 求解。其结果为

$$\kappa_\mathrm{e}=-\frac{j_x}{\mathrm{d}T/\mathrm{d}x}=\frac{1}{T}\left(K_3-\frac{K_2^2}{K_1}\right) \quad (2\text{-}13)$$

式中，负号表示热流从高温向低温方向流动。

至此，通过求解玻尔兹曼方程，得到前述热电优值 ZT 表达式中三个热电性能参数的一般表达式。它们都与积分 K_m 有关，由式（2-9）可见，积分 K_m 主要与载流子的分布、半导体材料的性质、弛豫时间等相关。对于球形等能面，漂移速率为

$$U_x^2 = \frac{2E}{3m^*} \tag{2-14}$$

由此可以求得

$$K_m = \frac{8\pi}{3}\left(\frac{2}{\hbar^2}\right)^{3/2}(m^*)^{1/2}\tau_0(\lambda+m)\cdot(k_BT)^{\lambda+m}F_{\lambda+m}(\eta) \tag{2-15}$$

其中，

$$F_n(\eta) = \int_0^\infty \frac{x^n \mathrm{d}x}{1+\exp(x-\eta)} \tag{2-16}$$

式（2-16）称为费米积分。$\eta = E_F/k_BT$ 是简约费米能级；$x = E/k_BT$ 是简约载流子能量；n 可取整数或者半整数。费米积分只有数值解，对绝大多数实用的热电材料，其简约费米能级为-2.0～5.0。

利用式（2-11）～式（2-13）可以得到热电材料中与载流子输运直接相关的几个基本参数（泽贝克系数、载流子浓度与迁移率、电导率、洛伦兹常数）的表达式。

$$S = \mp\frac{k_B}{e}\left[\eta - \frac{(\lambda+2)F_{\lambda+1}(\eta)}{(\lambda+1)F_\lambda(\eta)}\right] \tag{2-17}$$

$$n = 4\pi\left(\frac{2m^*k_BT}{h^2}\right)^{3/2}F_\lambda(\eta) \tag{2-18}$$

$$\mu = \frac{2e}{3m^*}\tau_0(\lambda+1)(k_BT)^{\lambda-1/2}\frac{F_\lambda(\eta)}{F_{1/2}(\eta)} \tag{2-19}$$

$$\sigma = ne\mu \tag{2-20}$$

$$L = \left(\frac{k_B}{e}\right)^2\left\{\frac{(\lambda+3)F_{\lambda+2}(\eta)}{(\lambda+1)F_\lambda(\eta)} - \left[\frac{(\lambda+2)F_{\lambda+1}(\eta)}{(\lambda+1)F_\lambda(\eta)}\right]^2\right\} \tag{2-21}$$

式中，L 为洛伦兹常数，其值可通过求解费米积分并结合实验获得的散射因子等测算。

通过上述关系式，可以将热电输运的几个关键参数表示为费米能级、有效质量、弛豫时间和散射因子等材料基本物理量的函数。原则上，通过上述公式可求出与载流子输运相关的三个热电性能参数。然而，费米积分只有数值解，热电输运参数只能得到数值结果，很难直接应用于材料的设计和优化。因此，需对上述公式进行近似和简化，获得热电输运参数的解析解。以导带底或者价带顶为基准，如当费米能级远大于 k_BT（简并状态）和远小于 $-k_BT$（非简并状态）时，费米-狄拉克分布可用更简单的近似形式表达，下面针对这两种情况进行详细介绍。

1. 非简并状态 $(E_F \ll -k_BT)$

此时 $\eta \ll 1$，对于 n 型材料一般对应于费米能级在导带底 $2k_BT \sim 3k_BT$ 以下情形，费米-狄拉克分布可以由玻尔兹曼分布近似取代。费米积分可以表示为

$$F_n(\eta)=\exp(\eta)\int_0^\infty x^n \exp(-x)\mathrm{d}x = \exp(\eta)\Gamma(n+1) \tag{2-22}$$

式中，$\Gamma(n+1)$ 为 Γ 函数，且具有下述性质：$\Gamma(n+1)=n\Gamma(n)$，$\Gamma(1/2)=\pi^{1/2}$，n 为整数时，

$$\Gamma(n)=(n-1)! \tag{2-23}$$

根据式（2-22）和式（2-23），可以获得材料处于非简并状态时的泽贝克系数 S、载流子浓度 n、迁移率 μ 及洛伦兹常数 L 的解析表达式，分别为

$$S=\mp\frac{k_\mathrm{B}}{e}\left[\eta-(\lambda+2)\right] \tag{2-24}$$

$$n=2\left(\frac{2\pi m^* k_\mathrm{B} T}{\hbar^2}\right)^{3/2}\exp(\eta) \tag{2-25}$$

$$\mu=\frac{4}{3\pi^{1/2}}\Gamma(\lambda+2)\frac{e\tau_0(k_\mathrm{B}T)^{\lambda-1/2}}{m^*} \tag{2-26}$$

$$L=\frac{\lambda T}{\sigma}=\left(\frac{k_\mathrm{B}}{e}\right)^2(\lambda+2) \tag{2-27}$$

2. 简并状态 $(E_\mathrm{F} \gg k_\mathrm{B}T)$

当 $\eta \gg 1$ 时，对于 n 型半导体而言费米能级已跃过导带底进入导带深能级，类似于金属能带的情形，此时费米积分可以表示为一个迅速收敛的级数，即

$$F_n(\eta)=\frac{\eta^{n+1}}{n+1}+n\eta^{n-1}\frac{\pi^2}{6}+n(n-1)(n-2)\eta^{n-3}\frac{7\pi^4}{360}+\cdots \tag{2-28}$$

对此级数，通常只需选择尽可能少的项，求得一个有限解（或非零解），就可以得到较好的近似。因此，取级数的第一项，求得电导率为

$$\sigma=\frac{8\pi}{3}\left(\frac{2}{\hbar^2}\right)e^2\left(m^*\right)^{1/2}\tau_0 E_\mathrm{F}^{\lambda+1} \tag{2-29}$$

对于泽贝克系数和洛伦兹常数则需要取级数的前两项才能获得非零解，即

$$S=\mp\frac{\pi^2}{3}\frac{k_\mathrm{B}}{e}\frac{(\lambda+1)}{\eta} \tag{2-30}$$

$$L=\mp\frac{\pi^2}{3}\left(\frac{k_\mathrm{B}}{e}\right)^2 \tag{2-31}$$

显然，式（2-31）表明所有金属的洛伦兹常数都相同，它与载流子浓度和散射机制无关。

以上所有公式是在单一抛物带模型近似下，对具有各向同性的单一载流子体系推导的结果，适用于一些能带结构简单的材料体系。对于一些多抛物带叠加的材料体系，可对载流子的有效质量做修正后近似使用。例如，单质 Si，其导带在布里渊区附近存在沿[100]方向的六个能量最低点，因此载流子能量分布可以表示为

$$E(k_x, k_y, k_z) = \frac{\hbar^2 k_x^2}{2m_x} + \frac{\hbar^2 k_y^2}{2m_y} + \frac{\hbar^2 k_z^2}{2m_z} \tag{2-32}$$

式中，x、y、z 分别为等能面在三个主要坐标方向上的分量。对于单个电子载流子来说，其态密度有效质量可认为是 x、y、z 三个方向载流子的平均值 $m^* = (m_x m_y m_z)^{1/3}$，而多能谷的总体加权有效质量则为

$$m_{\text{DOS}}^* = N_v^{2/3} (m_x m_y m_z)^{1/3} \tag{2-33}$$

式中，N_v 为能带的等效能谷数。而对其他形状的能带结构则要引入更为复杂的参数和工具进行精确求解，详细方法可参考更多的半导体物理专著[2-4]。

以上情况仅针对单一载流子，多数热电材料体系为窄禁带半导体，在较高温度下，由于电子的热激发，很容易产生电子和空穴混合导电行为。此时的电导率和泽贝克系数可以表示为[5]

$$\sigma_{\text{total}} = \sigma_e + \sigma_h = e(n_e \mu_e + n_h \mu_h) \tag{2-34}$$

$$S_{\text{total}} = \frac{S_e \sigma_e + S_h \sigma_h}{\sigma_e + \sigma_h} \tag{2-35}$$

式中，下标 e 和 h 分别表示该项为电子和空穴的贡献。由式（2-34）和式（2-35）可知，混合导电行为可以增加电导率，但由于电子和空穴的泽贝克系数符号相反，两者的正负补偿会大大降低材料总的泽贝克系数，恶化材料的功率因子。

2.2.2 载流子的散射

从上述单抛物带模型的公式可以看出，材料的泽贝克系数和电导率可用几个基础物理参量来表达，包括载流子的有效质量 m^*、简约费米能级 η（费米面位置的量化表征）和载流子浓度以及载流子的散射因子 λ 和弛豫时间 τ_0。载流子有效质量由材料能带结构决定，简约费米能级和载流子浓度可以通过掺杂不同价态的元素来调控，载流子的散射因子 λ 与材料中的散射机制相关，常见的载流子散射机制包括晶格振动散射、声学波和光学波散射、离化杂质散射、中性杂质散射、大缺陷散射等。

根据量子力学理论，绝对零度时，在完整晶格中运动的载流子不会受到任何来自晶体本身的散射。然而，对于处在绝对零度以上的任何一个晶体，不可避免地存在着晶格本身的热振动，载流子在晶体中的运动偏离晶格的周期性，导致散射的发生。晶格振动对载流子的散射可以归结为各个格波对载流子的散射，包括声学波和光学波。在半导体中起主要散射作用的是长格波，即波长比原子间距大很多倍的长声学波，它们频率较低，能量较弱。其中，纵波的散射作用更为显著，纵波为疏密波，它引起晶格常数的压缩或扩张，这种体积的涨落引起局部能带的变宽或变窄，导致能带在位置空间内发生波形起伏，相当于在原有的均匀周期势场中叠加了一个附加势场，形成对载流子的散射。Bardeen 和 Shockley 根据声学

波的特点，引入了形变势的概念，导出声学波分支对载流子散射的弛豫时间为[5]

$$\tau = \frac{h^4 v^2 \rho_d}{8\pi k_B T \psi^2 (2m^*)^{3/2}} E^{-1/2} \quad (2\text{-}36)$$

式中，ψ 为形变势常数；ρ_d 为密度；v 为声子传播速率。从式（2-5）和式（2-36）可以得出，声学波散射的散射因子 $\lambda=0$。

半导体中经常采用掺杂的办法来调控材料中的载流子浓度以及费米能级，而掺杂原子离化提供电子或者空穴之后，本身也会成为带电离子。当载流子运动接近这些离化杂质时，就会受到库仑力的作用而被散射。这个作用等价于在晶格周期势场中引入了一个局部库仑电场的微扰。Conwell 和 Weisskept 给出了离化杂质散射引起的弛豫时间为[6]

$$\tau_i = \frac{\xi^2 (2m^*)^{1/2} E^{3/2}}{ze^4 N_i \pi} \left[\ln\left(1+\frac{\xi E}{ze^2 N_i^{1/2}}\right)^2\right] \quad (2\text{-}37)$$

式中，N_i 为离化杂质浓度；ξ 为材料的介电常数；z 为离化介数。从式（2-37）中可以看出，离化杂质散射为主要散射机制时，散射因子 $\lambda=2$。

除声学波散射和离化杂质散射外，载流子的散射机制还有合金散射（即在合金中载流子受到由组分的随机变化而引起的散射）、传输过程中载流子之间的散射、中性杂质散射、晶界散射等。表 2-1 列出了几种主要散射机制下的弛豫时间和迁移率随温度变化的关系。如果材料中存在两种或两种以上的载流子散射机制，则载流子弛豫时间的倒数为各个独立散射机制下弛豫时间倒数的总和：

$$\frac{1}{\tau} = \sum_{i}^{n} \frac{1}{\tau_i} \quad (2\text{-}38)$$

表 2-1 几种主要散射机制下的弛豫时间和迁移率随温度变化的关系

散射机制	弛豫时间 τ	迁移率	
		非简并	简并
声学波散射	$E^{-1/2}$	T^{-1}	$T^{-3/2}$	T^{-1}
光学波散射	$E^{1/2}$	T^{-1}	$T^{-3/2}$	T^{-1}
离化杂质散射	$E^{3/2}$	T^0	$T^{3/2}$	T^0
合金散射	$E^{1/2}$	T^0	T^0	T^0

2.2.3 固体材料中的热传导与声子散射

固体的导热本质与构成材料微观粒子的运动及粒子间的相互作用密切相关，热传导的发生是物质内部微观粒子相互碰撞、传递能量的结果[7]。固体中热传导的载体主要有声子、电子和光子等。光子导热是由较高频率的电子辐射产生的，一般发生在高温区域，在热电材料使用温度范围内较少发生。在单一载流子传导的情况下，热电材料的热导率（κ）可表示为载流子热导率（κ_c）和晶格热导率（κ_L）之和。

$$\kappa = \kappa_c + \kappa_L \tag{2-39}$$

根据 Wiedemann-Franz 定律，载流子对热导率的贡献表示为

$$\kappa_c = L_0 \sigma T \tag{2-40}$$

式中，L_0 为洛伦兹常数。对于金属材料，L_0 通常为定值 2.45×10^{-8} V^2/K^2。

对非单一载流子，特别是在高温下，本征热激发导致电子和空穴混合导电，不仅恶化了材料的泽贝克系数，同时会增加材料的热导率，不利于热电性能的提升。由于本征激发产生空穴-电子对，它们在输运过程中有着一定概率的复合，会放出能量上大于等于材料禁带宽度的热量，从而额外贡献了热量的传导。这种现象称为双极扩散，其对热导率的贡献（κ_B）可表达为[4]

$$\kappa_B = \frac{\sigma_h \sigma_e}{(\sigma_h + \sigma_e)} (S_h - S_e)^2 T \tag{2-41}$$

因此，在考虑了双极扩散对热导率的贡献后，式（2-39）变为

$$\kappa = \kappa_c + \kappa_L + \kappa_B \tag{2-42}$$

双极扩散带来热导率的升高对材料热电性能的恶化非常显著，因此，好的热电材料通常是重掺杂的半导体，尽量维持单一载流子传输机制，避免双极扩散现象的发生。

晶格热传导是相对比较独立的参数，因此对它的调控成为优化热电材料性能的重点手段。在引入声子概念后，热能从高温端通过晶格振动传输到低温端可以简单地看成是携带热能的声子从一端被搬运到另一端，如同载流子在晶格中的运动一样，对热传导的研究可以转变为对声子碰撞过程的研究。假设声子在两次散射间的平均自由程为 l，参照气体动力学理论中的导热模型，固体中晶格热导率可类似地表示为

$$\kappa_L = \frac{1}{3} C_V \nu l \tag{2-43}$$

式中，C_V 为定容比热；ν 为声子传播速率。声子的平均自由程大小由晶体中声子的散射机制所决定。

晶格热导率的精确描述需要对声子的玻尔兹曼方程进行求解，但玻尔兹曼方程的求解很复杂，通常在德拜模型下，采用弛豫时间近似的方法来描述材料的晶格热导率。在德拜模型中，材料的晶格热导率可表示为[7,8]

$$\kappa_L = \frac{k_B}{2\pi^2 \nu} \left(\frac{k_B T}{\hbar}\right)^3 \int_0^{\theta_D/T} \frac{x^4 e^x}{\tau_c^{-1}(e^x-1)^2} dx \tag{2-44}$$

式中，$x = \hbar\omega/k_B T$；ω 为声子频率；θ_D 为德拜温度；τ_c 为弛豫时间；k_B 为玻尔兹曼常数；$\hbar$ 为简约普朗克常量。

一般来说，热电材料中通常是多种散射机制共存，如图 2-2 所示。

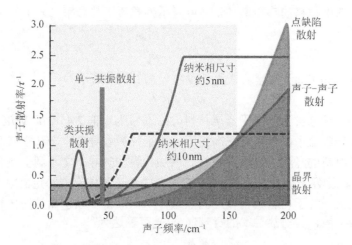

图 2-2　声子散射机制作用频率[9]

弛豫时间 τ_c 为多种散射机制共同作用的结果，可以表示为

$$\frac{1}{\tau_c} = \frac{1}{\tau_B} + \frac{1}{\tau_U} + \frac{1}{\tau_D} + \frac{1}{\tau_r} + \cdots \quad (2\text{-}45)$$

式中，右边每一项均代表不同的散射机制，分别对应于晶界散射（B）、声子-声子散射（U）、点缺陷散射（D）、共振散射（r）等。其中，晶界散射的弛豫时间 τ_B 只与声子的平均速率 v_s 和晶粒的平均尺寸 L 相关，可表示为

$$\frac{1}{\tau_B} = \frac{v_s}{L} \quad (2\text{-}46)$$

第二项声子-声子散射又称为声子 U 过程散射。声子之间发生碰撞一般有两种模式，一是 N 过程，即当温度较低时，声子碰撞之后产生新的声子未超出布里渊区，能量的流动方向不变，不产生热阻。而另一种模式为高能声子碰撞后得到的声子在超出布里渊区后发生的倒逆过程，即 U 过程，该散射过程的弛豫时间可近似表达为

$$\tau_U^{-1} = \frac{\gamma^2}{M v_s^2 \theta_D} \omega^2 T \exp\left(-\frac{\theta_D}{T}\right) \quad (2\text{-}47)$$

式中，M 为晶体的平均原子质量；γ 为格林艾森常数。在足够高的温度时（大于德拜温度），ω 为常数，几乎所有的声子都具有足够高的能量参加倒逆过程，因此该过程的发生概率将仅仅依赖于晶体中声子的数目，即正比于温度 T。由式（2-44）和式（2-47）也可以得出，在高温下 U 过程占主导地位时，晶格热导率与温度呈反比关系。

第三项所代表的声子散射机制为点缺陷散射。点缺陷对热导率的影响主要分为两部分，一部分为质量场涨落所引起的声子散射，另一部分为应力场涨落所引起的声子散射。在掺杂导致的材料晶格畸变非常小的情况下，一般应力场涨落远

没有质量场涨落作用明显。根据 Callaway 等[10,11]在 20 世纪 60 年代对固溶体热导率进行的研究结果，由质量场涨落导致声子散射的弛豫时间为

$$\tau_D^{-1} = \frac{V}{4\pi v_s^3} \omega^4 \sum f_i \left(\frac{\bar{m} - m_i}{\bar{m}} \right)^2 \tag{2-48}$$

式中，V 为原子的平均体积；f_i 为质量为 m_i 的原子的所占比例分数；$\bar{m}$ 为原子的平均质量。点缺陷散射对材料晶格热导率的影响非常显著，是热电材料研究中降低晶格热导率、提高热电性能的主要手段。

式（2-45）中的 $\frac{1}{\tau_r}$ 项代表声子共振散射，在填充方钴矿、笼合物等化合物中，通过弱束缚的原子与声子发生共振效应可有效地散射声子，进而大幅度降低材料的晶格热导率。根据玻尔提出的声子共振经验公式，描述这一共振过程的声子弛豫时间可表示为[12]

$$\tau_r^{-1} = \frac{C\omega^2}{(\omega^2 - \omega_0^2)^2} \tag{2-49}$$

式中，C 为常数，正比于共振缺陷的浓度；ω 为声子振动频率；ω_0 为弱束缚原子的局域共振频率。然而，该项散射机制的定量描述目前还有一定的争议。

除以上提到的几种代表性声子散射机制外，还有载流子散射、纳米声子散射中心等其他作用机制，在此不一一进行详细阐述，其中纳米声子散射及纳米尺度声子输运机制将在 2.4 节中另作阐述。

在实际晶体材料中，热传导的过程是各项散射机制共同作用的结果，但各种散射机制的主要作用区间各不相同。例如，晶界散射在低温下占主要作用，点缺陷散射和共振散射则作用在中高温区域，而 U 过程散射则往往发生在高温，且随着温度的升高显著增强，因此在高温下一般成为起主导作用的散射机制。在热电材料的研究中，经常要引入多种声子散射机制的共同作用，从而达到在全温区内最大限度地散射声子、抑制材料的晶格热导率。

Roufosse 和 Klemens 首先提出了最低晶格热导率的概念[13]，认为在具有完全无序结构的非晶态结构中，声子平均自由程与声子波长相当，可以实现最低的晶格热导率。1979 年，G. Slack 等进一步提升了对固体材料晶格热导率的最小理论极限值的认识[14]。Slack[14]和 Cahill[7,15]等的计算和实验发现，有一些晶体材料尽管具有长程有序的结构，但如果声子散射足够强烈，使原子呈现几乎完全独立的爱因斯坦振动模式，其平均自由程可以达到最小值，此时晶格热导率也能接近甚至达到最小热导率极限。大量实验数据表明，最小平均自由程与晶体中的最小原子间距在一个量级内。因此通过引入各种声子散射机制来实现或者接近晶格热导率是优化热电材料性能的重要途径之一。

2.2.4 β 因子与优异热电材料的基本特征

前面已经提到,基于半导体理论对材料电性能的优化主要是通过掺杂获得最佳的载流子浓度,通过这种方式已经使得热电材料的 ZT 有较大的提升,并且在此基础之上人们又总结出了优异热电材料所具备的一些规律性特点。基于单带模型简化,热电功率因子 $S^2\sigma$ 主要取决于载流子的有效质量和迁移率,并遵循式(2-50)[16,17],

$$S^2\sigma \propto \mu m_{\mathrm{DOS}}^{*3/2} \tag{2-50}$$

可以看出,好的电学性能要求大的有效质量和高的迁移率,而有效质量又正比于费米面附近的能态密度(DOS)的变化率,因此如果能够在费米面附近引入一个附加能带,使得 DOS 的变化率增大,有望提升材料的泽贝克系数进而提升功率因子。另外,这里的有效质量指的是加权有效质量,即能带有效质量 $\left(m^* = \dfrac{\mathrm{d}^2E}{\mathrm{d}k^2}\right)$ 与能带简并度的乘积,如式(2-33)所示。在固体材料中,载流子的迁移率和能带有效质量成反比关系,大的能带有效质量往往会导致较小的迁移率,而能带简并度则无附加影响。因此大的能带简并度、多能谷能带结构对获得优异的电学性能非常有利。

基于非简并状态单抛物带输运参数的表达式以及晶格热导率,材料的 ZT 值可以表示为

$$ZT = \frac{[\eta - (\lambda + 2)]^2}{[\beta \exp(\eta)]^{-1} + (\lambda + 2)} \tag{2-51}$$

式中,β 是决定材料中最大 ZT 值的本征关键参数,最早由 Chasmar 和 Stratton 提出[18],其表达式为

$$\beta = \left(\frac{k_\mathrm{B}}{e}\right)^2 \frac{\sigma_0 T}{\kappa_\mathrm{L}} = \left(\frac{k_\mathrm{B}}{e}\right)^2 \frac{2e(k_\mathrm{B}T)^{5/2}}{(2\pi)^{3/2}\hbar^3} \frac{\mu_0 m_{\mathrm{DOS}}^{*3/2}}{\kappa_\mathrm{L}} \tag{2-52}$$

该式虽是在非简并情况下推导得到,但 β 与电热输运参数之间的关系在部分简并甚至强简并状态下依然适用,即 β 因子与载流子的迁移率和态密度有效质量成正比,而与晶格热导率成反比,即

$$\beta \propto \frac{\mu_0 m_{\mathrm{DOS}}^{*3/2}}{\kappa_\mathrm{L}} \tag{2-53}$$

假设当散射因子 $\lambda = 0$ 时,材料 ZT 值与 β 因子的关系如图 2-3 所示。对于不同 β 值的材料,其优化的简约费米能级通常只在 1 个 $k_\mathrm{B}T$ 范围以内,且对于相当大范围内的 β 值而言,优化的简约费米能级均分布在-2~1 之间。β 值越大,材料的 ZT 值上限越大,同时最佳费米能级更加趋向于负值,即材料趋向于非简并本征半导体。但由于目前最优热电材料的 β 值一般在 0.4 左右,因此多为弱简并半导体材料。

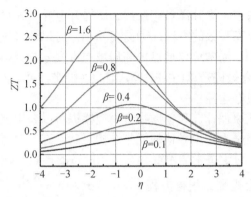

图 2-3 材料 ZT 值与 β 值及简约费米能级 η 的关系[4]

在考察大量热电化合物的基础上，人们发现具有较高 β 值及热电性能的化合物主要有以下典型特征[4,6,19,20]：①材料结构具有较高的晶体对称性，从而使费米能级附近的电子能带具有高的简并度和尽可能多的能谷，因而具有比较高的态密度有效质量；②化合物由电负性相近的重元素通过共价键结合，保证有效质量和迁移率之积尽可能大，并且重元素组成的材料一般具有较低的声速和热导率；③禁带宽度在 $10k_BT$ 左右；④晶体结构尽可能的复杂，从而可以获得低的本征晶格热导率。以上特点及 β 因子成为人们探索新型热电材料的有效参考依据，人们从以上热电基础理论出发提出了一些典型的优化材料热电性能的途径。

2.3 热电材料性能优化典型策略

在单一材料中同时满足上一节所述优异热电性能所要求的多个条件是非常困难的，这也是为什么半导体材料种类非常之多，但是好的热电材料只有传统的数个经典体系。但是上述条件特征也为进一步优化热电材料的性能以及探索新的热电材料体系指明了方向，即基于能带工程优化材料在费米面附近的有效态密度，同时尽量不对载流子造成额外散射，从而获得高的 $\mu m_{DOS}^{*3/2}$，其中最典型的策略就是固溶等手段实现多能带的简并或者引入额外的电子共振能级；另一方面则是尽量引入各种声子散射机制（如点缺陷散射、共振散射等）以降低材料的晶格热导率。本节对优化材料热电性能的一些基本策略和手段做进一步的详述。

2.3.1 多能带简并

根据 Wilson 和 Mott 理论，如果将式（2-17）～式（2-20）进一步引申，泽贝克系数 S 和电导率 σ 的关系如下

$$S = \frac{\pi^2 k_B^2 T}{3q}\left\{\frac{d[\ln\sigma(E)]}{dE}\right\}_{E=E_F} = \frac{\pi^2 k_B^2 T}{3q}\left\{\frac{dn(E)}{ndE}+\frac{d\mu(E)}{\mu dE}\right\}_{E=E_F} \tag{2-54}$$

在许多热电材料体系中，提升泽贝克系数 S 比提升电导率 σ 更为重要。上述方程给出了两种提升泽贝克系数的方法：①提高 $\mu(E)$，可以通过增强载流子散射作用来实现；②提高 $n(E)$，通常可以通过提高局域态密度 $g(E)$ 获得。而提升费米面附近的能谷数 N_v 可以有效提升总的态密度，因此多能带简并（能带收敛）是优化功率因子 $S^2\sigma$ 的一个很好途径。

尽管根据第一性原理计算和单抛物带模型模拟可以获得能带结构和功率因子之间的物理关联，但是由于半导体的能带结构复杂，迄今对于功率因子的精确数学描述还非常困难。对于费米面附近具有多条能带的体系，Goldsmid 提出，当能带重叠时热电性能会提高。根据方程 $\sigma = \sigma_1 + \sigma_2$ 和 $S = \dfrac{S_1\sigma_1 + S_2\sigma_2}{\sigma_1 + \sigma_2}$ 可以解释这一点[4]。对于符号相同，但有效质量及迁移率不同的两个载流子能带，两个带的贡献比重越接近时功率因子的值越大。许多经典的热电材料都具有重叠的多能带结构。PbTe 中 L 和 Σ 带的位置随着温度变化会发生上下偏移，到 800 K 时双带在费米能级处刚好发生简并 [图 2-4（a）]，使热电优值提高。除了不同位置布里渊区能带发生简并之外，Σ 带本身的高简并度也可提高功率因子[21]。在 PbTe 中温度诱发的能带简并是个非常特别的例子，更普遍的方法是调节固溶体的组成来实现能带简并。这个方法尤其适用于具有宽的固溶度范围且组分变化会引起能带结构显著变化的材料体系，其已经在 $Mg_2Si_{1-x}Sn_x$、半 Heusler 等固溶体中[22]获得成功应用。

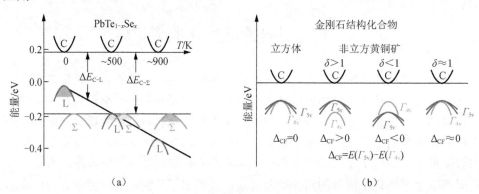

图 2-4 （a）$PbTe_{1-x}Se_x$ 中改变温度可以获得 L 和 Σ 能带简并；
（b）四方类金刚石结构化合物的能级劈裂因子 Δ_{CF} 与结构扭曲因子 δ 的关系示意图

$\delta = 1$ 时，$\Delta_{CF} \sim 0$，获得能带简并

PbTe、Mg_2Si、半 Heusler 合金等化合物都是立方结构，晶体结构的高度对称性使其能带简并或具备多能谷特性。而在一些非立方结构体系中，通过改变晶格结构参数也可以实现能带的简并或重叠。以四方类金刚石结构化合物为例[23]，当结构扭曲因子 δ（$=c/2a$）接近 1 时，原来由于晶体场作用而发生劈裂的能带会重新发生简并，从而具有高的功率因子和热电优值。

2.3.2 电子共振态

基于式（2-54），除了通过材料体系本身结构和成分演变实现能带的简并外，还可以通过引入外来的能级增大费米面附近的能带态密度来提高泽贝克系数。例如，在 PbTe 中掺杂 Ga、In、Tl 等元素导致材料费米能级处出现共振能级[24,25]。在 Tl 原子百分数为 1%～2%时掺杂的 PbTe 合金中，材料的泽贝克系数增加了一倍。在 Al 掺杂的 PbSe[26]和 In 掺杂的 SnTe[27]中，由于电子共振态的出现，泽贝克系数也有显著的提升。但是，电子共振态会强烈地散射载流子从而恶化电导率。因此，运用该策略必须避免电子共振态对电导率恶化的效果超过其对泽贝克系数提升的效果。图 2-5 为电子态密度（DOS）的原理图，其中电子态密度在费米能级处的急剧增加有利于增加泽贝克系数。

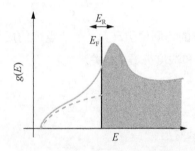

图 2-5 电子态密度的原理图

2.3.3 合金固溶

合金固溶指在材料晶体点阵中引入等电子点缺陷，由于主原子和杂质原子质量差异（质量涨落）、尺寸和原子间的耦合力差异（应力场涨落）等对声子形成强烈的点缺陷散射，从而降低材料的晶格热导率。这在热电材料研究中是一个传统的但非常有效的优化热电性能的手段。

在 20 世纪中叶，人们建立了多种固溶模型来描述点缺陷对晶格热导率 κ_L 的影响[10,11,28]，其中，Callaway 等[10]发展了固溶点缺陷热导率模型理论。如果只考虑声子-声子散射（Umklapp）过程和点缺陷声子散射过程，包含无序结构的晶格热导率 κ_L 和不包含无序结构的纯粹晶体的晶格热导率 κ_L^P 可用式（2-55）和式（2-56）来表达：

$$\frac{\kappa_L}{\kappa_L^P} = \frac{\tan^{-1} u}{u} \tag{2-55}$$

$$u^2 = \frac{\pi^2 \theta_D \Omega}{h v^2} \kappa_L^P \Gamma_{\text{expt}} \tag{2-56}$$

式中，u、θ_D、Ω、v、h 和 Γ_{expt} 分别为无序尺度参数、德拜温度、平均原子体积、平均晶格声速、普朗克常量及实验上的无序散射因子。

对于无序散射因子 Γ，Slack[28] 及 Abeles[11] 假设其包含两部分效应，即 $\Gamma_{总}=\Gamma_{M}+\Gamma_{S}$，这里 Γ_{M} 和 Γ_{S} 分别指的是质量涨落和应力场涨落。

一种材料中平均原子质量和半径可以用式（2-57）和式（2-58）表达：

$$\overline{M_i} = \sum_k f_i^k M_i^k \tag{2-57}$$

$$\overline{r_i} = \sum_k f_i^k r_i^k \tag{2-58}$$

则总质量涨落散射因子可定义为各个点阵上原子与固溶体母相之间的质量涨落效应的叠加，即

$$\Gamma_M = \frac{\sum_{i=1}^n c_i \left(\frac{\overline{M_i}}{\overline{\overline{M}}}\right)^2 \Gamma_M^i}{\sum_{i=1}^n c_i} \tag{2-59}$$

式中，c_i 为第 i 种亚点阵的等同位数。第 i 个亚点阵的质量涨落散射因子 Γ_M^i 与化合物构成原子的质量 M_i 和浓度分数 f 相关。

$$\Gamma_M^i = \sum_k f_i^k \left(\frac{M_i^k}{\overline{M_i}}\right)^2 \tag{2-60}$$

而化合物的平均原子质量为

$$\overline{\overline{M}} = \frac{\sum_{i=1}^n c_i \overline{M_i}}{\sum_{i=1}^n c_i} \tag{2-61}$$

对于第 i 个亚点阵上的两个不同原子，即 $k=1,2$；质量 M_i^1 和 M_i^2，浓度分数 f_i^1 和 f_i^2，则由式（2-62）给出：

$$f_i^1 + f_i^2 = 1 \text{ 和 } \overline{M_i} = f_i^1 M_i^1 + f_i^2 M_i^2 \tag{2-62}$$

则式（2-50）可进一步表示为

$$\Gamma_M = \frac{\sum_{i=1}^n c_i \left(\frac{\overline{M_i}}{\overline{\overline{M}}}\right)^2 f_i^1 f_i^2 \left(\frac{M_i^1 - M_i^2}{\overline{M_i}}\right)^2}{\sum_{i=1}^n c_i} \tag{2-63}$$

有序晶体点阵中的杂质原子与点阵原子在尺寸、耦合力、应变场的无序度等方面都有所不同。采用弹性连续处理方法，Steigmeier[29] 和 Abeles[11] 提出由于杂质原子导致的刚性常数的改变和尺寸的关系，简化处理 Γ_S 得到

$$\Gamma_S = \frac{\sum_{i=1}^n c_i \left(\frac{\overline{M_i}}{\overline{\overline{M}}}\right)^2 f_i^1 f_i^2 \varepsilon_i \left(\frac{r_i^1 - r_i^2}{\overline{r_i}}\right)^2}{\sum_{i=1}^n c_i} \tag{2-64}$$

式中，$\bar{r_i} = f_i^1 r_i^1 + f_i^2 r_i^2$；$\varepsilon_i$ 是第 i 个亚点阵的可调参数，主要由格林艾森常数 γ 决定，体现了晶格的非简谐性对 Γ_S 的影响[12]，一般变化范围是 10～100。这个模型成功地用于解释很多种固溶体材料的实验热导率，包括 $PbTe_{1-x}Se_x$[30]、$CuGa_{1-x}In_xTe_2$[31]、Mg_2Si 基固溶体[32]、$CoSb_3$[33]基固溶体等材料体系。例如，在 $PbTe_{1-x}Se_x$ 体系中，根据该模型得到的理论值与实验值吻合较好，室温下晶格热导率相比于纯的 PbTe 最大降低 45%，800 K 时晶格热导率最大降低 20%，如图 2-6 所示。

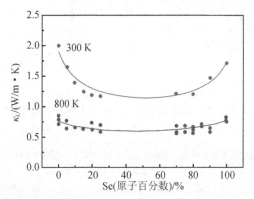

图 2-6　$PbTe_{1-x}Se_x$ 固溶体的晶格热导率随 Se 的原子百分数变化的依赖关系[26]

2.3.4　声子共振散射

在晶体材料中，低频声子通常具有高的群速度。虽然其声子态密度并不高但仍携带大部分的振动能量。如图 2-7（b）所示，如果在声子低频段引入系列的独立共振模式，该频率附近的声子将会被强烈地散射，从而导致晶格热导率的大幅度降低。这一声子散射机制应用的典型案例包括填充方钴矿等笼状化合物。1996 年，Sales 将稀土元素 La 和 Ce 填充于 $(Fe_xCo_{1-x})_4Sb_{12}$ 的晶格孔洞中[34]，显著降低了材料的晶格热导率。如图 2-7 所示，在方钴矿材料的单位晶胞中具有两个大的孔洞，其化学式可以写为 $□_2M_8X_{24}$（M = Co, Rh, Ir；X = P, As, Sb；□=孔洞）。而在 type-I clathrate 的单位晶胞中则具有 8 个大的孔洞，其化学式可以写为 $□_8E_{46}$（E = Si, Ge, Sn；□=孔洞）。填充原子（大多数是金属原子）可以被引入这些孔洞中。由于孔洞的尺寸较大，因而相对于框架上的原子，填充的阳离子振动时表现出较大的振幅。此后，Shi 等[35]从理论上阐明了影响阳离子填充稳定性及其填充量的影响因素，并进一步计算了填充离子的振动频率及其对声子散射的作用。这些填充原子在孔洞中的振动行为通常被认为是"扰动"，形成了低频率的特定的共振模式。填充原子产生的低频局域共振干扰了结构中正常的声子模式，从而极大地降低了晶格热导率。填充原子的共振频率受其质量、原子半径、电荷等的影响，不同填充原子具有不同的共振频率。基于对填充原子共振行为的理解，Yang 等[36] 提出了宽频声

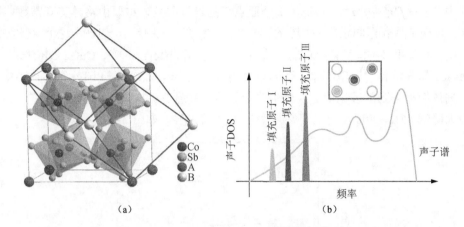

图 2-7 （a）填充 $CoSb_3$ 的结晶学原胞（虚线）和固体物理学原胞（实线）；
（b）笼型化合物的声子态密度示意图

A、B 代表填充原子，相同表示单原子填充，不同则表示双原子填充。本图为满填充时的示意图，实际上 $CoSb_3$ 化合物只存在部分填充。填充原子提供了额外的局域共振模式来强烈散射声子。为了实现最大化的声子散射，不同共振频率的原子同时填充可实现宽频声子散射，从而更大幅度地降低晶格热导率

子散射机制，即在孔洞结构化合物中填充具有不同共振频率的多种原子可以更加有效地散射较宽频率范围内的热输运声子，从而更加有效地降低晶格热导率。依据宽频声子散射原理，多种高性能双原子填充方钴矿、多原子填充方钴矿热电材料被成功开发[37-40]。

针对高性能热电材料在电输运性能和热输运性能上所应具备的特征，Slack 于 20 世纪 90 年代提出了"声子玻璃-电子晶体"（Phonon glass and electron crystal，PGEC）的高性能热电材料的设计理念[19]，即理想的热电材料应该具有像玻璃一样的声子输运特性，同时又具有像晶体一样的电子输运特性。填充方钴矿与笼状化合物等具有局域振动特性的一系列化合物的发现，印证了 PGEC 设计理念，PGEC 成为探索设计高性能热电材料的一个重要策略。

2.3.5 类液态效应

上述降低晶格热导率的方法主要集中在采用多尺度结构调控等手段降低声子平均自由程，即遵循"声子玻璃-电子晶体"的设计理念。然而，固体材料的声子自由程最小极限值与完全无序的玻璃态相当，因此通过散射声子降低晶格热导率存在局限。由前所述，固体中晶格热导率可表示为 $\kappa_L = \frac{1}{3}C_v v l$，通过固溶、共振散射、晶界散射等途径可以减小声子的平均自由程，从而达到降低晶格热导率的目的。同样，通过减小 C_v 和 v 也可以减小晶格热导率 κ_L。虽然固体材料中这两个

参数通常是常量，但最近的研究发现[41]，在离子导体中由于离子的易迁移特性可以导致其热容降低。通常，固体材料的晶格振动支持声波的横波和纵波的全波振动，理论定容热容为 $3Nk_B$。然而，由于液体分子间弱的结合力，液体只能在二维平面内对纵波传播，对切线方向的振动（横波）不产生传播，因此液态的理论定容热容只有固体材料的 2/3，为 $2Nk_B$。以 $Cu_{2-\delta}X(X=S,Se,Te)$[41-43]为例，结构中存在两种不同的亚晶格：由 X 负离子构成的刚性面心立方亚晶格提供了电子传输的晶态路径；而 Cu 离子则分布在 X 亚晶格网络的间隙位置并可以自由迁移，不但可以强烈散射晶格声子来降低声子平均自由程，而且还消减了部分横波晶格振动模式，使材料的晶格热容（C_v）随温度升高快速降低，并在高温下低于固态材料的杜隆-珀蒂（Dulong-Petit）极限值，小于 $3Nk_B$。Cu 离子类液态亚点阵的"横波阻尼效应"突破了晶格热导率在固态玻璃或晶态材料中的最小值限制。除 $Cu_{2-\delta}X$ 外，在许多其他含铜或含银化合物中均报道具有异常低的晶格热导率，这类化合物在高温区展现了非常高的热电优值，如图 2-8 所示，当声子的频率低于截止频率时，横波声子会软化甚至消失，从而导致热容降低；其中 $3Nk_B$ 是固体中的热容极限值，而 $2Nk_B$ 是液体中的热容极限值。与"声子玻璃-电子晶体"概念相类比，这种固体和类液态亚晶格的组合，使得该类材料具有"声子液体-电子晶体"特性，成为探索低晶格热导率和高性能热电材料的一个新的策略。

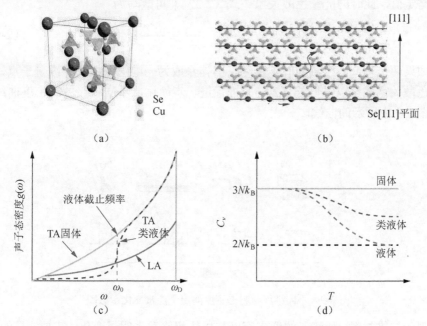

图 2-8 （a）β 相立方 Cu_2Se 的单胞，其中只有 8c 和 32f 间隙位置被铜原子所占据；（b）沿着立方[1$\bar{1}$0] 方向对晶体结构进行投影所获得的图像（箭头表明铜离子可以自由地在间隙位置进行移动）；（c）和（d）分别表示类液态材料中声子的能态密度和热容图

2.4 纳米结构热电输运理论与纳米热电材料

20 世纪 90 年代初，Hicks 和 Dresselhaus 通过理论计算预测[44-46]当材料的尺度降低到纳米量级时，电子和声子的输运将呈现明显的维度和尺寸效应，热电输运性能的调控有可能突破传统方法的局限性，增加性能调控的自由度。计算发现当材料在某一维度的尺寸小到与电子和声子的平均自由程相当时，材料的 ZT 值可以获得大幅度提升。进入 21 世纪后，一些实验结果显示了纳米结构调控热电性能的可行性。本节就近二十年来发展起来的纳米尺度上电热输运特性、纳米晶与纳米复合材料热电性能调控策略等做简要概述，纳米热电材料的制备与性能将在第 5 章详述。

2.4.1 纳米尺度的电输运

根据 2.2 节所述的载流子输运理论，在三维块体中载流子能量色散关系在三个坐标方向均满足抛物带模型［式（2-32）］，当材料在 z 轴方向的尺寸被压缩，体系成为二维量子阱时，假设这个尺度为常值 a，则载流子在 z 轴的能量可近似认为是定值，此时的能量色散关系［式（2-32）］可改写为

$$\varepsilon(k_x,k_y) = \frac{\hbar^2 k_x^2}{2m_x} + \frac{\hbar^2 k_y^2}{2m_y} + \frac{\hbar^2 \pi^2}{2m_z a^2} \tag{2-65}$$

如果两个轴或三个轴同时被压缩，即体系成为一维纳米线或零维量子点，则能量色散关系式可以类同式（2-65）进行进一步简化。不同量级的态密度曲线显示为图 2-9 中所示的曲线。

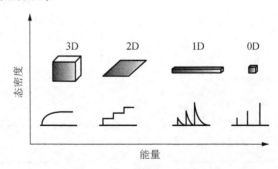

图 2-9 不同维度材料态密度随电子能量变化示意图

对于二维材料，载流子的能态密度与块体相比发生明显变化，其与能量的 1/2 次方关系变为零次方关系，即 $g(E) = \frac{(m_x m_y)^{1/2}}{\pi \hbar^2} E^0$。如果仍假设声子散射主导了载流子散射机制，此时二维材料的热电参数可分别表示为[44,45]

$$S = \mp \frac{k_B}{e}\left[\eta - \frac{2F_1(\eta^*)}{F_0(\eta^*)}\right] \tag{2-66}$$

$$\sigma = \frac{1}{2\pi a}\left(\frac{2k_B T}{\hbar^2}\right)(m_x m_y)^{1/2} F_0(\eta^*) e\mu \tag{2-67}$$

$$\kappa = \frac{\tau \hbar^2}{4\pi a}\left(\frac{2k_B T}{\hbar^2}\right)^2 \left(\frac{m_y}{m_x}\right)^{1/2} k_B \left[3F_2(\eta^*) - \frac{4F_1^2(\eta^*)}{F_0(\eta^*)}\right] \tag{2-68}$$

这里 F 函数仍为费米-狄拉克分布函数，而 a 是二维量子阱宽度，且

$$\eta^* = \left(\eta - \frac{\hbar^2 \pi^2}{2m_z a^2}\right)\bigg/(k_B T) \tag{2-69}$$

因此二维材料的 $Z_{2D}T$ 可以进一步表示为

$$Z_{2D}T = \frac{\left(\dfrac{2F_1}{F_0} - \eta^*\right)^2 F_0}{\dfrac{1}{\beta'} + 3F_2 - \dfrac{4F_1^2}{F_0}} \tag{2-70}$$

其中，

$$\beta' = \frac{1}{2\pi a}\left(\frac{2k_B T}{\hbar^2}\right)(m_x m_y)^{1/2} \frac{k_B^2 T\mu}{e\kappa_L} \tag{2-71}$$

从式中可以看出，二维材料的 $Z_{2D}T$ 由简约费米能级及 β' 共同决定，而由于二维材料简约费米能级与三维块体相比，不仅与本征掺杂程度有关，还受二维量子阱的厚度影响，因此对其的优化多了一个自由度；同时二维量子阱厚度能显著影响 β' 值，当厚度减小到纳米级时，β' 值要远大于三维材料 β 值，从而可获得更高的 $Z_{2D}T$ 值。

以此类推，如果将维度进一步降低到一维纳米线，载流子的色散关系在两个维度上均被限制为常量，仅在一个维度上与布里渊区波矢位置有关，即

$$\varepsilon(k_x) = \frac{\hbar^2 k_x^2}{2m_x} + \frac{\hbar^2 \pi^2}{2m_y a^2} + \frac{\hbar^2 \pi^2}{2m_z a^2} \tag{2-72}$$

此时载流子的能带态密度随能量的变化进一步降低为-1/2 次方关系，如图 2-9 所显示的锯齿状曲线，则此时热电输运参数的表达式可分别表示为

$$S = \mp \frac{k_B}{e}\left[\eta - \frac{3F_{1/2}(\eta^*)}{F_{-1/2}(\eta^*)}\right] \tag{2-73}$$

$$\sigma = \frac{1}{\pi a^2}\left(\frac{2k_B T}{\hbar^2}\right)^{1/2} (m_x)^{1/2} F_{-1/2} e\mu \tag{2-74}$$

$$\kappa = \frac{2\tau}{\pi a^2}\left(\frac{2k_B T}{\hbar^2}\right)^{1/2} (m_x)^{1/2} k_B^2 T\left(\frac{5}{2}F_{3/2} - \frac{9F_{1/2}^2}{2F_{-1/2}}\right) \tag{2-75}$$

此时，

$$\eta^* = \left(\eta - \frac{\hbar^2\pi^2}{2m_y a^2} - \frac{\hbar^2\pi^2}{2m_z a^2}\right) \Big/ (k_B T) \tag{2-76}$$

同样，一维材料的 $Z_{1D}T$ 可以进一步表示为

$$Z_{1D}T = \frac{\dfrac{1}{2}\left(\dfrac{3F_{1/2}}{F_{-1/2}} - \eta^*\right)^2 F_{-1/2}}{\dfrac{1}{\beta''} + \dfrac{5}{2}F_{3/2} - \dfrac{9F_{1/2}^2}{2F_{-1/2}}} \tag{2-77}$$

其中，

$$\beta'' = \frac{2}{\pi a^2}\left(\frac{2k_B T}{\hbar^2}\right)^{1/2} m_x^{1/2} \frac{k_B^2 T \mu}{e \kappa_L} \tag{2-78}$$

由此可以得到，在一维材料中，β'' 值的尺寸效应比二维量子阱中更加显著，与量子阱的尺度呈平方关系。因此，如果考虑材料热传导中声子自由程同样受量子阱尺度限制，低维材料的 ZT 值会大大提升。图 2-10 所示为二维和一维 Bi_2Te_3 材料的 ZT 值与尺寸关系的计算结果[45]。对于二维材料，当量子阱尺度在 40 Å（1Å=10^{-10}m）以下时，材料不同取向的 ZT 值均大于块体材料。当尺度降至 10Å 时，不同取向的二维薄膜 ZT 值可以达到 1.5 甚至 2.3 以上，分别是体材料的 3 倍和 5 倍。在一维纳米线结构中，如果尺度降低到 10Å 左右，材料 ZT 值可以提升至 6 以上，比体材料高出 10 倍。Bi_2Te_3 材料中声子平均自由程在 10 Å 左右，所以此时性能提升主要是量子阱效应导致的电性能的改善。如果进一步降低量子阱尺度到声子平均自由程以下，则对于 β 值及材料 ZT 值的提升幅度更大，显示了量子尺寸效应对材料热电 ZT 值的巨大影响。

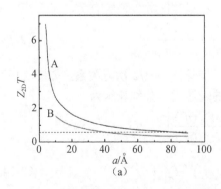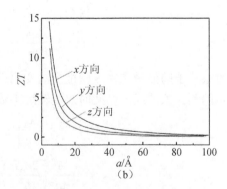

图 2-10 （a）Bi_2Te_3 二维薄膜材料 ZT 值与量子阱尺寸及取向的关系（A 表示 a_0-b_0 面层取向，B 表示 a_0-c_0 面层取向）；（b）Bi_2Te_3 一维纳米线 ZT 值与量子阱尺寸及取向的关系

2.4.2 纳米尺度的热输运

当材料的尺寸减小到纳米尺度，或者在块体材料中引入纳米结构，材料的热传导会受到显著影响，特别当材料尺寸或第二相/界面相尺寸与声子波长相当或接近时，其对声子的散射作用明显加强，可以大幅度降低晶格热导率。

对于低维材料的热导率，早在1982年，Ren和Dow[47]利用玻尔兹曼量子传输方程模拟了理想超晶格结构的热传导，预测超晶格的热导率将比相应块体材料的热导率低20%，二维薄膜材料中声子传导示意图见图2-11。后来，Venkatasubramanian[48]发现，50 Å超晶格 $Bi_{0.5}Sb_{1.5}Te_3$ 合金晶格热导率只有 0.22 W/(m·K)。目前，描述纳米超晶格结构热传导的理论主要有 Balandin 与 Wang 的声子禁闭工程理论[49]和 Chen 的声子界面散射理论[50,51]，其中 Chen 的声子界面散射理论将声子在低维材料中的传输总结为界面的散射和穿透作用的叠加，目前发展较为成熟，本节做简要介绍。

以图2-11所示的单层二维薄膜材料热传导为例，如果薄膜边界主要是镜面弹性散射作用，G. Chen给出了沿薄膜方向的面内热导率 κ 表达式：

$$\frac{\kappa}{\kappa_B} = 1 - \frac{3}{8\xi}\left[1 - 4\left(\Psi_3(\xi) - \Psi_5(\xi)\right)\right] \tag{2-79}$$

式中，κ_B 为块体材料的热导率；$\xi = d/l$，d 为薄膜厚度，l 为声子平均自由程；而 Ψ 为级数积分，表达式为

$$\Psi_n(x) = \int_0^1 \mu^{n-2} e^{-x/\mu} d\mu$$

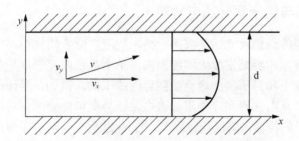

图2-11 二维薄膜材料中声子传导示意图

如果是非完全镜面，且界面散射为非弹性散射，式（2-79）可进一步修正为

$$\frac{\kappa}{\kappa_B} = 1 - \frac{3(1-p)}{2\xi}\int_0^1 (\mu - \mu^3)\frac{1-e^{-\xi/\mu}}{1-pe^{-\xi/\mu}}d\mu \tag{2-80}$$

式中，p 为镜面系数，$p=1$ 时为完全镜面。实际界面处必定有非弹性散射发生，即更加贴近非弹性散射模型。因此在平行于薄膜方向的界面，热导率不仅与薄膜厚

度有关，而且强烈地依赖于声子散射界面的性质。如果在界面声子是镜面散射，那么超晶格的热导率接近其块体热导率的值；当声子散射界面出现少许漫反射，薄膜结构的热导率会急剧下降。如果是多层薄膜构成的超晶格结构，则沿面层方向热传导可以认为是各层热传导的综合效果，面层方向热导率可表示为

$$\kappa = \sum_{i=1}^{n} x_i \kappa_i \left[1 - 1.5 p \left(1 - \frac{a_j}{a_i}\right) \frac{A_{si}}{\xi_i} - 1.5(1-p) \frac{A_{di}}{\xi_i}\right] \quad (2\text{-}81)$$

而在垂直于超晶格面层方向，声子的散射和扩散受界面的影响更加显著，G. Chen 通过综合傅里叶法则与界面上声子的穿透扩散作用，给出了超晶格薄膜的热导率表达式，在二重超晶格中，

$$\frac{\kappa}{\kappa_B} = \frac{3d/(4l)}{\dfrac{1-(\tau'_{12}+\tau'_{21})/2}{\tau''_{21}} + \cdots + \dfrac{3d}{4l}} \quad (2\text{-}82)$$

式中，τ'_{12} 和 τ'_{21} 均是指不同超晶格层之间的声子界面穿透系数；d 仍为薄膜厚度；l 为声子平均自由程。因此在超晶格薄膜或者具有超晶格结构的块体材料中，声子传导除受界面散射特性所制约外，还与面层间的穿透系数相关。如果穿透系数均为 1，则意味着声子在超晶格界面可完全穿透，而不发生散射或衰减，此时材料热导率等同于体材料。实际上，界面处声子穿透系数都小于 1，穿透系数越小，声子传导被层间的阻断作用越明显；并且界面也不是镜面，总存在漫散射，这些均会导致热导率的降低。以上处理二维薄膜热导率模型的核心是对界面作用的描述。因此，可以修正后推广至一维纳米线或存在纳米界面的纳米颗粒分散体系或纳米晶体系，详细的声子界面散射理论可参见相关专著[50,51]。

2.4.3 纳米晶与纳米复合热电材料

当块体材料的晶粒尺寸达到或接近纳米尺度，或者块体材料中分散纳米颗粒第二相时，晶界或相界面密度大幅度提高，单个晶粒内部的周期势场在晶界或相界面终止，载流子和声子的传输会受到界面的干扰。例如，界面的电子分布状态异于晶粒内部，从而在界面产生附加势垒，该势垒可能会产生对载流子的附加散射，抑制载流子的传输，降低迁移率[52-54]。此过程会使载流子弛豫时间对能量的依赖程度增强，因此可以增加散射因子值提高泽贝克系数[55-57]。另一方向，载流子能量并非定值，而是存在一个分布。电子在晶内和晶界的不同分布所形成的势垒可以散射低能量载流子，产生能量过滤作用提高平均载流子能量从而提高泽贝克系数[58-61]。在纳米晶块体材料或纳米颗粒分散的块体纳米复合材料中，纳米相及纳米晶界对电子的作用目前还没有成熟的理论对其进行定量的描述，还停留在定性的解析。

对于声子的输运，低维界面热传导的机理同样适用于纳米块体材料。纳米晶

和纳米复合对热导率的作用比对电输运的影响更加清晰，根据 2.4.2 小节所述，纳米颗粒以及纳米晶界可以造成额外的声子散射从而降低晶格热导率。材料中电子、声子（格波量子）、光子的运动及其相互作用是固体导热的来源。与自由气体分子靠直接碰撞进行热传导不同，固体的组成质点只能在其平衡位置附近微振动，因此其热传导主要依靠晶格振动（声子）、电子、光子的传递和碰撞来实现[62-64]。固体质点的振动、转动等运动状态的改变会辐射高频电磁波，产生热射线（光子）辐射热量，无机多晶材料在 1000℃以上时，光子导热成为主导。温度不太高时，光频支格波能量很小，声频支格波（声子）是导热的主要载体。温度较低时，声子的波长较大可轻易绕过缺陷，基本无散射。温度升高，声子密度增加，声子平均自由程大幅度降低，且由于杂质、缺陷、界面处非平衡势场的作用使声子偏离传播既定轨迹，即产生声子散射，从而产生热阻。声子波长相比于载流子波长的分布范围更宽，因此与纳米尺寸相当的声子受纳米颗粒的散射有可能更为显著。热电材料纳米化最重要目的是散射中长波声子、有效地抑制晶格热导率。

纳米分散相所产生的声子散射效应与点缺陷散射、声子倒曳散射、共振散射等相类似，可以用弛豫时间 τ_{nano} 来表达[9]：

$$\tau_{nano}^{-1} = 3xv_s / (2R) \tag{2-83}$$

式中，x、R 和 v_s 分别为纳米相含量、纳米粒子大小和基体中声子传输速率，由此可获得纳米颗粒周围的有效晶格热导率：

$$\frac{\kappa_{eff}}{\kappa_B} = \frac{3d/(4l)}{1+3d/(4l)} \tag{2-84}$$

此时，在块体材料中纳米颗粒周围的有效热导率不仅与颗粒本身的热导率有关，与其尺寸也密切相关，如果颗粒半径与声子平均自由程相当时，有效热导率可降低到体材料热导率的 43%。

对于块体材料纳米化的研究有两个基本出发点：降低晶格热导率，或通过载流子选择性散射的过滤效应提升泽贝克系数，两者均有可能提升热电性能。对于纳米复合材料，纳米第二相的选择、分散与微结构调控是设计制备复合热电材料的关键。如何采取合适的制备方法对第二相的尺度进行合理地调控，从而降低热导率的同时优化电性能是热电材料纳米化的关键。

参 考 文 献

[1] 王竹溪. 统计物理学导论. 北京: 高等教育出版社, 1965.
[2] 黄昆. 固体物理学. 北京: 高等教育出版社, 1966.
[3] 刘恩科, 朱秉升, 罗晋升. 半导体物理学. 北京: 电子工业出版社, 2011.

[4] Goldsmid H J. Introduction to thermoelectricity. Springer, 2016, 121(16): 339-357.

[5] Bardeen J, Shockley W. Deformation potentials and mobilities in non-polar crystals. Physical Review, 1950, 80(1): 72-80.

[6] Conwell E, Weisskopf V F. Theory of impurity scattering in semiconductors. Physical Review, 1950, 77(3): 388-390.

[7] Cahill D G, Watson S K, Pohl R O. Lower limit to the thermal conductivity of disordered crystals. Physical Review B, 1992, 46(10): 6131-6140.

[8] 黄昆, 韩汝琦. 固体物理学. 北京: 高等教育出版社, 1988.

[9] Yang J, Xi L, Qiu W, et al. On the tuning of electrical and thermal transport in thermoelectrics: An integrated theory–experiment perspective. NPJ Computational Materials, 2016, 2: 15015.

[10] Callaway J, Von Baeyer H C. Effect of point imperfections on lattice thermal conductivity. Physical Review, 1960, 120(120): 1149-1154.

[11] Abeles B. Lattice thermal conductivity of disordered semiconductor alloys at high temperatures. Physical Review, 1963, 131(5): 1906-1911.

[12] Pohl R O. Thermal conductivity and phonon resonance scattering. Physical Review Letters, 1962, 8(12): 481-483.

[13] Roufosse M, Klemens P G. Lattice thermal conductivity of minerals at high temperatures. Journal of Geophysical Research, 1974, 79(5): 703-705.

[14] Slack G A. Thermal-conductivity of nonmetals. Bulletin of the American Physical Society, 1979, 24: 281.

[15] Cahill D G, Pohl R O. Lattice vibrations and heat transport in crystals and glasses. Annual Review of Physical Chemistry, 1988, 39(1): 93-121.

[16] Nolas G S, Sharp J, Goldsmid H J. Thermoelectrics: Basic Principles and New Materials Developments. New York: Springer, 2001.

[17] Goldsmid H J. Applications of Thermoelectricity. London: Methuen, 1960.

[18] Chasmar R P, Stratton R. The thermoelectric figure of merit and its relationship to thermoelectric generator. Journal of electronics and control, 1959, 7: 52.

[19] Rowe D M. CRC handbook of Thermoelectrics. Boca Raton: CRC Press, 1995.

[20] Mahan G D. Figure of merit for thermoelectrics. Journal of Applied Physics, 1989, 65(4): 1834.

[21] Pei Y, Shi X, Lalonde A, et al. Convergence of electronic bands for high performance bulk thermoelectrics. Nature, 2011, 473(7345): 66.

[22] Liu W, Tan X J, Yin K, et al. Convergence of conduction bands as a means of enhancing thermoelectric performance of n-type $Mg_2Si_{1-x}Sn_x$ solid solutions. Physical Review Letters, 2012, 108(16): 166601.

[23] Zhang J, Liu R, Cheng N, et al. High-performance pseudocubic thermoelectric materials from non-cubic chalcopyrite compounds. Advanced Materials, 2014, 26(23): 3848-3853.

[24] Hoang K, Mahanti S D. Electronic structure of Ga-, In-, and Tl-doped PbTe: A supercell study of the impurity bands. Physical Review Letters, 2008, 78(8): 085111.

[25] Heremans J P, Jovovic V, Toberer E S, et al. Enhancement of thermoelectric efficiency in PbTe by distortion of the electronic density of states. Science, 2008, 321(5888): 554-557.

[26] Zhang Q Y, Wang H, Liu W S, et al. Enhancement of thermoelectric figure-of-merit by resonant states of aluminum doping in lead selenide. Energy and Environmental Science, 2012, 5(1): 5246-5251.

[27] Zhang Q, Liao B, Lan Y, et al. High thermoelectric performance by resonant dopant indium in nanostructured SnTe. Proceedings of the National Academy of Sciences of the United States of America, 2013, 110(33): 13261-13266.

[28] Slack G A. Effect of isotopes on low-temperature thermal conductivity. Physical Review, 1957, 105(3): 829-831.

[29] Steigmeier E F. The Debye temperatures of III-V compounds. Applied Physics Letters, 1963, 3(1): 6-8.

[30] Wang H, Lalonde A D, Pei Y Z, et al. The criteria for beneficial disorder in thermoelectric solid solutions. Advanced Functional Materials, 2013, 23(12): 1586-1596.

[31] Qin Y T, Qiu P F, Liu R H, et al. Optimized thermoelectric properties in pseudocubic diamond-like $CuGaTe_2$ compounds. Journal of Materials Chemistry A, 2016, 4(4): 1277-1289.

[32] Bashir M B A, Said S M, Sabri M F M, et al. Recent advances on $Mg_2Si_{1-x}Sn_x$ materials for thermoelectric generation. Renewable and Sustainable Energy Reviews, 2014, 37(3): 569-584.

[33] Meisner G P, Morelli D T, Hu S, et al. Structure and lattice thermal conductivity of fractionally filled skutterudites: Solid solutions of fully filled and unfilled end members. Physical Review Letters, 1998, 80(16): 3551-3554.

[34] Sales B C, Mandrus D, Williams R K. Filled skutterudite antimonides: A new class of thermoelectric materials. Science, 1996, 272(5266): 1325.

[35] Shi X, Zhang W, Chen L D, et al. Filling fraction limit for intrinsic voids in crystals: Doping in skutterudites, Physical Review Letters, 2005, 95(18): 185503.

[36] Yang J, Zhang W Q, Bai S Q, et al. Dual-frequency resonant phonon scattering in $Ba_xR_yCo_4Sb_{12}$(R = La, Ce, and Sr). Applied Physics Letters, 2007, 90(19): 192111.

[37] Shi X, Kong H, Li C P, et al. Low thermal conductivity and high thermoelectric figure of merit in n-type $Ba_xYb_yCo_4Sb_{12}$ double-filled skutterudites. Applied Physics Letters, 2008, 92(18): 182101-182103.

[38] Shi X, Salvador J R, Yang J, et al. Thermoelectric properties of n-Type multiple-filled skutterudites. International Conference on Thermoelectrics, 2009, 38: 930.

[39] Zhang L, Grytsiv A, Rogl P, et al. High thermoelectric performance of triple-filled n-type skutterudites(Sr, Ba, Yb)$_y$Co$_4$Sb$_{12}$. Journal of Physics D: Applied Physics, 2009, 42(22): 225405.

[40] Shi X, Yang J, Salvador J R, et al. Multiple-filled skutterudites: High thermoelectric figure of merit through separately optimizing electrical and thermal transports. Journal of the American Chemical Society, 2012, 134(5): 2842.

[41] Liu H, Shi X, Xu F, et al. Copper ion liquid-like thermoelectrics. Nature Materials, 2012, 11(5): 422.

[42] He Y, Day T, Zhang T S, et al. High thermoelectric performance in non-toxic earth-abundant copper sulfide. Advanced Materials, 2014, 26(23): 3974-3978.

[43] He Y, Zhang T, Shi X, et al. High thermoelectric performance in copper telluride. NPG Asia Materials, 2015, 7(8): e210.

[44] Hicks L D, Dresselhaus M S. Thermoelectric figure of merit of a one-dimensional conductor. Physical Review B, 1993, 47(24): 16631-16634.

[45] Hicks L D, Dresselhaus M S. Effect of quantum-well structures on the thermoelectric figure of merit. Physical Review B, 1993, 47(19): 12727.

[46] Hicks L D, Harman T C, Dresselhaus M S. Use of quantum-well superlattices to obtain a high figure of merit from nonconventional thermoelectric materials. Applied Physics Letters, 1993, 63: 3230-3232.

[47] Ren S Y, Dow J D. Thermal-conductivity of super-lattices. Physical Review B, 1982, 25(6): 3750-3755.

[48] Venkatasubramanian R, Lattice thermal conductivity reduction and phonon localizationlike behavior in superlattice structures. Physical Review B, 2000, 61(4): 3091-3097.

[49] Balandin A A, Lazarenkova O L. Mechanism for thermoelectric figure-of-merit enhancement in regimented quantum dot superlattices. Applied Physics Letters, 2003, 82(3): 415-417.

[50] Chen G. Thermal conductivity and ballistic-phonon transport in the cross-plane direction of superlattices. Physical Review B, 1998, 57(23): 14958-14973.

[51] Chen G, Borca-Tasciuc D, Yang R G. Nanoscale Heat Transfer//Nalwa H S. Encyclopedia of Nanoscience and Nanotechnology. American Scientific Publishers, 2004.

[52] Yamini S A, Wang H, Ginting D, et al. Thermoelectric performance of n-type$(PbTe)_{0.75}(PbS)_{0.15}(PbSe)_{0.1}$ composites. ACS Applied Materials and Interfaces, 2014, 6(14): 11476-11483.

[53] Sootsman J R, Kong H, Uher C, et al. Large enhancements in the thermoelectric power factor of bulk PbTe at high temperature by synergistic nanostructuring. Angewandte Chemie-International Edition, 2008, 47: 8618.

[54] Ioffe A F, Goldsmid H J. Semiconductor Thermoelements and Thermoelectric Cooling. London: Inforesearch, 1957.

[55] Heremans J P, Thrush C M, Morelli D T. Thermopower enhancement in PbTe with Pb precipitates. Journal of Applied Physics, 2005, 98(6): 063703.

[56] Martin J, Wang L, Chen L, et al. Enhanced Seebeck coefficient through energy-barrier scattering in PbTe nanocomposites. Physical Review B, 2009, 79(11): 5311.

[57] Heremans J P, Jovovic V, Toberer E S, et al. Enhancement of thermoelectric efficiency in PbTe by distortion of the electronic density of states. Science, 2008, 321(5888): 554-557.

[58] Faleev S V, Léonard F. Theory of enhancement of thermoelectric properties of materials with nanoinclusions. Physical Review B, 2008, 77(21): 214304.

[59] Heremans J P, Wiendlocha B, Chamoire A M. Resonant levels in bulk thermoelectric semiconductors. Energy and Environmental Science, 2012, 5(2): 5510-5530.

[60] Yang J H, Yip H L, Jen A K Y. Rational design of advanced thermoelectric materials. Advanced Energy Materials, 2013, 3(5): 549-565.

[61] Zhou J, Li X, Chen G, et al. Semiclassical model for thermoelectric transport in nanocomposites. Physical Review B, 2010, 82(82): 2431-2443.

[62] Ziman J M. Electrons and Phonons. Oxford: Clarendon Press, 1960.

[63] 谢华清, 奚同庚. 低维材料热物理. 上海: 上海科技文献出版社, 2008.

[64] Vashaee D, Shakouri A. Improved thermoelectric power factor in metal-based superlattices. Physical Review Letters, 2004, 92(10): 106103.

第 3 章 热电输运性能的测量

3.1 引　　言

泽贝克系数、电导率和热导率是决定材料热电性能的主要参数，这三个参数的精确测量是热电材料性能表征的核心内容。泽贝克效应和佩尔捷效应往往影响热电材料的电性能、热性能的精确测量。经过长期的技术改进，目前块体材料的热电输运性质测量技术已经比较成熟，但测量误差来源的复杂性及测量标准的不完全统一等问题仍然是困扰热电材料研究者的难题。另外，对于低维热电材料，与低维热电输运理论和低维材料制备科学的发展相比较，低维热电材料输运性质的测量技术尚不成熟，建立和发展低维材料纳米尺度热电输运性质测量方法与技术将是本领域的重要方向。本章将重点阐述泽贝克系数、电导率和热导率的测量原理和方法，剖析测量误差产生的原因并探索解决的途径。虽然其他物理性质的测量（如霍尔系数、热容、声速等）对热电材料输运性质的研究也很重要，但本章不做介绍，读者可参考其他关于物理测量的专著。

3.2 块体材料热电性能测量

3.2.1 电导率

电导率是材料基本的电学性质之一，电导率的测量原理简单、测量方法成熟。对于成分均匀的材料，通入恒定电流时材料内部电场均匀分布，此时，材料内部的电场强度 $E=V/l$，流经材料的电流密度 $J=I/A$（V 为材料上沿电流方向长度为 l 的两点之间的电势差；I 为横截面积为 A 的材料上通过的电流总强度），由此可得电导率的表达式为

$$\sigma = \frac{J}{E} = \frac{Il}{VA} \tag{3-1}$$

材料电导率的测量方法主要有两探针法和四探针法[1]。目前商业设备上常用的测量方法为四探针法。四探针法的测量原理如图 3-1 所示。其中，两个端面为电流引线，而两个电压探针位于样品中部位置。这种测量方法要求待测材料成分均匀，样品通常为规则的长方体或圆柱体，电流触点与样品端面之间尽量保持面接触，且接触面越大越好，这样才能保证样品两端面自身是等位面，样品内部电

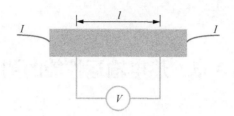

图 3-1 四探针电导率测量法示意图

场均匀分布。D. J. Ryden 等[2]曾对此做过详细的研究,并指出,对于不确定端面是否形成了较好的面接触情况,最好使电压探针与样品端面保持一定的距离,且满足

$$L - l > 2\omega \tag{3-2}$$

式中,L 为样品两端面之间的距离;l 为两电压探针之间的距离;ω 为样品厚度。因此,在实际测试中,尽量选用长宽比大的样品。而电压探针要求与样品形成点接触,且接触面积越小越好,以降低触点对样品内电场分布的影响。

除了样品尺寸和接触等方面的因素,在实际测量中还需考虑其他因素的影响。热电半导体材料通常电阻率较小,在许多合金材料表面易形成氧化层,与金属探针接触处极易形成金属-半导体接触界面,接触电阻相对较大。同时,部分半导体材料与探针的接触会形成半导体间的 p-n 接触,从而产生附加的非欧姆电压,引起测试的误差。消除接触电阻的影响,一般可采用测量不同电流下样品的电压信号,获得 I-V 曲线,其斜率即为样品的真实电阻(电导的倒数)。另外,热电材料一般都具有较大的泽贝克系数和佩尔捷系数,在实际测试过程中,样品处于电流导通状态,不可避免地会在样品两端产生温差 ΔT,并由此产生附加的泽贝克电动势,从而影响测试结果的准确性。消除附加泽贝克电压的常用方法是采用直流脉冲电流,通过间歇地通入较小的瞬时直流电进行电阻率的测量;由于热响应速度较慢,当电流切换速度大于 40 Hz 时可有效地减弱佩尔捷效应所产生的温差,提高测量准确性。也可以采用正反向电流或者交流法测量电阻。另外,电导率通常是温度的函数,在电导率测试过程中,通入的电流不宜过大,以降低由于焦耳热引起的样品温度波动。

3.2.2 泽贝克系数

泽贝克系数与电导率均为材料的本征物理量。根据泽贝克系数的定义,待测材料的泽贝克系数可表示为

$$S = \lim_{\Delta T \to 0} \frac{\Delta V}{\Delta T} \tag{3-3}$$

由此可见,要想获得材料的泽贝克系数,只需测量温差 ΔT,以及相对该温差产生的电势差 ΔV。图 3-2 所示为泽贝克系数测量原理示意图。通过样品上下两端的加

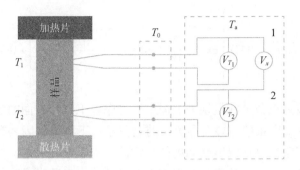

图 3-2 泽贝克系数测量原理示意图

热片和散热片,可以在样品上建立温度梯度。使用热电偶测量样品两点的温度(T_1 和 T_2),可以计算得到两点间的温差ΔT。同时,这两个热电偶中的一根导线可以作为电压探针,记录两点间电势差 V_x。测试需尽量满足以下条件:①温度和电压均保持稳定状态;②温度和电压的测试在样品的相同位置同时进行;③热电偶导线和样品均为完全均匀的材料,材料泽贝克系数只与温度相关;④电压测量系统所处的温度条件相同(T_a),而热电偶末端温度测量系统所处的温度条件也相同(T_0)。在此基础上,某一温度 T_0 时,通过测量一系列微小温差ΔT 和相对该温差所产生的一系列电势差 V_x,运用数据拟合得到函数 $V_x=f(\Delta T)$,则ΔV 对ΔT 的导数(一般地,当ΔT 足够小时,取ΔV-ΔT 斜率)即为材料在该温度下的相对泽贝克系数 S_{sr}。这种直接从ΔV-ΔT 测量泽贝克系数的方法通常称为微分法,这也是测量热电材料泽贝克系数最常用的方法。

样品的绝对泽贝克系数 S 需要从获得的相对泽贝克系数中去除导线和热电偶对泽贝克系数的额外贡献(S_{ref})。热电偶的常用材质有铜、铂和镍铬合金等,一般对于室温及以下温区的测量,可用铜-康铜热电偶测量温度;对于室温以上温区,常用镍铬-镍硅合金热电偶或铂-铂铑合金热电偶测量温度。这些热电偶导线自身具有较大的泽贝克系数,如镍铬合金在室温时绝对泽贝克系数为 21.5 μV/K,铂在室温时绝对泽贝克系数为-4.92 μV/K。因此,需要从测试结果中扣除这些热电偶带来的贡献。导线的绝对泽贝克系数需要通过测量汤姆孙系数获得[3-5],Roberts 使用该方法测量了铅(7~600 K)、铜(300~873 K)、铂(900~1600 K)、钨(900~1600 K)等几种常用参考材料的绝对泽贝克系数。根据实验结果,可对参考材料在整个温度区内的绝对泽贝克系数进行拟合推测,例如,铂(70~1500 K)和铜(70~1000 K)的绝对泽贝克系数可分别表示为

$$S_{Pt}(T) = 0.186T\left[\exp\left(-\frac{T}{88}\right) - 0.0786 + \frac{0.43}{1+\left(\frac{T}{84.3}\right)^4}\right] - 2.57 \qquad (3\text{-}4)$$

$$S_{\text{Cu}}(T) = 0.041T\left[\exp\left(-\frac{T}{93}\right) + 0.123 - \frac{0.442}{1+\left(\dfrac{T}{172.4}\right)^3}\right] + 0.804 \quad (3\text{-}5)$$

为减少泽贝克系数的测量误差，需主要考虑以下几个方面的因素。首先，根据式（3-3），泽贝克系数需要在尽量小的温差条件下测量，因为在有限温差下测量得到的泽贝克系数是该温度区间内的平均泽贝克系数。但是，过小的温差产生的温差电动势信号很小，测量相对误差大。对于绝大多数半导体热电材料，温差 ΔT 一般选择在 4~10 K，这样既能满足温差 ΔT 尽可能小的要求，也能得到一个易于被检测的、足够大的泽贝克电压。由于温度和电压总是在不断地波动，通常采取多次测量取平均值的方式提高测量精度。温差通常从负值取至正值，以消除部分补偿电压和附加电压的影响。

测量高温泽贝克系数时还需要避免热电偶与样品的高温化学反应。首先，热电偶与样品接触界面处化学反应的进行会影响测量信号的稳定性；另外，界面处生成新的化合物，使热电偶与样品非直接接触，不能反映待测样品的真实温度，并且反应生成物可能具有与热电偶材料不同的泽贝克系数。

3.2.3 热导率

1. 稳态测量法

精确测量热导率的关键在于解决待测样品与外界之间的热交换问题，而由于辐射、传导、对流等多种热交换形式的存在，实现热绝缘的难度远远大于电绝缘。材料热导率测量的方法主要包括稳态法和非稳态法两大类。稳态法是热导率测量中最早使用的方法（图 3-3），将待测样品置于加热器和散热器之间，在一端施加稳定的热源，使之处于稳态，通过测量样品两端的温差及样品中流过的热流密度来计算材料热导率[6-9]。

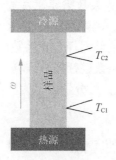

图 3-3 稳态直接测量法示意图

理想条件下，处于稳态的系统中，热量只在样品内部传导而不与外界发生其他形式的热交换。根据热传导的傅里叶定律，材料中流过的热流密度可表示为

$$J_\mathrm{T} = -\kappa \frac{\mathrm{d}T}{\mathrm{d}x} \tag{3-6}$$

式中，J_T 为热流密度；κ 为材料的热导率；$\mathrm{d}T/\mathrm{d}x$ 为两端温度梯度。对于板状等规则形状的样品，可以通过测量流过样品的热流密度与样品两端的温度差，结合样品尺寸，算出材料的热导率。

在稳态测量中，热流密度可通过加热器的功率直接计算得到，称为稳态直接测量法。在稳态直接测量法中，样品与加热器和散热器之间存在热阻，并且加热器与环境间存在热交换（热辐射和热传导），容易产生较大的误差。针对这一问题，在稳态法的基础上衍生出比较测量法。比较测量法是将待测样品置于两个热导率已知的参考样品之间，通过测量两端参考样品中的热流密度，间接计算出待测样品内的热流密度。

图 3-4 为比较法测量材料热导率的示意图，待测样品在参考标样 1 和参考标样 2 之间。假设参考标样的热导率为 κ_ref，根据热导率公式可计算出，通过参考标样 1 上 a 点的热流密度 $\omega_1 = \frac{\kappa_\mathrm{ref}\Delta T_1 A}{l_1}$，通过参考标样 2 上 e 点的热流密度 $\omega_2 = \frac{\kappa_\mathrm{ref}\Delta T_2 A}{l_2}$。理想条件下，待测样品与参考标样之间无热阻，$\omega_1 = \omega_2 = \omega$。实际测试中，为减少误差，可通过取平均值求得待测样品的热流。

$$\omega = \frac{1}{2}(\omega_1 + \omega_2) = \frac{1}{2}\left(\frac{\Delta T_1}{l_1} + \frac{\Delta T_2}{l_2}\right)\kappa_\mathrm{ref} \cdot A$$

式中，κ_ref 为参考标样的热导率；A 为横截面积；ΔT_1 和 ΔT_2 分别为参考标样上 a、b 两点和 e、f 两点之间的温度差；l_1 和 l_2 分别为参考标样上 a、b 两点和 e、f 两点之间的距离。则待测样品中的热流也可表示为 $\omega = \frac{\kappa_\mathrm{s}\Delta T \cdot A}{l_\mathrm{s}}$，因此，可推算出待测样品的热导率：

$$\kappa_\mathrm{s} = \frac{1}{2} \cdot \frac{l_\mathrm{s}}{\Delta T_\mathrm{s}}\left(\frac{\Delta T_1}{l_1} + \frac{\Delta T_2}{l_2}\right)\kappa_\mathrm{ref}$$

式中，ΔT_s 为样品上 c、d 两点处热电偶所测温差；l_s 为 c、d 两点之间的距离。

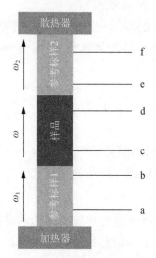

图 3-4 稳态比较测量法示意图

稳态测量法是基于一系列边界条件下求解热传导等式所得到的结果,由于实际测量中很难满足边界条件,会导致较大的测量误差。样品表面的辐射热损失是造成测量误差的主要因素。通过样品表面辐射损失的热量可表示为

$$Q_{rad} = \varepsilon \sigma_{SB} A (T_0^4 - T_s^4) \tag{3-7}$$

式中,Q_{rad} 为热辐射散出的热量;ε 为辐射系数($0 < \varepsilon < 1$);σ_{SB} 为斯特藩-玻尔兹曼常数 [$\sigma_{SB} = 5.7 \times 10^{-8} \text{W/(m}^2 \cdot \text{K}^4)$];$A$ 为表面积;T_0 和 T_s 分别为样品的温度和环境温度。由式(3-6)可见,辐射产生的热量损失与样品和环境的温度相关,在较低温度下(小于 200 K)辐射造成的热损失对测量结果的影响不明显。随着温度的增加,其影响逐渐增大,此时需要对辐射热进行估算进而修正测量结果。减少待测样品与环境的温差可以减少辐射造成的热损失,例如,可在"加热器-样品-散热器"系统外围匹配一个与之相同的控温系统,使环境温度尽量与样品温度相近,降低热辐射的影响。当样品温度与环境温度差别很小时(ΔT 很小),辐射损失的热量可近似表示为 $Q_{rad} = \varepsilon A \Delta T T_s^3$ [10]。另外,稳态直接测量法需要将测试系统置于高真空环境下($10^{-4} \sim 10^{-5}$ torr①),减少因气体对流和热传导引起的热量损失。除此之外,连接样品与外界之间的热电偶也会通过热传导造成热量损失,一般尽量使用细的热电偶导线。

样品尺寸对测试结果也有重要影响。一方面,为减少与环境之间的热交换,应尽量减小待测样品的尺寸和比表面积;另一方面,若样品尺寸过小,样品与加热器之间的接触热阻引起的贡献相对值增加,进而增大测量误差。因此,待测样品尺寸的选择应适中。对于常用的碲化铋材料,Goldsmid[11]的研究表明,采用横截面积约 10 mm²、长度为毫米级尺寸的样品较为合适。

---

① 1 torr = 1.33322×10² Pa。

2. 非稳态法

非稳态法是针对稳态热流法中存在的测量时间长、热损失对测量精度影响大等问题发展起来的一种快速测量方法。根据施加热源方式的不同，非稳态法主要包括周期性热流法和瞬态热流法两大类，其基本原理是在样品上施加周期性热流或瞬态（脉冲）热流，然后测量样品的温度变化来计算热导率。

激光脉冲法是 20 世纪 60 年代发展起来的瞬态热流法[12]，已成为目前最常用的、比较成熟的热导率测量方法之一。对于平板状样品，施加脉冲激光加热其一面，然后测量由热传导引起的另一面的温度变化可以计算获得样品的热导率。对于一厚度为 L 的样品，假设在热绝缘条件下其初始温度分布（温度变化）为 $T(x,0)$，施加脉冲激光后任意 t 时刻的温度分布 $T(x,t)$ 可表示为[12]

$$T(x,t) = \frac{1}{L}\int_0^L T(x,0)\mathrm{d}x + \frac{2}{L}\sum_{n=1}^{\infty}\exp\left(\frac{-n^2\pi^2\alpha t}{L^2}\right) \times \cos\frac{n\pi x}{L}\int_0^L T(x,0)\cos\frac{n\pi x}{L}\mathrm{d}x \tag{3-8}$$

式中，α 为热扩散系数，cm^2/s。如果辐射能量为 $Q(cal/cm^2)$ 的脉冲激光瞬时均匀照射样品表面，且激光能量被照射表面上厚度为 g 的样品层所吸收，则此时（$t=0$）样品的温度变化为

$$T(x,0) = \frac{Q}{DCg} \quad (0 < x < g)$$

$$T(x,0) = T_0 \quad (g < x < L)$$

在此初始条件下，式（3-8）可写为

$$T(x,t) = \frac{Q}{DCL}\left[1 + 2\sum_{n=1}^{\infty}\cos\frac{n\pi x}{L}\frac{\sin(n\pi g/L)}{(n\pi g/L)}\times\exp\left(\frac{-n^2\pi^2}{L^2}\alpha t\right)\right] \tag{3-9}$$

式中，D 为样品密度，g/cm^3；C 为样品的比热容，$cal/(g\cdot K)$。在这一关系式中，对于不透明材料，吸光层厚度 g 趋近于 0，因此可近似取 $\sin(n\pi g/L) \approx n\pi g/L$。在样品没有被激光照射的后表面（$x=L$），温度变化可表示为

$$T(L,t) = \frac{Q}{DCL}\left[1 + 2\sum_{n=1}^{\infty}(-1)^n\exp\left(\frac{-n^2\pi^2}{L^2}\alpha t\right)\right] \tag{3-10}$$

然后定义两个无量纲参数

$$V(L,t) = T(L,t)/T_{\max} \tag{3-11}$$

$$\varpi = \pi^2\alpha t/L^2 \tag{3-12}$$

式中，T_{max} 为被激光照射的后表面温度变化（升高）的最大值（对应于时间 t 无穷大）。则从式（3-9）～式（3-11）可得到如下关系

$$V = 1 + 2\sum_{n=1}^{\infty}(-1)^n \exp(-n^2\varpi) \quad (3\text{-}13)$$

基于式（3-12），可以确定热扩散系数 α，当 V 等于 0.5（对应于温度升高值达到最大升高值的一半）时，ϖ 等于 1.38，因此，

$$\alpha = 1.38 L^2 / (\pi^2 t_{1/2}) \quad (3\text{-}14)$$

式中，$t_{1/2}$ 为后表面温度升高值达到最大温度升高值的 1/2 时所需要的时间[图 3-5（b）]。

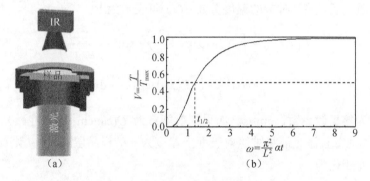

图 3-5 （a）脉冲激光瞬态热流法测量热扩散系数原理示意图；
（b）样品背面无量纲温度变化曲线

由以上推导可以看到，并不需要测量前表面所吸收的热量总量，而只需要检测样品背表面的温度变化、确定 $t_{1/2}$ 就可以获得热扩散系数，再基于样品的热容和密度数据，根据

$$\kappa = \alpha D C$$

就可以计算出样品的热导率。

图 3-5（a）为脉冲激光瞬态热流法测量热扩散系数原理的示意图，样品水平放置，激光垂直照射样品，样品上方通过红外探测器检测样品上表面的温度随时间的变化。室内样品周围配备加热或制冷装置，实现在高温和低温条件下的测量。该方法需要样品吸收的激光热量沿厚度方向单向传导，因此待测样品的尺寸及样品的支撑方法等对测量精度均有影响，一般地，热导率越低要求样品越薄。为提高脉冲激光瞬态热流法测试的准确性，许多研究人员已对测试过程中的传热模型提出了修正以减少热损失对测量结果的影响。例如，Cowan[13]考虑样品表面的热量损失，利用同一样品上表面多种不同温度与时间的对应关系计算热导率，在此

基础上对该测试方法进行了修正。Clark 和 Taylor[14]则考虑样品边缘的热量损失，对该测试方法进行了修正，这两种修正方法在实际测量中都得到了应用。激光脉冲的宽度、脉冲分布的均匀性等对测量精度有影响，Taylor 给出了详细的讨论和修正方案，从而使热脉冲测量精度达到 1%。

以上所述块体材料热电性能的测量方法中，因为样品的形状和尺寸直接影响测量精度和准确性，块体材料的测量方法很难直接应用于薄膜、纳米线等低维材料热电性能的表征。

3.3 薄膜材料热电性能测量

3.3.1 薄膜材料热导率测量

三倍频（3ω）法是测量薄膜材料热导率的一种常用技术，最早由 Cahill 提出[15]。该方法的基本原理是，向薄膜表面金属电极施加频率为ω的交变电流会导致频率为3ω的交流电压信号，该电压信号与薄膜热导率相关，从而实现对薄膜材料热导率的表征。如图 3-6 所示，在待测薄膜表面沉积一根具有一定尺度且带有四个弯圈形状的金属线，该金属线既是加热器又是温度传感器。当频率为ω的交变电流通过该金属线 AB 时，因焦耳热效应产生一频率为2ω的温度波（$T_{2\omega}$）并向薄膜层扩散。在较小的温度区间内，金属线电阻与温度呈线性关系，因此，金属线电阻也呈现频率为2ω的变化（$R_{2\omega}$）。此时，频率为ω的电流（I_ω）与频率为2ω的电阻变化共同导致金属线中产生一频率为3ω的交变电压信号（$V_{3\omega}$），该3ω信号正比于2ω温度波振幅，即

$$V_{3\omega} = \frac{1}{2} I_0 R_0 \varepsilon T_{2\omega} \tag{3-15}$$

式中，I_0为金属线的加热电流振幅；R_0为其室温电阻；ε为金属线电阻温度系数（dR/dT）。

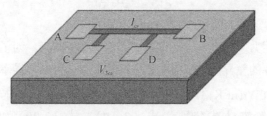

图 3-6 薄膜宏观热导率的3ω测试法示意图

同时，由于金属丝与薄膜层紧密结合，若忽略金属丝向空气的传热，可将金

属丝产生的热功率视为完全由薄膜层吸收，并以半柱状形式向内部传导。根据一维线热源模型，加热元件金属线的 2ω 温度波振幅 $T_{2\omega}$ 直接与薄膜热导率有关，且与薄膜热导率和角频率 ω^{-1} 的对数成反比，即

$$T_{2\omega} = \frac{P}{2\pi l \kappa}(C - \ln \omega) \qquad (3\text{-}16)$$

式中，l 为金属丝 AB 的长度；P 为薄膜吸收的交变热功率幅值；κ 为薄膜热导率。

3ω 交变信号（$V_{3\omega}$）与加热频率对数之间呈线性关系，即

$$\frac{\mathrm{d}V_{3\omega}}{\mathrm{d}\ln\omega} = \frac{1}{4} \cdot I_0 \cdot \varepsilon \cdot \frac{P}{\pi l \kappa} = \frac{\varepsilon V_0^3}{4\pi R_0 l} \cdot \frac{1}{\kappa} \qquad (3\text{-}17)$$

式中，V_0 为金属丝的加热电压。

实验提取不同加热频率 ω 下产生的 3ω 交变信号（$V_{3\omega}$），从 $V_{3\omega}$-$\ln\omega$ 直线的斜率可直接获得薄膜热导率。

3ω 法的优点在于其不受辐射热损的影响，且该方法适用温度范围宽，可在室温或更高的温度下进行测量。但该方法要求热穿透深度小于薄膜厚度，由于热穿透深度与加热频率 ω 的平方根成反比，所以薄膜厚度很小时，需要很高的加热频率。

Fiege 等将宏观三倍频热导率检测技术与亚微米级分辨率的扫描热学显微术相结合，发展了微纳尺度热导率原位定量表征的显微方法[16]。其表征原理与上述宏观热导率的 3ω 表征原理基本相同，其差别在于，采用的热探针为具有一定曲率半径的、弧状热敏电阻型金属丝，该热敏电阻探针既是局域加热源，又是信号探测头。当加热探针与样品接触时，其大部分区域与空气进行热交换，只有很少一部分热量通过接触区域流入薄膜样品中。因此，金属丝产生的热功率不能被视为完全由样品吸收，加热探针与样品接触区形成近场热分布，其 3ω 电压与加热频率之间的关系等同于宏观情形。由于样品吸收的热功率与样品热导率有关，与加热频率无关，因而 3ω 电压与样品热导率存在如下关系：

$$\frac{\mathrm{d}V_{3\omega}}{\mathrm{d}\ln\omega} \propto \frac{P_\mathrm{s}(\kappa)}{\kappa} \qquad (3\text{-}18)$$

根据有限元模拟，$P(\kappa)$ 与 κ 之间的关系如图 3-7 所示。为了定量计算微区热导率，可按样品热导率的差异，将 $P(\kappa)$ 与 κ 之间的关系分为低热导率[1~10W/(m·K)]、中热导率[10~100W/(m·K)]、高热导率[>100W/(m·K)]三段区域，三个区域薄膜热导率的计算表达式分别为式（3-19）、式（3-20）和式（3-21）：

$$\frac{\mathrm{d}V_{3\omega}}{\mathrm{d}\ln\omega} \propto \frac{P_\mathrm{s}}{\kappa} \propto k_1\kappa + k_2 \qquad (3\text{-}19)$$

$$\frac{dV_{3\omega}}{d\ln\omega} \propto \frac{P_s}{\kappa} \propto \frac{k_1}{\kappa} + k_2 \quad (3\text{-}20)$$

$$\frac{dV_{3\omega}}{d\ln\omega} \propto \frac{P_s}{\kappa} \propto \frac{k_1}{\kappa} \quad (3\text{-}21)$$

式中，k_1、k_2 为与测量环境（探针、薄膜表面状态、接触状态等）相关的参数，测量环境相同情况下可以使用标准样品进行标定。实验中，标定各待定参数后，采集不同加热频率 ω 下所激励的 3ω 信号，作 $V_{3\omega}$-$\ln\omega$ 的关系图，从其斜率可获得待测样品的微区热导率。

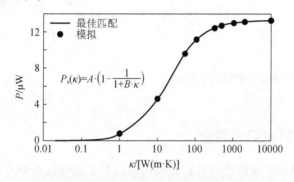

图 3-7 样品吸收热功率与样品热导率之间的关系

三倍频扫描热学显微术的突出优点在于通过原位检测探针 3ω 信号变化不仅可实现微区热导率的高分辨显微成像，而且可实现微区热导的原位定量表征。图 3-8 显示了 Si 纳米线在 SiO_2 基体中分布的 3ω 形貌像和热学像[17]。图 3-9 为 Bi-Sb-Te 热电薄膜（BST 薄膜）微区热导的表征结果，其微区热导率 κ 为 1.668 W/(m·K)，该值与其相应单晶材料的热导率值相近 [1.70 W/(m·K)][18]。另外，从热探针功率与其温度之间的关系，Zhang 等建立了相关热传导模型以测量材料热导率值，图 3-10 为利用该方法测得的 Bi_2Te_3 和 Bi_2Se_3 纳米热电薄膜微区热导率的表征结果，其值分别为 0.36 W/(m·K) 和 0.52 W/(m·K)[19]。

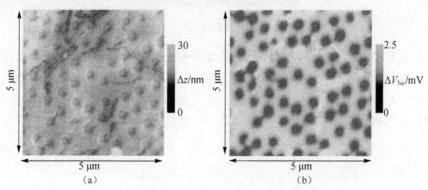

图 3-8 SiO_2 基体中 Si 纳米线的形貌像（a）和热学像（b）

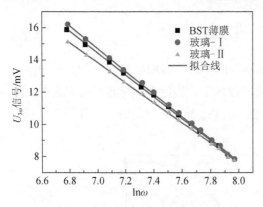 

图 3-9 Bi-Sb-Te 热电薄膜微区热导率的表征结果　　图 3-10 Bi_2Te_3 和 Bi_2Se_3 纳米热电薄膜微区热导率的表征

3.3.2 薄膜材料电阻率测量

薄膜材料的电阻率测量通常有直线四点法和范德堡法两种方法。直线四点法与块体材料类似，如图 3-11 所示，在 1、4 两点间通电流（I），测量 2、3 两点间电压（V），利用公式 $R=V/I$ 可以得到薄膜电阻 R；并进一步通过测量 2、3 两点间距离 L、薄膜宽度 D、厚度 d 计算电阻率（$\rho=RdD/L$）。

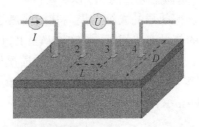

图 3-11 直线四点法测量薄膜电阻率的原理示意图

图 3-12 简要描述了利用范德堡法测量薄膜电阻的过程。利用四个测量探针接触待测薄膜样品边缘，在位于一个边上的两个电极施加电流，在另外两个电极测试电压。按照图 3-12 所示的测试方法，环绕样品一周测量 $V_1 \sim V_8$ 共 8 个电压值，并算出水平与竖直方向两个平均电阻 $R_{水平}$ 与 $R_{竖直}$：

$$R_{水平} = (V_1 + V_2 + V_5 + V_6)/4I \tag{3-22}$$

$$R_{竖直} = (V_3 + V_4 + V_7 + V_8)/4I \tag{3-23}$$

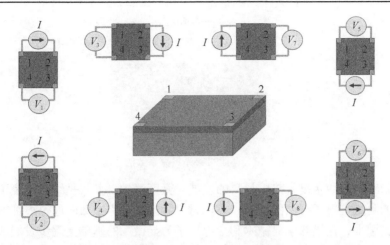

图 3-12 利用范德堡法测量电阻率的原理示意图

在上述测量过程中,通过在同一个边上进行两个方向的测量可以抵消由于热电材料所固有的泽贝克效应对测量产生的影响。通过测得的 $R_{水平}$ 与 $R_{竖直}$ 可以进一步求得薄膜材料的方块电阻 R_s(单位为 Ω/sq)

$$e^{-\pi R_{水平}/R_S} + e^{-\pi R_{竖直}/R_S} = 1 \quad (3-24)$$

薄膜的方块电阻 R_s 与电阻率及薄膜厚度 t 满足以下关系:

$$R_s = \rho/t \quad (3-25)$$

在实际测量中,通常将待测薄膜样品制成具有二维正交对称的结构(如正方形),从而方便对薄膜材料方块电阻的求解。在这种对称性的前提下,薄膜材料两个维度的测量电阻 $R_{水平}$ 与 $R_{竖直}$ 相等,可以通过两个维度电阻的平均值 $R=(R_{水平}+R_{竖直})/2$,按式(3-26)求得电阻率:

$$\rho = \frac{\pi R}{t \ln 2} \quad (3-26)$$

与直线四点法相比较,范德堡法不受温差引起的热电势影响,并且不受形状限制、适用于各种不规则的任意形状和尺寸的薄膜材料电导率的测量。应用范德堡法测量电阻率时,样品应满足薄膜材料与探针欧姆接触,探针尽可能靠近样品边缘且接触面积远小于测量面积,薄膜样品均匀且厚度远小于探针间距离等前提条件。

3.3.3 薄膜材料泽贝克系数测量

薄膜材料泽贝克系数的测量方法与块体材料相类似。如图 3-13 所示,利用薄膜电阻丝加热等方式在薄膜上形成温差,测量 1、2 两点温度及两点间的电势差 ΔV,改变温度梯度,测量在一系列温度梯度下相应的 ΔV 值,ΔV-ΔT 线性关系斜率可以得到泽贝克系数。块体材料泽贝克系数测量中的注意事项及减小和消除误差的措施在薄膜材料泽贝克系数测量中也同样适用。

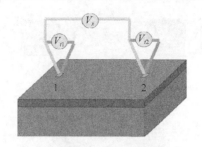

图 3-13 薄膜材料泽贝克系数的测量

纳米结构和纳米复合热电材料的发展对微区测量、尤其是纳米尺度下的泽贝克系数的测量提出了强烈的需求。热电材料微区泽贝克系数的原位表征方法在扫描隧道显微术、扫描热学显微术和导电原子力显微术的基础上逐步发展起来。利用扫描热学显微术中探针的微区加热功能和原位电/热信号检测功能可以实现微区泽贝克效应的原位激发和原位表征。图 3-14（a）为微区泽贝克系数的热探针原位表征技术原理示意图[19]。在该技术中，当一高频交变电流施加于探针时会形成恒定直流热源并加热样品，使样品与探针接触区域和非接触区域之间产生温差并激发恒定直流泽贝克电压信号。基于探针温度及微区泽贝克电压值，可获得样品微区泽贝克系数值。图 3-14（b）为利用该方法测得的 Bi_2Te_3 薄膜和 Bi_2Se_3 薄膜在不同温差下的泽贝克电压，计算得到泽贝克系数分别为 106 μV/K 和 1.9 μV/K。热探针法测量泽贝克系数的空间分辨率受探针尺寸限制，一般可以在亚微米尺度上表征泽贝克系数。

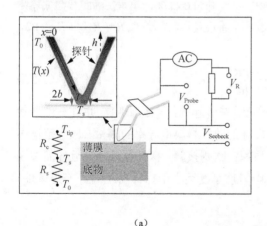
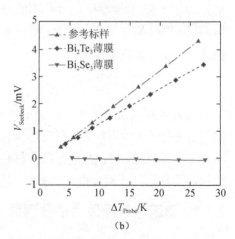

（a） （b）

图 3-14 （a）微区泽贝克系数原位表征的热探针法；
（b）Bi_2Te_3 薄膜和 Bi_2Se_3 薄膜微区泽贝克系数原位表征结果

在导电 AFM 平台上引入微悬臂和纳米探针可以实现大气环境下超高分辨泽贝克系数的测量[20]。如图 3-15 所示，在针尖悬臂末端设计一个自带电路回路的微型加热模块，加热时，热量自微悬臂传导到纳米尺度曲率半径的针尖，从而在针尖-样品纳米尺度接触区（热端）与未接触区（冷端）形成温差，进而诱导纳米尺度泽贝克电压信号。该方法的空间分辨率可以达到 15 nm，能获得热电薄膜的纳米尺度泽贝克系数值［图 3-16（a）］及其分布［图 3-16（c）］。

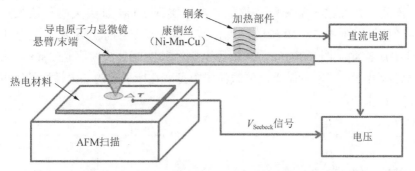

图 3-15　基于导电原子力显微镜的纳米泽贝克系数原位表征技术原理示意图

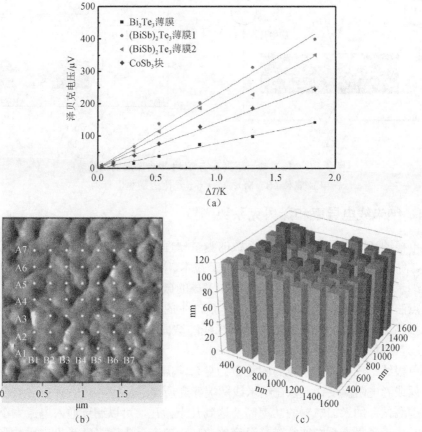

图 3-16　（a）部分热电材料的纳米泽贝克系数测量结果；（b）(BiSb)$_2$Te$_3$ 薄膜的 AFM 形貌像；（c）图（b）中 7×7 点阵的纳米泽贝克系数值统计图，反映纳米尺度热电性质的不均匀性

另外，扫描隧道显微术（STM）也逐步被应用于纳米尺度热电效应的表征[21-27]。Lyeo 等基于超高真空扫描隧道显微镜平台建立了扫描热电显微术[25]，实现了纳米泽贝克系数的原位表征。如图 3-17 所示，STM 腔体处于超高真空度下，样品下方黏结一加热丝，该加热丝可实现 STM 针尖尖端与被加热样品之间纳米接触时形成 5～30 K 的温度梯度，从而诱导纳米尺度泽贝克电压并被 STM 针尖所检测［图 3-17（a）］。该显微平台其空间分辨率高达 2 nm，从而可高分辨显示出 p-n 结附近微小区域载流子类型变化所引起的热电性质的突变行为［图 3-17（b）］。

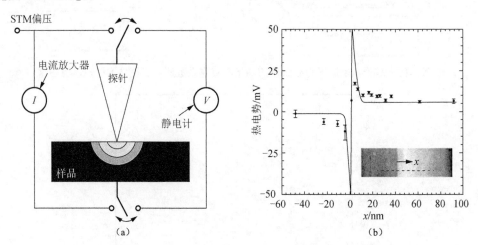

图 3-17　（a）基于超高真空 STM 平台发展的扫描热电显微术（STeM）；（b）p-n 结附近的热电行为

3.3.4　纳米线电导率和泽贝克系数测量

单根纳米线电导率和泽贝克系数的测量原理与块体材料相同，但由于尺寸的限制，需要将电学性质检测技术与微加工技术、微结构表征技术等进行综合集成。单根纳米线电导率的测量通常在光刻加工成的微电路上进行，采用四端点法或者二端点法，通过测量样品上通电流（I）后产生的电压（V），即可计算电阻 $R=V/I$。结合扫描电镜或透射电镜观察得到纳米线的截面积（A）和两个电压测量点的距离（L），即可得到电导率 $\sigma=L/(RA)$。

单根纳米线泽贝克系数的测量更为复杂，需要在微电路上添加纳米加热器和热电偶或者电阻温度计，以在纳米线两端建立所需的温差（ΔT）并且对该温差进行精确测试。纳米加热器的功率需要达到几十微瓦，可以通过通入电流大小加以控制。由于泽贝克系数通常随着温度的改变而改变，为了提高泽贝克系数测量的准确性，需要较小的温差（$\Delta T < 10$ K）。这就要根据待测样品的材质，冷热两端的间距等因素来选择合适的加热电流并对其加以精确控制。然后，通过测量对应

于不同温差条件下的电压ΔV,即可计算出泽贝克系数 $S=\Delta V/\Delta T$。目前常用的纳米线电导率和泽贝克系数的测量方法主要有预置电路法和后置电路法两种。

预置电路法需要在衬底上预先加工好所需的微电路,然后直接在微电路模块上生长纳米线,或者通过纳米机械手将纳米线切割并且转移到预加工的微电路模块上。这种方法适用于易单根分离和移动的纳米线,或者可以在电路所在衬底上按要求定向生长纳米线。Shin 等[28]采用预置电路法测量了 Bi_2Te_3 纳米线的泽贝克系数和电导率。图 3-18 所示为预先制备的微电路示意图,其中上下两个锯齿形白色曲线表示两个 Pt 纳米加热器;中间四根直线分别是两个 Pt 电极和两个 Pt 电阻温度计。通过厚度为 155 nm 的 Au 和厚度为 45 nm 的 Ni 组成的复合导电层(图 3-18 中周边区域)将微电路与外部测量仪表(包括电源表和纳伏仪等)相连接。基于 Bi_2Te_3 纳米线与钨之间的范德华力作用,利用微操纵仪控制钨探针吸附和移动所需测量的纳米线,将其安放到电路板的恰当位置。然后,采用射频溅射(RF-sputtering)装置,将厚度为 10 nm 的 Ni 和厚度为 120 nm 的 Al 组成的 Ni/Al 复合层作为纳米线与微电路两者间接触点的焊接材料,提高纳米线与微电路之间的电接触。通过这种微电路,在纳米线两端 Pt 电极上施加大小不同的电流,利用中间两个 Pt 热电偶测量相应电压,即可测量材料的电导率。由于在 200~400 K 温度区间内 Pt 材料的电阻与温度呈线性关系,通过测量 Pt 电阻温度计的电阻可以推测出两个 Pt 电阻温度计的温度,进而获得两者间的温差。通过调节流经 Pt 纳米加热器的电流以调节两个 Pt 电阻温度计间的温差,结合测量得到的电压,即可计算出相应的泽贝克系数。

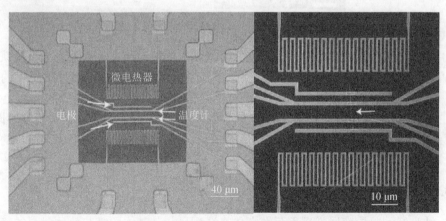

图 3-18 预置电路法测量纳米线电输运性质原理示意图

后置电路法也是一种较为常用的测量电导率和泽贝克系数的方法。对于一些无法在预先加工好的微电路模块上生长的纳米线,或者黏性较大难以分离和移动的纳米线,需要采用后置电路法测量电导率和泽贝克系数。利用光刻印刷技术直接将测量电路制备在生长有纳米线的衬底上,然后将不需要测量的纳米线去除,仅保存待测量部分。后置电路的最大优点在于适用范围较广,待测样品与电路之间可以保证良好的电接触,避免了预置电路法中的焊接步骤。Kim 等[29]在掺硼的 SOI 衬底上通过热氧化和 HF 腐蚀,获得了直径约为 50 nm 的 Si 纳米线阵列。然后,在其表面磁控溅射约 0.2 nm 厚的 Cr 层和 2.3 nm 厚的 Pt 层,通过模板遮盖的方法将无效部分剥离,最终获得了类似于图 3-19 的微电路,成功测量了 Si 纳米线的电导率和泽贝克系数。对于一些较为复杂的纳米线复合材料,特别是电纺丝等方法形成的纳米线网络、不规则或者具有二级结构的纳米线材料及纳米线-导电聚合物复合材料,同样可以用后置电路法的方法测量电导率和泽贝克系数。如图 3-19 所示,S. K. Yee 等通过预置光刻胶-丙酮溶解的方法制备了 Te/PEDOT:PSS 复合体系的"一维"纳米带,然后在其上加工了 Pt 微电路测试模块,成功对其电导率和泽贝克系数进行了测试[30]。

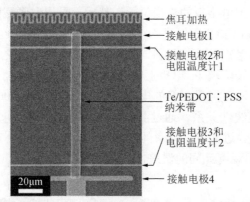

图 3-19 后置电路法测量 Te/PEDOT:PSS 纳米带复合热电材料的热电性能

对于纳米线电导率的测量,通过扫描电镜、透射电镜或者原子力显微镜获得准确的尺寸对最终测量精度非常重要。泽贝克系数的测量不需要考虑尺寸的影响,但存在很多因素影响纳米线上温差的准确测量。例如,纳米加热器中心位置的温度高于边缘位置,纳米线的摆放位置差异会造成实际温度与设置温度不同。实际测量中,通常需要通过实验和仿真模拟相结合对 ΔT 进行校正以确保测量的准确性。

3.3.5 纳米线热导率测量

纳米线的热导率通常采用两端点传热法测量,其基本原理与块体材料的稳态热流法相同。与纳米线电性质的测量相似,两端点传热法测量纳米线热导率也需要加工相应的微电路,其基本结构与测量泽贝克系数的微电路相似。将纳米线放置于微电路之上,一端加热,在另一端测量随热量传递过程中温度的变化。事实上,利用这种微电路,可以实现一次性测量单根纳米线的电导率、泽贝克系数和热导率三种热电性质,避免使用不同纳米线测量所带来的误差。

图 3-20 所示为两端点传热法所需的微电路示意图。采用滴涂或者微操作仪将纳米线悬空搭于微电路之上,以保证加热端、纳米线、电阻温度计三者与外界环境绝热。同时,在接触点采用聚焦电子束技术(FEB)将 Pt/C 复合物沉积在纳米线和加热片的接触区域以去除纳米线表面的氧化层,并提供两者界面接触处良好的热接触。当将额定电流通入 Pt 微电路时,纳米线一端(加热端)的温度(T_h)升高,热量从加热端经纳米线传递至另外一端(接收端),导致接收端的温度(T_s)升高。通过测定加热端和接收端 Pt 微电路的电阻 R_h 和 R_s 变化,可以得到加热功率 $P=I^2(R_h+R_I/2)$(R_I 为加热端上用于连通 Pt 微电路的导线电阻)、加热端和接收端的温度变化量 ΔT_h 和 ΔT_s。进而,可以通过式(3-27)得到纳米线的热导 G_w:

$$G_w = \frac{P}{\Delta T_h - \Delta T_s}\left(\frac{\Delta T_s}{\Delta T_h + \Delta T_s}\right) \tag{3-27}$$

然后,根据公式 $\kappa=G_w l/A$(其中,l 为纳米线位于两个加热端和接收端之间的长度;A 为纳米线的截面积),可进一步计算得到单根纳米线的热导率。采用这种方法,Roh 等测量了具有不同生长方向的 Bi 纳米线的热导率,发现纳米线的热导率随其直径的下降而显著下降。并且,不同方向上生长的 Bi 纳米线的热导率不同,当纳米线直径为 100 nm 时,($\bar{1}02$)和(111)方向上生长的 Bi 纳米线热导率相差约 7 W/(m·K)。

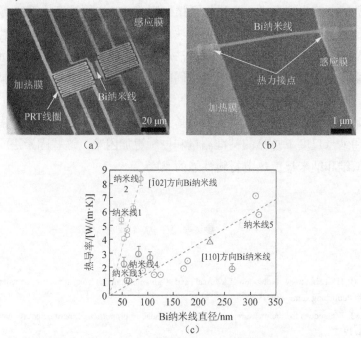

图 3-20 悬空法测量单根 Bi 纳米线的热导率

(a)两点接触法整体微电路示意图;(b)两端之间 Bi 纳米线与冷热端电极保持良好热接触;(c)悬空法测量热导率数据与 Bi 纳米线直径的关系

与纳米线电性质测量相比较，纳米线热导率的测量难度更大，受环境的影响敏感。首先，类似于纳米线泽贝克系数的测量，纳米线热导率也需要准确测量纳米线与微电路接触点处的温度。其次，测量过程中要保证高真空，并且避免纳米线与微电路之外的其他部分接触，以降低热辐射、传导或对流引起的热损失。此外，需要保证纳米线与微电路间的界面处具有良好的热接触。为了确保纳米线热导率测量数据的准确性，可以使用标准样品对设备测量数据进行校正。例如，将 Si 纳米线通过高温氧化的方法制成无定形 SiO_2 纳米线可用于标准样品，因为无定形 SiO_2 中声子的平均自由程接近最小的原子间距，其纳米线的热导率和无定形 SiO_2 块体材料的热导率可视为相同。

3.4 总　　结

表征材料热电性能的无量纲热电优值 ZT（$ZT=S^2\sigma T/\kappa$）是一个由泽贝克系数、电导率、热导率多种基础物性参数计算获得的复合参数。多种参数测量误差的叠加直接导致 ZT 值测算误差的增加，并且，目前还没有成熟的技术可同时测量上述三种物性参数，而材料热电性质敏感地受材料晶体取向、微观结构的影响，因此三种参数的不同步测量进一步增加了精准测算 ZT 值的难度。第 7 章中将介绍通过器件制冷特性直接测算 ZT 值的方法，但仍然是一种近似的、且包含器件界面损耗等要素的器件平均 ZT 的表征方法。提高各种物性参数的测量准确性及实现泽贝克系数、电导率、热导率三参数同时测量是热电材料性能测量技术领域面临的挑战。与块体材料相比较，低维和纳米材料的热电性质测量中，电流、电压、温差等基础参数的检测信号更小，测量体系中界面电阻、界面热阻的占比更大，并且低维和纳米尺度下热流的精准测量和控制更加困难，这些因素进一步增加了精确测量低维和纳米尺度热电材料性能的难度。

参 考 文 献

[1] Wieder H H. Laboratory Notes on Electrical and Galvanomagnetic Measurements. Amsterdam: Elsevier Scientific Publishing Company, 1979.

[2] Ryden D J. Techniques for the measurement of the semiconductor properties of thermoelectric materials. Harwell: UKAEA, 1973.

[3] Roberts R B. The absolute scale of thermoelectricity. Philosophical Magazine, 1977, 36(1): 91-107.

[4] Roberts R B. The absolute scale of thermoelectricity. Ⅱ. Philosophical Magazine Part B, 1981, 43(6): 1125-1135.

[5] Roberts R B, Righini F, Compton R C. Absolute scale of thermoelectricity III. Philosophical Magazine Part B, 1985, 52(6): 1147-1163.

[6] Drabble J R, Goldsmid H J. Thermal Conduction in Semiconductors. London: Pergamon Press, 1961.

[7] Tye R P. Thermal Conductivity. London: Academic Press, 1969.

[8] Bhandari C M, Rowe D M. Thermal Conduction in Semiconductors. New Dehi: Wieley Eastern Ltd, 1988.

[9] Young H D. Statistical Treatment of Experimental Data. New York: McGraw-Hill, 1962.

[10] Tritt T M. Thermal Conductivity: Theory, Properties, and Applications. New York: Springer, 2004.

[11] Goldsmid H J. The Electrical Conductivity and Thermoelectric Power of Bismuth Telluride. P Phys Soc Lond, 1958, 71(4): 633-646.

[12] Parker W J, Jenkins R J, Butler C P, et al. Flash method of determining thermal diffusivity, heat capacity, and thermal conductivity. Journal of Applied Physics, 1961, 32(9): 1679-1684.

[13] Cowan R D. Pulse method of measuring thermal diffusivity at high temperatures. Journal of Applied Physics, 1963, 34(4): 926-927.

[14] Clark III L M, Taylor R E. Radiation loss in the flash method for thermal diffusivity. Journal of Applied Physics, 1975, 46(2): 714-719.

[15] Cahill D G, Pohl R O. Thermal conductivity of amorphous solids above the plateau. Physical Review B, 1987, 35(8): 4067-4073.

[16] Fiege G B M, Altes A, Heiderhoff R, et al. Quantitative thermal conductivity measurements with nanometre resolution. Journal of Physics D: Applied Physics, 1999, 32(5): 13.

[17] Puyoo E, Grauby S, Rampnoux J M, et al. Scanning thermal microscopy of individual silicon nanowires. Journal of Applied Physics, 2011, 109(2): 024302.

[18] Zhao K Y, Zeng H R, Xu K Q, et al. Scanning thermoelectric microscopy of local thermoelectric behaviors in (Bi, Sb)$_2$Te$_3$ films. Physica B: Condensed Matter, 2015, 457: 156-159.

[19] Zhang Y L, Hapenciuc C L, Castillo E E, et al. A microprobe technique for simultaneously measuring thermal conductivity and Seebeck coefficient of thin films. Applied Physics Letters, 2010, 96(6): 062107.

[20] Xu K Q, Zeng H R, Yu H Z, et al. Ultrahigh resolution characterizing nanoscale Seebeck coefficient via the heated, conductive AFM probe. Applied Physics A, 2014, 118(1): 57-61.

[21] Hoffmann D, Grand J Y, Möller R, et al. Thermovoltage across a vacuum barrier investigated by scanning tunneling microscopy: Imaging of standing electron waves. Physical Review B, 1995, 52(19): 13796-13798.

[22] Hoffmann D, Seifritz J, Weyers B, et al. Thermovoltage in scanning tunneling microscopy. Journal of Electron Spectroscopy and Related Phenomena, 2000, 109: 117-125.

[23] Rettenberger A, Baur C, Läuger K, et al. Variation of the thermovoltage across a vacuum tunneling barrier: Copper islands on Ag(111). Applied Physics Letters, 1995, 67(9): 1217-1219.

[24] Seifritz J, Wagner T, Weyers B, et al. Analysis of a SeCl$_4$-graphite intercalate surface by thermovoltage scanning tunneling microscopy. Applied Physics Letters, 2009, 94(11): 113112.

[25] Lyeo H K, Khajetoorians A A, Shi L, et al. Profiling the thermoelectric power of semiconductor junctions with nanometer resolution. Science, 2004, 303: 816-818.

[26] Evangeli C, Gillemot K, Leary E, et al. Engineering the thermopower of C$_{60}$ molecular junctions. Nano Letters, 2013, 13(5): 2141-2145.

[27] Park J, He G, Feenstra R M, et al. Atomic-scale mapping of thermoelectric power on graphene: role of defects and boundaries. Nano Letters, 2013, 13(7): 3269-3273.

[28] Shin H S, Lee J S, Jeon S G, et al. Thermopower detection of single nanowire using a MEMS device. Measurement, 2014, 51: 470-475.

[29] Kim J, Hyun Y, Park Y, et al. Seebeck coefficient characterization of highly doped n- and p-type silicon nanowires for thermoelectric device applications fabricated with top-down approach. Journal of Nanoscience and Nanotechnology, 2013, 13(9): 6416.

[30] Yee S K, Coates N E, Majumdar A, et al. Thermoelectric power factor optimization in PEDOT: PSS tellurium nanowire hybrid composites. Physical Chemistry Chemical Physics, 2013, 15(11): 4024-4032.

[31] Williams C C, Wickramasinghe H K. Microscopy of chemical-potential variations on an atomic scale. Nature, 1990, 344(6264): 317-319.

第 4 章 典型热电材料体系及其性能优化

4.1 引 言

20 世纪 50~60 年代，Ioffe 等[1]基于固体物理和半导体物理理论发展了电子和声子输运的相关模型，解释了固体材料中的电热输运，并引导了系列窄带半导体热电材料的发现。此后几十年间，热电材料的研究主要集中在 Bi_2Te_3、PbTe、Si/Ge 合金等几个典型材料体系。20 世纪 90 年代后期，美国科学家 G. Slack 提出了一种理想化的热电材料设计理念"声子玻璃-电子晶体"[2]，即好的热电材料应具有晶体一样的优异电学性质和玻璃一样的低热导率。"声子玻璃-电子晶体"特征热电材料的探索一度成为热电材料研究领域的热点研究方向，在此概念的启发下，人们先后发现了填充方钴矿、笼合物等具有笼状结构的新型高性能热电材料。进入 21 世纪，随着一些热电输运新效应和新机制的提出和发展，许多新的高性能热电材料体系相继被发现，其热电优值也不断被刷新。图 4-1 总结了热电材料的性能优值在过去 60 多年中的发展，并重点列举了 2000 年以来的重要进展与代表性材料体系的 ZT 值。本章将介绍典型的热电材料体系及它们独特的电热输运机制，从材料晶体结构与微观结构两方面重点介绍热电性能的调控思路和方法。

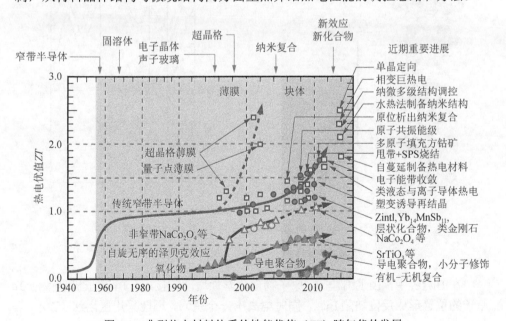

图 4-1 典型热电材料体系的性能优值（ZT）随年代的发展

4.2 Bi_2Te_3 基合金

Bi_2Te_3 基热电材料在 20 世纪 50 年代被发现,该材料在室温附近具有优异的热电性能,被广泛用于室温附近的制冷及发电,是目前热电材料中唯一被广泛商业化应用的热电材料体系。Bi_2Te_3 是一种典型的窄带半导体材料,其带隙为 0.15 eV 左右,属于菱方晶系,空间群为 $R\bar{3}m$,其晶体呈层状结构,由 Bi 原子层和 Te 原子层按照 Te^1—Bi—Te^2—Bi—Te^1 的顺序排列而成,如图 4-2(a)所示,其中 Bi 原子与 Te 原子成共价键,而两相邻 Te 原子层以范德华力相互作用,因此非常容易发生层间解理。Bi_2Te_3 的能带结构复杂,晶体的对称性在导带和价带各造成了 6 个简并的能谷(carrier pockets)[3],如图 4-2(b)所示,有利于提高态密度和电子有效质量。同时 Bi 原子与 Te 原子的电负性差异小,有助于获得较高的载流子迁移率。例如,其沿层面方向的电子迁移率在 293 K 时可以达到 1200 $cm^2/(V·s)$,因此 Bi_2Te_3 呈现出优异的电输运性能。另外,Bi_2Te_3 材料中,Bi 和 Te 原子均具有较大的原子质量,加上该体系熔点较低(约 858 K),使该体系具有较低的晶格热导率,两者的共同作用使其成为室温附近最好的热电材料。

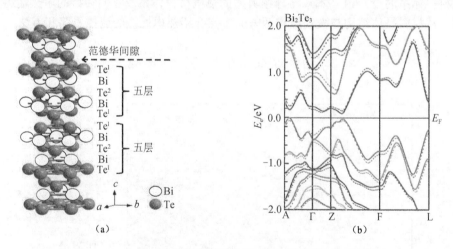

图 4-2 (a) Bi_2Te_3 的晶体结构;(b) Bi_2Te_3 的电子能带结构

实线和虚线分别代表考虑和不考虑 $p^{1/2}$ 修正的结果

在 Bi_2Te_3 中,Bi 原子与 Te 原子物理化学性质非常接近,Bi 原子极易占据 Te 原子的位置形成反位缺陷 Bi'_{Te},同时电离出一个空穴,因此采用区熔法(ZM)等定向生长工艺制备的材料通常呈现 p 型导电[4]。然而,采用粉末烧结的方法制备多晶材料往往呈现 n 型导电，这是由于粉末制备过程中，在机械研磨作用下，晶粒发生晶面的滑移，形成 Te 空位，从而电离出电子[5]。

在实际应用中，通常采用 Bi_2Te_3 与 Sb_2Te_3 的固溶体来获得 p 型材料，其最优组分在 $Bi_{0.5}Sb_{1.5}Te_3$ 附近[6]。Sb_2Te_3 晶体结构与 Bi_2Te_3 类似，两者可实现连续的固溶，如图 4-3（a）所示。Sb 原子与 Bi 原子相比，其原子大小及电负性与 Te 原子更为接近，所以 Sb 与 Te 的反位缺陷形成能更低，使 Sb_2Te_3 呈现出强 p 型导电。将 Sb_2Te_3 固溶到 Bi_2Te_3 体系中，可实现空穴载流子的调控，同时引入大量点缺陷，显著降低材料的晶格热导率。同样，Bi_2Se_3 也具有同 Bi_2Te_3 相类似的晶体结构，如图 4-3（b）所示，Bi_2Te_3 和 Bi_2Se_3 的相图显示两者在较高温度下可以实现完全固溶，但在低温下有可能存在一定的分相区间，关于此仍存在一定的争议[7]。由于 Bi 原子与 Se 原子的尺寸及电负性相差较大，因此 Bi_2Se_3 体系中反位缺陷的生成受到抑制，而且 Se 元素的蒸气压较大，易在晶格中形成 Se 空位，并电离出电子。所以由 Bi_2Te_3 和 Bi_2Se_3 可以形成固溶体来成为 n 型材料，并通过改变 Bi_2Se_3 的浓度来调节 n 型载流子浓度，一般最优的组分在 $Bi_2Te_{2.7}Se_{0.3}$ 附近。采用传统定向生长工艺制备的 p 型和 n 型碲化铋材料通常在室温附近具有较好的热电性能，热电优值可达到 1.0 左右，其热电性能如图 4-4 所示。

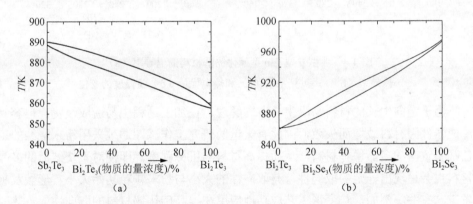

图 4-3　（a）Bi_2Te_3-Sb_2Te_3 赝二元合金相图；（b）Bi_2Te_3-Bi_2Se_3 赝二元合金相图

碲化铋层状的晶体结构赋予材料热电输运性能显著的各向异性，使材料在沿层面方向具有更大的电导率及热导率。以往研究表明，对于定向生长的 Bi_2Te_3 材料，平行于层面方向的电导率是垂直方向的 3～7 倍[8]，热导率是垂直方向的 2～2.5 倍[9]，这意味着提高材料的取向性，可以在沿平行层面方向获得更佳的性能。在实际规模化生产中一般采用区熔定向生长的工艺，考虑到加工的成本，一般采用沿层面方向作为热流和电流传输的方向。

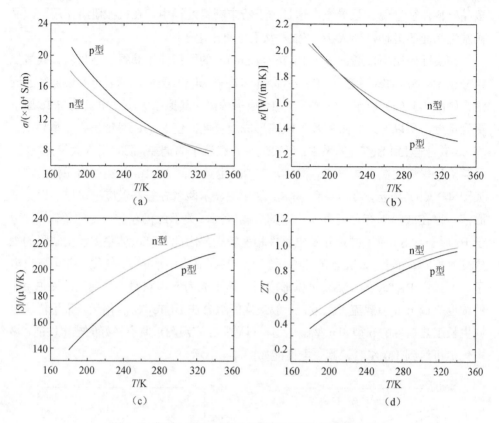

图 4-4 典型 p 型及 n 型碲化铋基材料的电导率（a）、
热导率（b）、泽贝克系数（c）和热电优值（d）随温度的变化

由于定向生长的材料易沿生长方向解理，在加工过程中易造成浪费，也容易造成器件因材料破坏而失效，因此有大量的研究工作试图通过采用粉末烧结的工艺制备致密的多晶块体材料，从而提高材料的机械强度。即便对于烧结后的多晶材料也会呈现出一定的取向性，其取向性的大小与粉末颗粒初始大小、形貌及制备工艺有关。例如，热变形工艺成功地应用在提高碲化铋材料的取向性上。热变形工艺是指将烧结后的多晶块体在一定温度下施加一定的外力使其发生热塑变形，变形过程通常伴随着晶面沿层面方向滑移、晶粒的翻转及晶粒的长大，从而使材料的取向性得到提高。为了获得理想的取向性，往往会对材料进行多次的热变形处理，其微结构的演变如图 4-5 所示[10]。此外，利用该工艺还会在样品制备过程中引入晶格扭曲、位错及纳米晶，显著降低材料的晶格热导率，从而使材料的热电性能得到进一步提高。采用该工艺制备材料的热电性能如图 4-6 所示，p 型碲化铋的 ZT 值可以达到 1.3 左右[11]，n 型碲化铋的 ZT 值达到 1.2[5]。

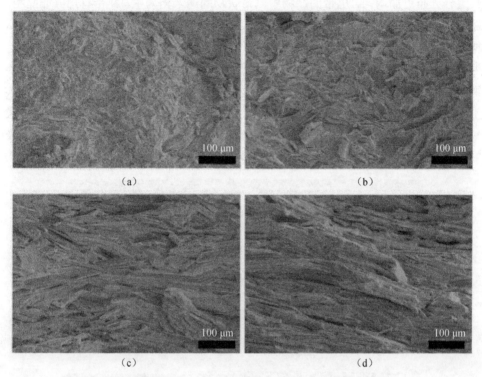

图 4-5 热变形前（a）、一次热变形后（b）、二次热变形后（c）和三次热变形后（d）的块体碲化铋材料扫描电镜形貌图[10]

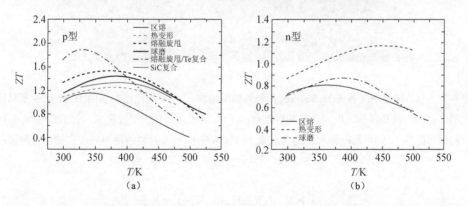

图 4-6 不同工艺制备的 p 型碲化铋（a）、n 型碲化铋（b）的热电优值 ZT 随温度的变化

除了通过提高碲化铋材料的取向性来提高热电性能的方法外，近年来，在微米甚至纳米尺度上的微结构调控也为该材料的性能优化提供了新途径[12-14]。例如，基于超快凝固旋甩法（melt-spinning, MS）可快速冷却熔融后的液态原料，使

其组分分布更加均匀，甩带的产物中以带状物的纳米相为主，并带有部分非晶相。随后通过放电等离子体快速烧结（SPS），可获得大量 10~20nm 颗粒镶嵌的块体材料。由于纳米相的存在，晶格热导率显著降低，热电优值 ZT 明显提高[13,14]。另外有研究在惰性气氛条件下采用高能球磨（ball milling, BM）碲化铋铸锭来制备纳米粉体，进而将其烧结成纳米晶块体材料，也实现了非常低的晶格热导率，该工艺获得的 p 型碲化铋，其 ZT 值在 373 K 时达到了 1.4[15]。不仅如此，通过纳米复合也可以显著降低材料晶格热导率，从而提高材料热电性能，例如，嵌入纳米 SiC 的$(Bi,Sb)_2Te_3$，其 ZT 值在 373 K 时也达到了 1.33[16]（图 4-7）。

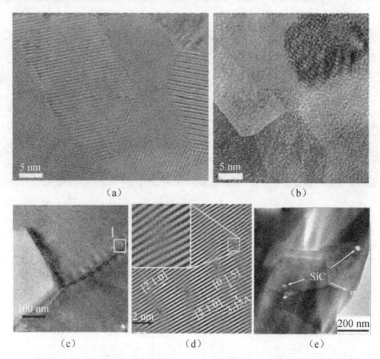

图 4-7 （a）球磨法制备的$(Bi,Sb)_2Te_3$基材料的微结构；（b）旋甩法制备的$(Bi,Sb)_2Te_3$基材料中纳米晶之间的晶界呈现出的连续共格特点；（c）旋甩法制备的含过量 Te 的$(Bi,Sb)_2Te_3$基材料的纳米晶界；（d）旋甩法制备的含过量 Te 的$(Bi,Sb)_2Te_3$基材料的晶界处密集的位错阵列；（e）$(Bi,Sb)_2Te_3$基复合材料中的纳米 SiC 颗粒

4.3 PbX（X=S,Se,Te）化合物

PbX（X=S,Se,Te）化合物是最早被发现的热电材料之一，早在 1822 年 Seebeck 就发现 PbS 具有高泽贝克系数的特点，但对 PbX（X=S,Se,Te）化合物的物理性质进行系统的研究却在第二次世界大战以后的航天大发展时期。PbX（X=S,Se,Te）

化合物同属于Ⅳ-Ⅵ族化合物，均具有面心立方 NaCl 型晶体结构，Fm$\bar{3}$m 空间群，每个原子的配位数均为 6，如图 4-8 所示。PbX 晶体从外观上看是不透明、具有金属光泽的化合物晶体，具有高脆性及易沿（100）晶面解理的特点，并且温度越低，它们解理的趋势越强，而在高温下解理现象基本消失（解理现象消失的温度：PbS 高于 700℃，PbSe 高于 350℃，PbTe 高于 300℃），其具体的物理参数在表 4-1 中详细列出。

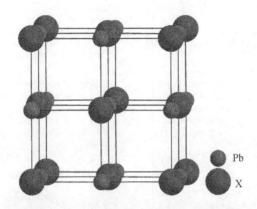

图 4-8　PbX(X = S,Se,Te)化合物的晶体结构图

表 4-1　PbX（X=S,Se,Te）的空间群（SG），晶体结构参数（a/Å），带隙宽度（E_g/eV），德拜温度（$\varTheta_D$/K），熔点（T_M/K），密度 [ρ/(g/cm^3)]，格林艾森常数（γ），横波声速 [v_t/(m/s)]，纵波声速 [v_l/(m/s)] [17,18]

PbX	空间群	a/Å	E_g/eV	$\varTheta_D$/K	T_M/K	ρ/(g/cm^3)	γ	v_t/(m/s)	v_l/(m/s)
PbS		5.94	0.42	210	1387	7.6	2	1910	3460
PbSe	Fm$\bar{3}$m	6.13	0.29	191	1338	8.3	1.65	1760	3220
PbTe		6.46	0.31	163	1190	8.2	1.45	1600	2900

PbX（X=S,Se,Te）化合物是一种离子键-共价键混合的极性半导体材料。早期 PbX（X=S,Se,Te）化合物曾被看作由离子键主导的典型半导体材料，因为它们的晶体结构是一种典型的离子化合物结构，最近邻原子间的距离更接近离子半径而非共价半径，而且它们的高频介电常数和静态介电常数差别很大。但后来，人们在对载流子散射机制的研究中发现，载流子受到光学波声子和声学波声子共同散射，并且声学波声子散射占主要作用，这又说明该类化合物的成键主要是共价键主导，因为在离子键主导的化合物中，载流子的散射机制主要是光学波声子散射。到目前为止，仍然没有一个令人满意的定量估算方法来说明 PbX 化合物中离子键和共价键所占的比例，但是在 PbX 化合物中离子键和共价键共存的事实是毋庸置疑的。

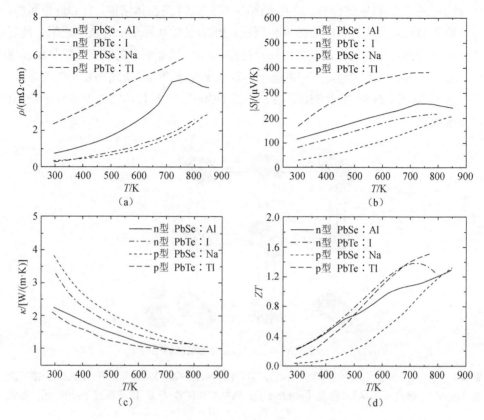

图 4-9 单体掺杂 PbX 化合物的热电性能随温度变化的关系图

人们通常通过调节 PbX 化合物的化学计量比及施主和受主掺杂的方式来分别获得 n 型或 p 型热电材料。调节基体材料的化学计量比（形成过量的 Pb 或 X 原子及 Pb 或 X 空位）可实现对材料载流子浓度进行优化，但过量的 Pb 或 Te 及 Pb、Te 空位在 PbX 基体材料中的固溶度都较低，小于 0.1%，因此采用这种调节化学计量比的方法获得的载流子浓度最高也只有 $10^{19}\mathrm{cm}^{-3}$，该数值低于 PbX 材料作为热电材料所需的最优载流子浓度。通过在 Pb 位置或 Te 位置进行掺杂则可以实现更大范围的调控，如利用 Li、Na、K、Rb、Cs、Tl 等作为受主掺杂原子来实现 p 型掺杂，其中 Na 原子掺杂最为典型，Na 原子在 PbX 材料中的溶解度按照 S、Se、Te 顺序依次降低，它们的极限溶解度（物质的量浓度）分别为 2%、0.9%和 0.5%[19]。而 n 型材料可通过 Ga、In、La、Sb、Al、Bi 等原子掺杂在 Pb 位及 Cl、Br、I 等原子掺杂在 X 位的方法来实现，其中 Al 掺杂的 PbSe 在 850 K 时 ZT 值达到 1.3[20]，LaLonde 等利用 I 原子取代 PbTe 中的 Te 原子获得了 ZT 值高达 1.4（700～850 K）的 n 型 PbX[21]。图 4-9 为单体掺杂 PbX 化合物的热电性能随温度变化的关系图。

除通过 n 型或者 p 型掺杂调控电性能之外，在 PbX（X=S,Se,Te）化合物之间进行固溶，即形成二元（PbS-PbSe, PbS-PbTe, PbSe-PbTe）或三元（PbS-PbSe-PbTe）固溶体，也是调节其能带结构、优化热电性能的有效方法[22-25]。PbS-PbSe 可以形成完全固溶体，而 PbS-PbTe 体系在低温下的固溶度十分有限；PbSe-PbTe 体系在 300℃以下可以形成有限固溶体，温度高于 300℃直至 PbTe 的熔点时该体系可形成无限固溶体。如图 4-10 所示，PbTe 材料中，在布里渊区的 L 点上存在一个简并度为 4 的 L 价带，而在距离 L 价带 0.2 eV 处存在一个简并度为 12 的 Σ 价带，Pei 等成功地在 $PbTe_{1-x}Se_x$ 固溶体系中实现了 L 价带和 Σ 价带在高温下的能带简并从而显著优化其电学性能，同时通过合金散射等获得较低的晶格热导率，在这两方面的共同作用下，$PbTe_{1-x}Se_x$ 材料的 ZT 值在 800 K 时达 1.8[24]。2014 年，Rachel 等合成了 $(PbTe)_{1-2x}(PbSe)_x(PbS)_x$ 热电材料，当 $x=0.07$ 时，总的热导率值降低到 1.1 W/(m·K)，掺杂 2%Na 后 ZT 值在 800 K 时达到了 2.0 左右[25]。

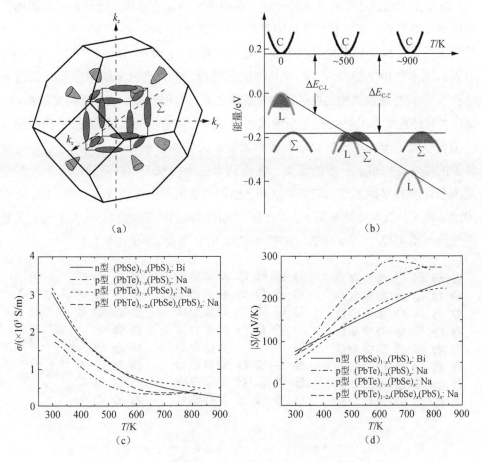

图 4-10 PbX 间固溶体化合物的热电性能随温度变化关系图

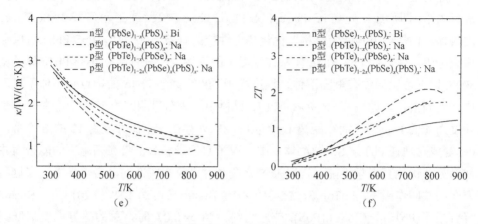

图 4-10 PbX 间固溶体化合物的热电性能随温度变化关系图（续）

除了上面所说的引入外来原子掺杂和形成固溶体的方法来提高 PbX 材料体系的热电性能之外，在该材料体系中引入纳米结构通过增强声子散射来降低材料热导率也是优化材料热电性能的主要方法。如图 4-11 所示，在 PbX 材料体系中，引入的纳米结构主要分为三种：共格纳米结构、半共格纳米结构和非共格纳米结构[26]。共格纳米结构是指纳米物与基体之间只有很轻微的错配无明显的晶界，而半共格结构和非共格结构是指纳米相与基体之间有很明显的晶界。不同的纳米结构可以通过形成不同的缺陷和散射机制来降低晶格热导率，但是它们对材料体系的电学性质也有一定的影响。共格纳米结构类似于点缺陷的作用并散射短波声子，半共格纳米结构和非共格纳米结构主要散射中波和长波声子。Wu 等[27]通过等离子体放电烧结制备了 3%Na 掺杂的 $(PbTe)_{1-x}(PbS)_x$ 材料并研究了它们的热电性能（图 4-12），在 $x=0.2$，温度为 923K 时，最高 ZT 值达到 2.3。

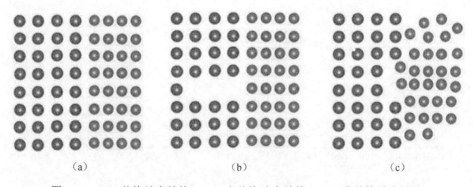

图 4-11 （a）共格纳米结构；（b）半共格纳米结构；（c）非共格纳米结构

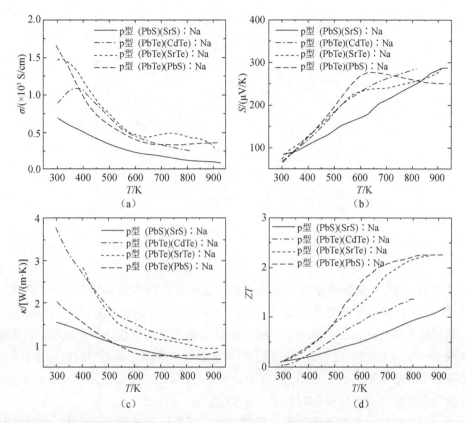

图 4-12 纳米结构 PbX 化合物的热电性能随温度变化关系图

4.4 硅基热电材料

4.4.1 SiGe 合金

Si 和 Ge 均属于Ⅳ族元素，晶体结构为金刚石结构，虽然两者的功率因子均较大，但由于热导率较高，单质 Si 与 Ge 均不是好的热电材料。20 世纪 60 年代，人们发现 Si 单质和 Ge 单质形成合金后热导率显著降低，且迁移率的降低远不如热导率明显，因此可获得远高于 Si 单质和 Ge 单质的热电性能。随后，硅锗合金（silicon-germanium alloy，SiGe）开始被广泛研究并成为最重要的高温热电材料之一，可在室温至 1300 K 的范围内使用。

由图 4-13 所示的 Ge-Si 相图可以看出，两者可形成连续固溶体，且根据合金组分的变化，其物理性能（如密度、晶格常数、熔点、德拜温度、禁带宽度等）皆在两单质相应的数值之间变化，所以硅锗合金的许多物理性能可通过改变组分

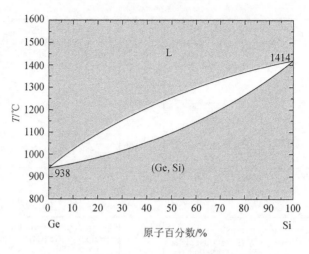

图 4-13 Ge-Si 二元相图

加以调节。目前，实际应用中一般选择 Si 含量较高的固溶体作为硅锗合金热电材料，主要由于 Si 含量较高的合金具有较高的熔点和较大的禁带宽度，合金密度小、抗氧化能力强，更适合于高温下应用；且 Si 含量较高的合金热导率较低，许多掺杂原子在 Si 中的固溶度更大，有利于制备重掺杂半导体从而调节材料热电性能；还有一个非常重要的原因是 Ge 单质的价格昂贵，而 Si 的成本更低。目前最常用且最为成熟的硅锗合金热电材料组分是 $Si_{80}Ge_{20}$。

为提高硅锗合金的热电性能，需对其进行掺杂以调节载流子浓度。常用的施主杂质为 P、As 等 V 族元素，常用的受主杂质为 B、Ga 等 III 族元素。硅锗合金最优热电性能对应的掺杂浓度较高，n 型的最佳掺杂浓度为 $10^{21}/cm^3$，p 型的最佳掺杂浓度为 $10^{20}/cm^3$。

在硅锗合金体系最初三十年的研究中，美国国家航空航天局（NASA）开发的温差发电器中使用的 p 型和 n 型硅锗合金（$Si_{80}Ge_{20}$）最高 ZT 值分别为 0.5 和 0.93（900~950℃），之后通过载流子浓度优化等手段进一步将 ZT 值分别提高至 0.65 和 1.0[28-31]。20 世纪 90 年代，Dresselhaus 等提出利用纳米化与低维手段可有效提高材料热电性能的观点[32]。此后，通过纳米尺度上的结构调控改善硅锗合金材料的热电性能成为新的研究热点，Joshi 等[33]率先通过纳米结构化（nanostructure）实现了硅锗合金块体材料热电性能的突破。首先利用球磨法制备硅锗合金纳米颗粒（粒径约 20 nm），然后采用热压法完成烧结致密化，在不明显恶化电性能的前提下使材料的热导率降低约 50%，最终使 p 型硅锗合金（$Si_{80}Ge_{20}$）的最高 ZT 值从 0.5 提高至 0.95，n 型硅锗合金（$Si_{80}Ge_{20}$）的最大 ZT 值从 0.93 提高至 1.3。热电性能的大幅度提高主要归功于晶粒尺寸的降低增加了晶界数量，进而增加了晶界对于声子的散射，降低了材料的晶格热导率，并且由于载流子与声子具有不同的平均自由程，即纳米颗粒在强烈散射声子的同时并不对载流子造成明显的散射作用，所以纳米结构化手段几乎不影响材料的电性能。2012 年，Bathula 等[34]采用相似的机械合金化方法制备具有纳米结构的 n 型硅锗合金（$Si_{80}Ge_{20}$），ZT 值在 900℃时达到最高值 1.5。2015 年，Bathula 等[35]再次将纳米结构化的 p 型硅锗合金（$Si_{80}Ge_{20}$）的最高 ZT 值提高至 1.2（图 4-14）。

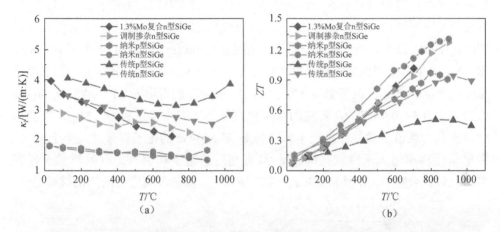

图 4-14 典型 SiGe 块体热电材料的晶格热导率与热电优值 ZT 随温度的变化关系

纳米复合（nanocomposite）是提升块体材料热电性能另一种有效的纳米化技术。Mingo 等[36]提出将硅化物或锗化物纳米颗粒复合至硅锗合金中，热电性能在室温与 900 K 时可分别获得 5 倍和 2.5 倍的提高。其中，WSi_2 等 17 种硅化物纳米颗粒被认为均能有效降低硅锗合金的晶格热导率而不明显恶化其电性能。此外，一些实验报道也证实了纳米复合在提高硅锗合金热电性能方面的作用。Favier 等利用球磨法将 1.3%（体积分数）的 Mo 颗粒（平均粒径为 30 nm）均匀分散于 $Si_{91.3}Ge_{8.0}P_{0.7}$ 中，然后在放电等离子烧结过程中 Mo 颗粒与 $Si_{91.3}Ge_{8.0}P_{0.7}$ 基体中的 Si 反应生成 $MoSi_2$，$MoSi_2$ 第二相能够有效散射声子降低材料晶格热导率，复合材料的 ZT 值在 700℃时达到最高值 1.0，相对于基体提高了约 43%[37]。与利用纳米复合来降低材料晶格热导率这一思路不同，Yu 等提出利用掺杂纳米相与未掺杂纳米相的复合来提高材料电性能的思路。他们将 35%的 $Si_{70}Ge_{30}P_3$ 掺杂纳米颗粒与 65%的 $Si_{95}Ge_5$ 未掺杂基体进行复合制备出$(Si_{95}Ge_5)_{0.65}(Si_{70}Ge_{30}P_3)_{0.35}$ 纳米复合材料，掺杂纳米颗粒中掺杂原子激发产生的载流子进入未掺杂的基体中进行定向迁移，而基体对载流子不存在离化杂质散射，使复合材料整体的离化杂质散射程度大大降低，其载流子迁移率较相同成分的均质 $Si_{86.25}Ge_{13.75}P_{1.05}$ 材料提高了约 50%，电导率提高了约 54%。与此同时，复合材料仍保持着较低的热导率，因此将$(Si_{95}Ge_5)_{0.65}(Si_{70}Ge_{30}P_3)_{0.35}$ 纳米复合材料的最高 ZT 值提高至 1.3，

较均质 $Si_{86.25}Ge_{13.75}P_{1.05}$ 材料提高了约 30%，较具有最优掺杂浓度的 $Si_{95}Ge_5P_2$ 材料提高了约 36%[38]。

4.4.2 Mg_2X（X = Si, Ge, Sn）

Mg_2Si 是一种重要的硅化物热电材料，并且与其具有相同晶体结构的 Mg_2X（X = Si, Ge, Sn）化合物均呈现优良的热电性能。Mg_2X（X = Si, Ge, Sn）化合物组成元素在地球中蕴藏丰富、价格低廉、无毒，具有环境友好的特点。Mg_2X 具有反萤石立方结构，元素 X 以面心立方密堆方式排列，而 Mg 则在立方结构中的四面体中心，每个原胞中有三个原子，空间群是 $Fm\bar{3}m$。如图 4-15 所示 Mg_2X 晶胞，Mg 占据八个四面体间隙位置（8c），X（X = Si, Ge, Sn）占据晶胞面心立方点阵位置(4a)。Mg_2Si 的带隙为 0.75~0.8 eV，Mg_2Ge 的带隙为 0.7~0.75 eV，Mg_2Sn 的带隙为 0.3~0.4 eV[39]，较宽的禁带宽度使其可在中温区使用。Mg_2X 的基本性能参数与载流子参数详见表 4-2，Mg_2Si 与 Mg_2Ge 的电子有效质量小于空穴，而电子迁移率远大于空穴；Mg_2Sn 具有相近的电子和空穴的有效质量及迁移率。几种化合物中，n 型 Mg_2Si 具有高的 β 因子，是最具有潜力的热电材料之一。

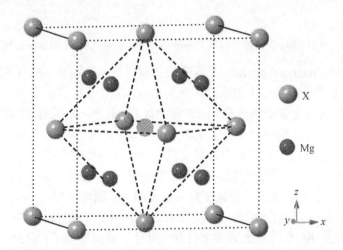

图 4-15　Mg_2X(X = Si,Ge,Sn)的晶体结构，间隙位置为八面体中心

Mg_2X 是 Mg-X 反应生成的唯一化合物，且三种化合物自身的相图非常类似。由于相同的晶体结构、相近的晶格常数，Mg_2X 化合物两两之间可形成固溶体，其中 Mg_2Si 与 Mg_2Ge 可形成连续固溶体，而 Mg_2Si-Mg_2Sn 和 Mg_2Ge-Mg_2Sn 相图的固溶区是不连续的，一般认为 Mg_2Si-Mg_2Sn 的非固溶区间为 $0.4 < x < 0.6$，Mg_2Ge-Mg_2Sn 的非固溶区间为 $0.3 < x < 0.5$。然而对于这两个体系的非固溶区间尚存在争议。图 4-16 所示为 Mg_2Si-Mg_2Sn 相图。

表 4-2 Mg$_2$X(X=Si, Ge, Sn)化合物的基本性质参数

化合物	熔点/K	间距/Å	密度/(g/cm^3)	E_g/eV	u_n/[cm^2/(V·s)]	u_p/[cm^2/(V·s)]	m_n/m_0	m_p/m_0
Mg$_2$Si	1375	6.338	1.88	0.77	405	65	0.50	0.90
Mg$_2$Ge	1388	6.3849	3.08	0.74	530	110	0.18	0.31
Mg$_2$Sn	1051	6.76	3.57	0.35	320	260	1.20	1.30

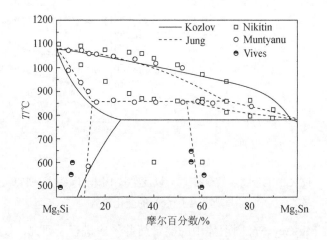

图 4-16 Mg$_2$Si-Mg$_2$Sn 赝二元相图

Mg$_2$X 化合物之间的固溶特性也为该体系电性能和热导率提供了良好的调控空间。Mg$_2$X 化合物具有相类似的能带结构，均为间接带隙半导体，价带顶位于 Γ 点，导带底位于 X 点。如图 4-17 所示，Mg$_2$Si 在距导带底 ΔE= 0.4 eV 有另一条导带，两条带具有不同的有效质量 m^*，重带位于轻带之上；Mg$_2$Ge 的情况与 Mg$_2$Si 类似，且两带间的能隙 ΔE= 0.58 eV；对于 Mg$_2$Sn，轻带位于重带之上，ΔE= 0.16 eV。如图 4-17（a）所示，随着 Mg$_2$Si$_{1-x}$Sn$_x$ 固溶体中 Sn 含量 x 的增加，导带底两条带的相对位置发生变化，重带逐渐下移，轻带先下移后上升，然后轻重两条带在 x 约为 0.7 附近重合，此时，轻重两条带都将参与电传输，有利于提高材料的电导率与泽贝克系数。如 Pisarenko 图所示［图 4-17（b）］，当能带收敛发生时，Mg$_2$Si$_{1-x}$Sn$_x$（x = 0.55～0.7）有效质量 m^*= 2.0 ～ 2.7m_0 远大于 Mg$_2$Si（m^* = 1.0m_0）与 Mg$_2$Sn（m^* = 1.3m_0）有效质量。Mg$_2$Ge$_{1-y}$Sn$_y$（y = 0.75）有效质量 m^* = 3.5m_0 远大于 Mg$_2$Sn（m^* = 1.0m_0）与 Mg$_2$Ge（m^* = 0.3m_0）有效质量，从而导致高的泽贝克系数。Liu 等实验结合第一性原理计算[40]，验证了 Mg$_2$Si$_{1-x}$Sn$_x$ 固溶体中存在能带收敛效应，由于功率因子的显著提高［图 4-17（c）］，材料的热电优值在 750 K 附近达到 1.3。随后

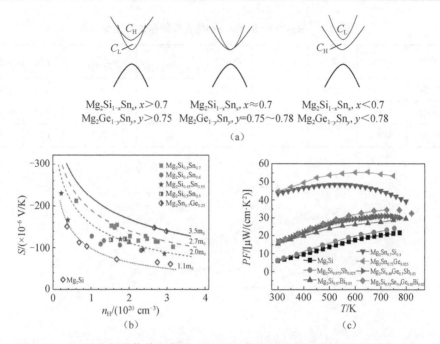

图 4-17 Mg$_2$X 中能带收敛示意图（a）以及实验中固溶体系中泽贝克系数（b）与功率因子（c）的变化趋势

Ren 课题组对 Mg$_2$Ge$_{1-y}$Sn$_y$ 固溶体中的能带简并效应进行了研究，发现当 Sn 含量为 0.78~0.75 时，轻重两条导带重合，获得高泽贝克系数，最终热电优值在 723 K 时达到 1.4[41]。

4.4.3 高锰硅化合物

Mn 和 Si 均是地壳中含量十分丰富的元素，由二元相图（图 4-18）可知，Mn 和 Si 在不同的比例下会形成众多的化合物。在这些化合物中，Si 与 Mn 原子比为 1.72~1.75（即 MnSi$_{1.75-x}$ 区域）的一系列化合物具有较高的功率因子，因而被视为具有潜力的中温区热电材料。在这一系列的化合物中，Mn 元素均处在最高的价态上，因而被称为高锰硅化合物（higher manganese silicide），简称 HMS 化合物。这类化合物中，目前已知包括四种组分接近、结构相似的化合物，分别是 Mn$_4$Si$_7$、Mn$_{11}$Si$_{19}$、Mn$_{15}$Si$_{26}$、Mn$_{27}$Si$_{47}$。图 4-19 为 Mn$_4$Si$_7$ 的结构示意图，从图中可以看到，Mn 原子构成"烟囱"的框架，而硅原子在其中像螺旋上升的"梯子"，而如果将其视为基元，则其他化合物可视为其的重复排列，该种结构也被称为 nowotny chimney ladder（NCL）的结构，并具有通式 Mn$_{4n}$Si$_{7n-3}$[42]。根据相图可以发现，在熔融冷却的过程中经历了一个包晶反应，因而在 HMS 材料中非常容易引入 MnSi 和 Si 杂相[43]。

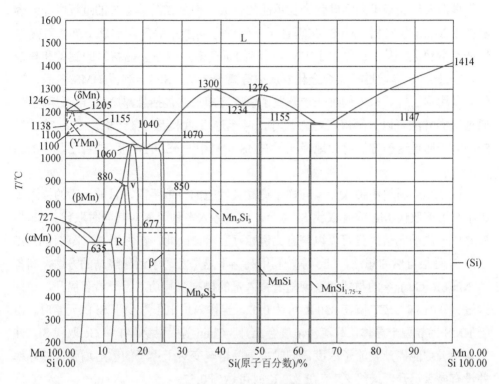

图 4-18 Mn-Si 二元相图[43]

对于所有具有 NCL 结构的化合物来说，可通过计算每个金属原子的平均价电子数（VEC）来判断其半导体性质。VEC=14 时呈半导体本征状态，VEC<14 时呈 p 型半导体[44]。尽管 Mn_4Si_7 的 VEC 为 14，但是其余相近结构的 HMS 化合物均呈 p 型，且各 HMS 之间结构和组成非常接近，导致了合成的 HMS 材料均是 p 型半导体。

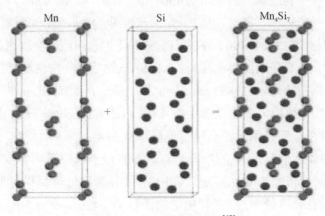

图 4-19 Mn_4Si_7 晶体结构[42]

早期人们执着于高锰硅化合物单晶的合成，但是在晶体生长的过程中非常容易析出 MnSi 金属相，MnSi 在垂直于 c 轴的方向上呈等间距层状分布，对热电性能影响较大。因此目前关于 HMS 材料的研究多集中在多晶材料的制备和掺杂上。Umemoto 等通过机械合金化及放电等离子烧结（SPS）制得 HMS 多晶，ZT 值可以达到 0.5。后来人们进一步开发了快速冷却工艺包括悬浮熔炼、电弧熔融等，通过这类方法可以显著降低晶粒尺寸，甚至形成纳米级的微结构，Zhao 等[45]和 Shi 等[46]通过这类方法有效地降低了 HMS 材料中 MnSi 的含量，改善了基体的相组成。

在 HMS 材料中掺入元素同样是提高其性能的有效手段，目前元素的掺入多集中在固溶取代 Mn 或者取代 Si 位上，或者掺入多种元素对其同时取代。Ge 与 Si 是同一族的元素而且可以以任意比例相互固溶，因此，在利用 Ge 来取代 HMS 中的 Si 是很自然的想法，She 等[47]利用高温下热爆及离子活化烧结的方法，制备了 $Mn(Si_{1-x}Ge_x)_{1.75}$ 的材料并发现随着掺入量的提高，其功率因子显著提升，当掺入量 $x=0.015$ 时，ZT 值在 850 K 可达 0.62。当掺入价电子数少于 Si 的元素时，由于 HMS 为 p 型半导体，载流子浓度会上升。Chen 等[48]掺入 Al 和 Ge 取代 Si，并发现两者均能提升载流子浓度，同时由于晶格畸变对于声子的散射增强，热导率并没有显著提升，最终 ZT 值在 823 K 时可达到 0.57。

4.4.4 $\beta\text{-FeSi}_2$

$\beta\text{-FeSi}_2$ 是一种高温的热电材料，可在 200～900℃温度范围内实现热电转换功能，虽然其 ZT 值较小，但因其高温抗氧化性、无毒、成本低廉等优点而具有潜在的研究和应用价值，是一种具有代表性的硅化物半导体热电材料。

这种热电化合物的研究最早始于 1964 年，Ware 和 McNeill[49]首先对 $\beta\text{-FeSi}_2$ 半导体的热电性能进行了研究。从 Fe-Si 二元相图（图 4-20）可以看出，Fe-Si 之间有多种中间相，其中 $\alpha\text{-Fe}_2\text{Si}_5$、$\varepsilon\text{-FeSi}$、$\text{Fe}_3\text{Si}$ 等均为金属或半金属相，只有 $\beta\text{-FeSi}_2$ 呈半导体性质，具有较高的热电性能。$\beta\text{-FeSi}_2$ 低温下是正交结构，属于 Cmca 空间对称群，晶格常数为 $a=0.9863$ nm，$b=0.7791$ nm，$c=0.7833$ nm[50]。图 4-21（a）是 $\beta\text{-FeSi}_2$ 的晶体结构，单位晶胞中有 48 个原子，Fe 和 Si 分别具有两种不同的占位，表现在与近邻原子距离稍有不同。从图 4-21（b）来看，$\beta\text{-FeSi}_2$ 属于间接禁带半导体，价带最大值位于 Y 点，导带最小值位于 $\varGamma$ 和 Z 之间（约为 $0.6\times\varGamma\text{-}Z$），间接带隙约为 0.67 eV。$\beta\text{-FeSi}_2$ 的导带和价带都相对平坦，导致能带边缘载流子有效质量大，空穴和电子的迁移率均较低，在 0.3～4 $cm^2/(V\cdot s)$[51]。

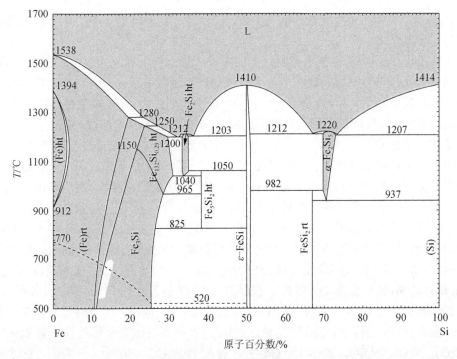

图 4-20　Fe-Si 二元相图

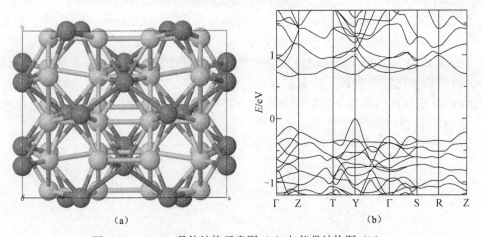

图 4-21　β-FeSi$_2$ 晶体结构示意图（a）与能带结构图（b）

β-FeSi$_2$ 通过包析反应先在 α 相与 ε 相的界面处生成，但由于 β 相的单相固溶成分范围很窄，而且 β 相形成后的包析反应需要通过 β 相的扩散来实现，同时在形成 β 相的转变过程中会产生阻碍 β 相生成的堆垛层错，所以 β 相的转变生成过程非常缓慢，消除界面处杂相也是一大难题。同时，未掺杂的 β-FeSi$_2$ 是一种本征半导体，其热电性能较低，一般需要通过元素掺杂制成 p 型或 n 型半导体来提高其热电性能。采用元素周期表中 Fe 左边的元素（如 Mn、Al、Cr、V）掺杂可以制备 p 型半导体，采用元素周期表中 Fe 右边的元素（如 Co、Ni、Pt）掺杂可以制备 n 型半导体。

目前优化 β-FeSi$_2$ 基热电材料性能的方法主要有掺杂和纳米复合。首先，通过不同元素掺杂调节材料的载流子浓度，或通过控制制备工艺改善组织结构与相结构可提升其电性能。早年，Ware 和 McNeill[49]研究了 Al、Co 掺杂对 β-FeSi$_2$ 热电性能的影响，发现适量的掺杂是提高 β-FeSi$_2$ 热电性能的有效途径。Kim 等[52]用电弧熔炼的方法研究了 Cr、Co、Cu 和 Ge 等元素掺杂对 β-FeSi$_2$ 热电性能的影响，并得出结论：掺杂能使材料的电导率得到明显的提升，热导率显著下降。赵新兵等[53-55]采用单辊快速冷凝的方法获得了晶粒尺寸细小的 α 相和 ε 相，经过渗氮处理、球磨及退火之后基本完全转化为 β 相。同时发现，Al 作为掺杂剂由于熔点比 Fe、Si 低，容易在晶界形成富 Al 的液相，并在其中溶入了大量的 Fe 和 Si，从而加快了硅铁化合物的反应过程，而渗氮处理能够明显提升 Al 掺杂 β-FeSi$_2$ 的泽贝克系数，最终利用快速凝固法得到的 FeAl$_{0.05}$Si$_2$ 在 743 K 最大 ZT 值为 0.12[53]，掺 Mn 的 β-FeSi$_2$ 基合金在 T=873 K 时获得的最大 ZT 值为 0.17[54]，用该方法得到的 n 型 Fe$_{0.94}$Co$_{0.06}$Si$_2$ 在 900 K 时 ZT 值也达到了 0.25[55]。同时，可以通过分散第二相颗粒强化声子散射、降低晶格热导率。Ito[56]等利用机械合金化法使少量氧化物（ZrO$_2$、Y$_2$O$_3$、Nd$_2$O$_3$、Sm$_2$O$_3$、Gd$_2$O$_3$）混入 Fe$_{0.98}$Co$_{0.02}$Si$_2$ 中。一方面，细小氧化物颗粒均匀分布在 Fe$_{0.98}$Co$_{0.02}$Si$_2$ 中可以增加晶界散射、降低热导率；另一方面，氧化物的存在可以降低载流子浓度、提高泽贝克系数。Morikawa 等[57]发现，加入适量的 Ta$_2$O$_5$ 颗粒能够使 β-FeSi$_2$ 热导率下降一半左右。Qu 等[58]采用溶胶-凝胶的方法将 ZnO 纳米粒子成功包覆在经过表面活性剂处理的 β-FeSi$_2$ 粒子表面，不仅使材料的热电性能得到了显著的提升，同时加宽了热电性能的高指数温区，使 β-FeSi$_2$ 基材料的最佳工作区向高温方向扩展了 100 ℃。图 4-22 给出了近年来 β-FeSi$_2$ 基材料具有代表性的进展[49-58]。

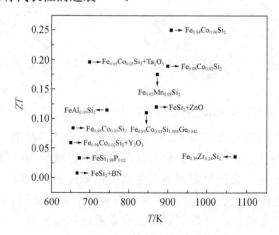

图 4-22 β-FeSi$_2$ 基热电材料改性研究进展

4.5 笼状结构化合物

20 世纪 90 年代，Slack 在总结热电材料的性能特点时指出，好的热电材料要求具有像晶体一样的电输运特征和像玻璃一样的热传导特征，提出了"声子玻璃-电子晶体"理想热电材料的概念。此后，实验研究发现，笼合物（calthrate）和方钴矿（skutterudite）等具有开放结构的笼状化合物呈现"声子玻璃-电子晶体"的输运特征。尤其是填充方钴矿材料，通过对填充机理的理解和填充体系的优化，ZT 值从 $CoSb_3$ 二元方钴矿的 0.5 左右提升到目前的多填充方钴矿的 1.7 左右，成为中高温区最具应用前景的热电材料体系。

4.5.1 方钴矿与填充方钴矿

方钴矿化合物的名字来源于挪威一个名为 Skutterud 的小镇，起初是用来命名该地出产的 $CoAs_3$ 基矿物，后来将具有类似结构的一类化合物命名为方钴矿。二元方钴矿为体心立方结构，如图 4-23（a）所示，空间群为 $Im\bar{3}$，化学式通式为 MX_3（M=Co, Rh, Ir; X=P, As, Sb）。每个单位晶胞具有 32 个原子，包含 8 个 MX_3 单元。其中 8 个 M 原子占据晶体的 8c 位，24 个 X 原子占据 24g 位，还有两个 2a 位置是由 12 个 X 原子构成的二十面体晶格孔洞。M 位于 6 个 X 原子组成的正八面体中心，这些正八面体通过共顶连接。方钴矿结构最显著的特征是 4 个 X 原子在 8 个 M 原子组成的小立方体的中心形成近正方形四元环 $[X_4]^{4-}$，这些平面四元环 $[X_4]^{4-}$ 相互正交，并且平行于晶体的立方晶轴；另外，由 12 个 X 原子构成的二十面体晶格孔洞（2a 位置）中可以引入外来原子予以填充，称为填充方钴矿，如图 4-23（b）。在方钴矿结构中，每个 M 原子贡献 9 个电子，每个 X 原子贡献 3 个电子形成共价键，每一个 M_4X_{12} 单元共有 72 个价电子，此时化合物呈半导体特性。表 4-3[59, 60]为 9 种二元方钴矿半导体化合物的晶格常数、密度、结构参数、孔洞半径、熔点、带隙。此外，还有个别过渡族金属如 Ni、Pd 与磷也能形成方钴矿结构，如 PdP_3，但由于 Ni、Pd 较 M 族原子多一个价电子，因而表现出金属传输特性。

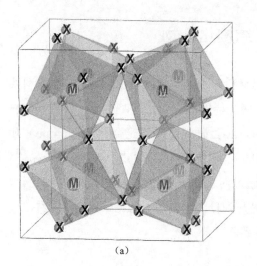
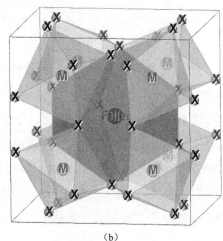

图 4-23 二元方钴矿 $CoSb_3$ 和填充方钴矿的晶体结构图

表 4-3 二元方钴矿化合物的晶格常数、密度、结构参数、孔洞半径、熔点、带隙

化合物	a/Å	密度/(g/cm³)	孔洞半径/Å	熔点/℃	带隙/eV
CoP_3	7.7073	4.41	1.763	>1000	0.43
$CoAs_3$	8.2043	6.82	1.825	960	0.69
$CoSb_3$	9.0385	7.64	1.892	873	0.23
RhP_3	7.9951	5.05	1.909	>1200	—
$RhAs_3$	8.4427	7.21	1.934	1000	>0.85
$RhSb_3$	9.2322	7.90	2.024	900	0.8
IrP_3	8.0151	7.36	1.906	>1200	—
$IrAs_3$	8.4673	9.12	1.931	>1200	—
$IrSb_3$	9.2533	9.35	2.040	1141	1.18
NiP_3	7.819			>850	金属的
PdP_3	7.705			>650	金属的

在众多方钴矿化合物中，$CoSb_3$ 的热电性能研究最为广泛，这主要是由于其具有环境友好的化学组成、合适的带隙（约 0.2 eV）及较高的载流子迁移率[61]。起初，由于纯 $CoSb_3$ 的晶格热导率高［约 10 W/(m·K)］，限制了其热电优值 ZT 的提升，直到 1996 年，Sales 等发现在 Co 位进行部分 Fe 掺杂的情况下，将稀土元素填入由 12 个 Sb 原子构成的二十面体晶格孔洞后得到 p 型 $La(FeCo)_4Sb_{12}$ 填充方钴矿材料，晶格热导率获得数量级的降低，ZT 值达到 0.9[62]。机理分析表明，填充原子进入晶格孔洞后以弱键合的方式存在，填充原子可以在晶格孔洞中产生局

域化程度很高的非简谐振动从而极大地散射那些对热传导有主体贡献的低频声子,该效应被形象地称为"扰动效应"(rattling)[62],因此填充方钴矿材料作为典型的一种 PGEC 材料开始被人们广泛关注。

在 $CoSb_3$ 中用 Fe 部分置换 Co 可以获得 p 型材料,在 Co 位微量的 Ni 置换或 Sb 位 Te 置换可以获得 n 型材料。早期的 $CoSb_3$ 基填充方钴矿的研究主要集中于稀土元素填充的 p 型材料,Fe 在 Co 位的部分置换产生的电荷补偿使高价的稀土元素容易填充并且填充量在很大范围内可调。但是,无电荷补偿(Fe 置换)的 n 型方钴矿中,稀土元素填充量很小,热电性能的调控空间小,在较长时期内 n 型材料的 ZT 值一般低于 p 型材料。2001 年,Nolas 等[63]和 Chen 等[64]分别发现 Yb 和碱土金属 Ba 在 $CoSb_3$ 中具有高的填充量,将 n 型填充方钴矿的 ZT 值提高到 1.0~1.2。2005 年,Shi 等从理论上建立了各种元素形成填充方钴矿的稳定性判据,提出了电负性选择原则,即填充原子 I 与 Sb 原子之间的电负性差大于 0.80,$\chi_{Sb}-\chi_I>0.80$,才能形成稳定的填充方钴矿化合物。他们进一步提出了碱金属、碱土金属、稀土元素在方钴矿中填充极限的预测方法[65]。

晶格空洞中填充原子产生的声子散射效应与该填充原子的振动特性有关。填充原子由于原子半径、质量及电负性等方面的差异,其在 $CoSb_3$ 填充方钴矿声子谱中引入的振动支频率的位置也不相同。对于无 Fe 置换的 n 型方钴矿材料,Yang 等[66]基于共振模型计算了填充原子的振动声学支位置(振动频率),发现填充于方钴矿晶格空洞中的碱金属、碱土金属和稀土金属的声学支频率依次降低,即碱金属振动频率最高,稀土金属振动频率最低(表 4-4)。在此基础之上,Shi 等[67,68]将多种原子填入方钴矿空洞中,从而引入多个频率的振动模式以对更宽频率的声子进行有效散射,成功使多原子填充方钴矿的晶格热导率较单原子填充方钴矿进一步下降(图 4-24)。

表 4-4 填充方钴矿 $R_yCo_4Sb_{12}$ 中填充原子在[111]和[100]方向的弹性常数 k 和引入振动声学支频率 ω_0[66]

R	原子质量/10^{-26} kg	[111]		[100]	
		k/(N/m)	ω_0/cm^{-1}	k/(N/m)	ω_0/cm^{-1}
La	23.07	36.10	66	37.42	68
Ce	23.27	23.72	54	25.18	55
Eu	25.34	30.16	58	31.37	59
Yb	28.74	18.04	42	18.88	43
Ba	22.81	69.60	93	70.85	94
Sr	14.55	41.62	90	42.56	91
Na	3.819	16.87	112	17.18	113
K	6.495	46.04	141	46.70	142

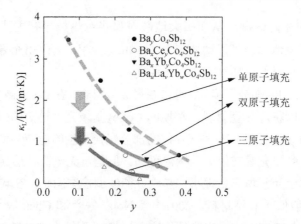

图 4-24　单原子填充、多原子填充方钴矿的晶格热导率

CoSb$_3$ 方钴矿和填充方钴矿的电输运性质主要由 CoSb$_3$ 框架结构所决定，填充原子的影响较小。图 4-25 为二元 CoSb$_3$ 的能带图，由于 Sb p 电子的反键态性质，p 电子在价带顶形成了一个离散性非常强的单带，其在 $\varGamma$ 点附近非常接近线性的色散关系，导致其有效质量非常小。而导带底为 Sb 的 5p 电子带和 Co 的 3d 电子带构成的三重简并带，电子的有效质量较大，因此二元 CoSb$_3$ 方钴矿的电子结构适合其 n 型材料电输运性能的优化。在方钴矿中，填充原子以一种近离子键与 Sb 原子结合，其价电子几乎完全提供给框架原子，对能带结构的影响甚小。因此在 n 型方钴矿中，泽贝克系数与载流子浓度的关系及迁移率与载流子浓度的关系都遵循相同的规律，对应于最大功率因子（$S^2\sigma$）的最佳载流子浓度约为 $6\times10^{20}\,\mathrm{cm^{-3}}$，对应的理论计算结果是向每个单胞提供 0.4～0.6 个电子，如图 4-26 所示。因此在 n 型方钴矿材料的性能优化中，采用多原子填充的方法可以在保持填充原子提供电子数总量的情况下，使电性能和热性能分开各自进行独立优化，最终获得了 ZT 值达到 1.7 的 n 型多原子填充方钴矿材料[67]。而 p 型填充方钴矿材料通常是在 Co 位进行 p 型掺杂（如 Fe 取代 Co），Fe 的取代在其价带顶引入一个 Fe 的 3d 重带，

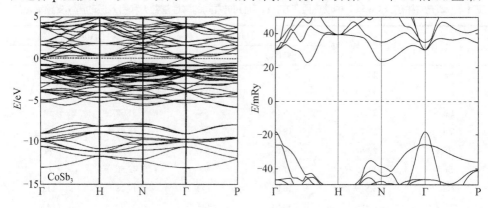

图 4-25　CoSb$_3$ 与 LaFe$_3$CoSb$_{12}$ 能带结构图

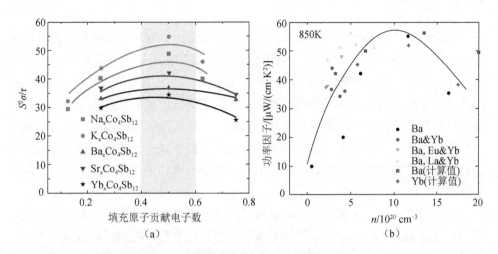

图 4-26 n 型填充方钴矿材料的电性能优化结果

(a) 单填系统中电输运理论计算结果；
(b) 单填、双填和三填的 CoSb$_3$ 在 850 K 时的功率因子与载流子浓度的关系

可以有效提升价带顶态密度，有助于 p 型材料电学性能的优化，通过同时调控掺杂原子与填充原子，最优组分在 LnFe$_3$CoSb$_{12}$ 或者 LnFe$_{3.5}$(Co/Ni)$_{0.5}$Sb$_{12}$ 附近，而多填充的 p 型材料 ZT 也达到 1.1 以上[69]（图 4-27）。

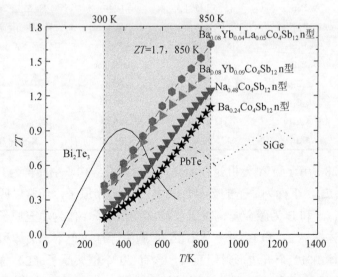

图 4-27 单原子填充、多原子填充 n 型方钴矿的 ZT 与温度依赖关系

4.5.2 笼合物

笼合物最早由 Powell 从拉丁词汇 Clathratus 引入,随后被用来描述为可以通过引入第二种分子后引起成分与分子比例固定或可变的、具有笼状结构的不规则化合物。这一类化合物具有以下特点[70]:①晶胞大,具有高的晶体对称性;②由同素异形体构成的主晶格通常需要外来填充原子或分子来稳定其框架结构;③外来原子或分子的晶格可以是非化学计量比的,特殊情形下某些笼合物化合物甚至可以没有外来原子或分子;④主晶格框架与外来原子或分子的相互作用会影响笼合物的性能,在水合物笼合物中它们的作用很弱,而在无机笼合物中相互作用相对强些。

与方钴矿类似,无机笼合物也具有开放式的三维周期性框架结构,如框架原子 Al、Si、Ga、Ge、Sn 等以四面体键合为主形成多面体孔洞,可以被填入外来原子,具体填充原子与框架原子数量需要满足 Zintl-klemm 价电子规则。根据笼形框架的数目和形状,可以将无机笼合物分为不同的类型,见表 4-5[71]。其中 I 型和 II 型无机笼合物较为普遍,在两者中 I 型的研究更加广泛。

表 4-5 无机笼合物的结构类型

类型	通式	多面体分类	空间群	无机笼合物实例
I	$A_2B_6E_{46}$	$[5^{12}6^2]_6[5^{12}]_2$	$Pm\bar{3}n$	K_8Ge_{46-x}; $Ba_8Al_{16}Ge_{30}$
II	$A_{16}B_8E_{136}$	$[5^{12}6^4]_8[5^{12}]_{16}$	$Fd\bar{3}m$	Na_xSi_{136}; $Cs_8Na_{16}Ge_{136}$
III	$A_{10}B_{20}E_{172}$	$[5^{12}6^2]_{16}[5^{12}6^3]_4$	P42/mnm	$Cs_{30}Na_{1.33x-10}Sn_{172-x}$, x=9.6
IV	$A_6B_8E_{80}$	$[5^{12}6^2]_4[5^{12}6^3]_4$	P6/mmm	K_7Ge_{40-x}, x=2
V	$A_8B_4E_{68}$	$[5^{12}6^4]_4[5^{12}]_8$	P63/mmc	—
VI	$B_{16}E_{156}$	$[4^35^96^27^3]_{16}[4^45^4]_{12}$	$I\bar{4}3d$	—
VII	B_2E_{12}	$[4^66^8]_2$	$Im\bar{3}m$	—
VIII	A_8E_{46}	$[3^34^35^9]_8$	$I\bar{4}3m$	$Ba_8Ga_{16}Sn_{30}$; $Eu_8Ga_{16}Ge_{30}$
IX	$A_xB_8E_{100}$	$[5^{12}]_2+\cdots$	P4132	K_8Sn_{25}; $Ba_6In_4Ge_{21}$

如图 4-28 所示,I 型无机笼合物具有简单立方结构,空间群为 $Pm\bar{3}n$,其化学式为 $A_2B_6E_{46}$,下标为原子的数目。其中 E 为框架原子,通常以四面体配位构成主体框架,A 和 B 为碱金属、碱土金属或稀土原子,作为填充原子存在于两种不同的多面体框架 E_{20} 和 E_{24} 中。$A_2B_6E_{46}$ 单胞中含有 2 个十二面体和 6 个十四面体。十二面体由 12 个五边形封闭而成,含有 20 个框架原子(E)位置。十四面体则由 12 个五边形和 2 个正六边形封闭而成,含有 24 个框架原子(E)位置。十二面体和十四面体之间通过共面连接。8 个多面体可以容纳外来填充原子(A 和 B)。IIIA 族原子可以部分置换框架上的 IVA 族原子形成通式为 $A_2B_6D_{16}E_{30}$ 的化

合物。晶体学上，框架上的原子位置可分为三种：6c、16i 和 24k。8 个金属填充原子中 6 个占据了十四面体的中心位置 6d，2 个占据了十二面体的中心位置 2a。

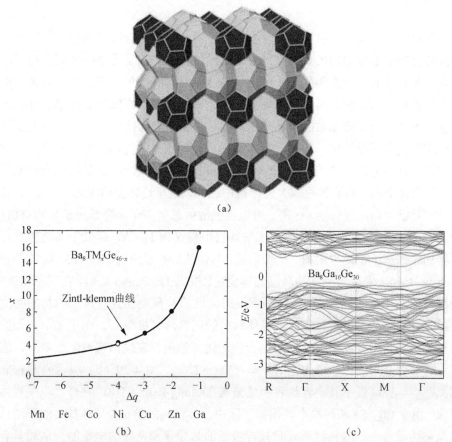

图 4-28 （a）I 型无机笼合物的晶体结构；（b）I 型无机笼合物 $Ba_8TM_xGe_{46-x}$ 中过渡金属含量 x 随名义电荷 Δq（过渡金属和 Ge 之间价电子的差值）的变化，此处过渡金属为 3d 过渡金属，实线为 Zintl-klemm 规则 $x=16/\Delta q$；（c）I 型 $Ba_8Ga_{16}Ge_{30}$ 的电子能带结构

与方钴矿一样，填充原子可以在孔洞中扰动，从而显著地散射声子，降低晶格热导率。当 E 为ⅣA族元素 Si、Ge、Sn 时分别形成 Si 基、Ge 基、Sn 基无机笼合物化合物。在过去的十多年，无机笼合物吸引了研究者的广泛兴趣。提拉法合成的单晶样品 $Ba_8Ga_{16}Ge_{30}$ 的 ZT 值在 900 K 时达到了 1.35[72]。通过下降法制备的 I 型无机笼合物单晶 $Ba_8Au_{5.3}Ge_{40.7}$ 具有较小的晶格热导率 κ_L，其 ZT 值在 680 K 时达到了 0.9[73]。Shi 等[74]发现，框架元素的取代需满足 Zintl-klemm 规则，在框架结构中引入电离杂质可扭曲局域电势场，从而对声子产生散射作用，提升功率因子的同时降低晶格热导率 κ_L，I 型多晶无机笼合物样品在 1000 K 时 ZT 值达到了 1.2。

4.6 快离子导体热电材料

传统的高性能热电材料往往是晶态化合物，晶态化合物中晶格热导率的调控和降低受制于晶体结构的长程有序性，其最低极限与完全无序的玻璃态相当。近年来，人们发现了一类具有"声子液体-电子晶体"特征的新型快离子导体热电材料，这类材料可以利用具有"局域类液态"特征的离子来降低热导率和优化热电性能，增加进一步降低晶格热导率的自由度[75]。以 Cu_2Se 为例[75]，其高温反萤石结构相为快离子导体相。其中，Se 原子形成相对稳定的面心立方亚晶格网络结构提供了良好的电输运通道，而 Cu 离子则可以随机分布在 Se 亚晶格网络的间隙位置（四面体空隙、八面体空隙）进行自由迁移，离子迁移激活能为 0.14 eV。具有"液态"特征可自由迁移的 Cu 离子可以强烈散射晶格声子来降低声子平均自由程。如图 4-29（a）所示，Cu_2Se 的声子平均自由程仅为 1.2 Å，远低于其他传统热电材料的最低声子平均自由程[76]。特别是，与传统的高温定容比热为 $3Nk_B$ 的晶态材料不同，Cu_2Se 表现出反常的高温热容变化。根据 Trachenko 近似，在液态物质中，当横波振动频率 ω 小于某一特征频率 ω_0 时，此横波振动模式对声子的总态密度无贡献，导致材料的定容热容低于晶体材料的高温热容极限[77]。由于 Cu 离子的迁移行为将导致部分晶格振动横波模式的弱化或消失，表现出横波阻尼效应，因此其定容热容介于液体和固体之间，即 $2Nk_B \sim 3Nk_B$。图 4-29（b）所示为 Cu_2Se 的高温热容，在高温下其定容热容明显偏离 Dulong-Petit 定律，吻合"声子液体"图像。由于 $Cu_{2-x}Se$ 从结构上既保持了固态晶体结构的特征，又具有类似于液体的次晶格熔融特点，这种材料同时具有极低的热导率和良好的电性能，从而具有非常优异的热电性能。在 1000 K 时，Cu_2Se 最高 ZT 值为 1.5，与传统热电材料相当[75]。并且，通过对制备工艺的优化，Cu_2Se 的热电性能获得了进一步提高。通过自蔓延高温合成方法（SHS）、熔融-快速冷却结晶方法及球磨等方法，可以快速、低成本大量合成热电性能优良的 Cu_2Se 材料（ZT 值为 1.5~2.1）[78-80]。在 2012 年之后，其他二元硫族化合物（如 Cu_2S 和 Cu_2Te）的热电性质也陆续被报道。在室温附近，这些硫族化合物具有非常复杂的晶体结构。但是在高温下这两种化合物经过多次相转变后都具有与 Cu_2Se 相似的立方反萤石晶体结构。如图 4-29（b）所示，在高温下 Cu_2S 的高温定容热容也介于 $2Nk_B$ 和 $3Nk_B$ 之间，很好地符合 Cu_2Se 中所观察到的"声子液体-电子晶体"（PLEC）特性。因此，Cu_2S 和 Cu_2Te 化合物也具有非常低的热导率和很高的 ZT 值，其中含有少量 Cu 空位的 $Cu_{2-x}S$ 在 1000 K 时 ZT 值达到 1.7，而 Cu_2Te 在 1000 K 时 ZT 值接近 1.0 [81,82]。

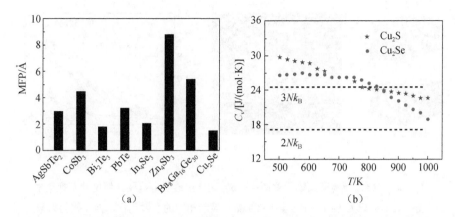

图 4-29 （a）Cu_2Se 与几种传统热电材料的最低声子平均自由程；（b）Cu_2Se 和 Cu_2S 的高温定容热容

2013 年，Liu 等[83]进一步研究了 Cu_2Se 在二级结构相变过程中由于临界现象所导致的反常热电性能。在 400 K 附近 Cu_2Se 从 α 相转变为 β 相的二级相变过程中，Se 原子所形成的立方亚晶格几乎不变，而嵌入 Se 亚晶格中 Cu 离子的排布方式随着温度的升高而逐渐变化，最终实现在 Se 立方亚晶格中的完全随机无序分布。相应地，Cu_2Se 整体的晶体结构也逐渐从单斜层状结构转变为立方结构，并且此转变是可逆的。这种现象与 Ag_2Se 一级相变过程中所观察到的突然而迅速地结构转变过程完全不同[84]。Cu_2Se 中的这种二级结构相转变会导致材料的密度、载流子浓度和结构的剧烈波动，最终在相转变点附近引起强烈的声子和电子临界散射，造成材料的载流子迁移率和泽贝克系数的快速增加、禁带宽度的拓宽及晶格热导率的大幅度降低。例如，Cu_2Se 的临界温度泽贝克系数将近 170 μV/K，为室温下的 2 倍，而其临界温度热导率降低到约 0.2 W/(m·K)。因此，Cu_2Se 在相变过程中的热电性能得到了大幅度提高，临界温度热电优值达到了 2.3。

2014 年，He 等报道了 Cu_2S-Cu_2Te 固溶体的热电性能，发现其 ZT 值在 1000 K 可以达到 2.1[85]。在 Cu_2S-Cu_2Te 固溶体中，阴离子位置的 S 和 Te 具有不同的相对原子质量和原子半径，因此造成了明显的晶格畸变。从宏观晶体结构看，室温下，固溶体具有与两个基体不同的晶体结构，各种元素分布均匀。从微观上看，在组成多晶的单个晶粒内部存在奇特的马赛克晶体结构，如图 4-30（a）所示，即每个晶粒都是由尺寸为 10～20 nm 的亚晶组成。这些亚晶取向近乎一致，保证了晶格的完整性并提供了良好的电输运通道；而亚晶之间存在的极其微小角度的扭转造成了诸多纳米界面，对声子的输运造成明显散射，使固溶样品的晶格热导率呈现出非晶玻璃的热输运特性。同时这些大量存在的纳米界面会产生强烈的量子限域效应，甚至产生电子势垒过滤效应，从而导致电子有效质量的提高，进而提高泽贝克系数。因此，由于这种马赛克晶体结构的存在，Cu_2S-Cu_2Te 固溶体同时具有优良的电输运性质和极低的晶格热导率，导致了其具有极高的热电优值。

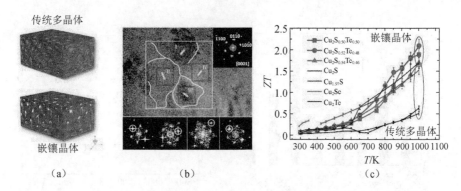

图 4-30 （a）马赛克晶体示意图；（b）高分辨透射电镜及其傅里叶变换衍射图；其中标记为 I - IV 的位置纳米亚晶粒显示相同的衍射花样，但一些衍射斑点的亮度不同，说明每个亚晶粒之间存在着微小的取向差异；（c）Cu_2S-Cu_2Te 固溶体的热电优值与温度的变化关系

在对二元快离子导体研究的同时，一些三元快离子导体的热电性质也陆续被公开报道。与二元体系类似，这些三元快离子导体均具有在 Cu_2Se 中所观察到的 PLEC 特性。但是，与二元体系比较，三元体系具有更为复杂的化学组成和晶体结构，因此其具有更为宽广的性能调控空间。2013 年，Bhattacharya 等制备了 $CuCrSe_2$ 化合物并且系统地研究了其热电性能[86]。当温度高于 365 K 时，$CuCrSe_2$ 化合物中的铜离子出现无序分布，导致其晶格热导率在 300~800 K 之间仅为 0.6~0.8 W/(m·K)。相应地，$CuCrSe_2$ 化合物 ZT 值在 773 K 时达到 1 左右。2013 年，Ishiwata 等报道了 CuAgSe 化合物的热电性能[87]。这种化合物在 470 K 以上时具有与 β 相 Cu_2Se 化合物相同的晶体结构，也是一种快离子导体。p 型 CuAgSe 化合物在 673 K 时 ZT 值在 1 左右，表明其有望成为一种理想的中温区热电材料[88]。2014 年，Weldert 等报道了 Cu_7PSe_6 化合物的热电性能[89]。这种化合物属于硫银锗矿族化合物，是一种复杂的离子导体，其化学式通常可表示为 $A^{x+}_{12-y/x}B^{y+}Q^{2-}_6$。$Cu_7PSe_6$ 化合物的结构可以理解为一部分 Se^{2-} 阴离子形成面心立方密堆积，多余的 Se^{2-} 阴离子和四面体$[PSe_4]^{3-}$ 单元交替占据四面体空位。这种阴离子构成的骨架由铜离子所填充，随着温度升高，铜离子可以沿着$[PSe_6]^-$骨架中特定的扩散路径进行移动。Cu_7PSe_6 化合物的热导率在 300~600 K 之间只有 0.3~0.4 W/(m·K)，从而在 575 K 时其 ZT 值达到了 0.35。2014 年，Qiu 等研究了斑铜矿 Cu_5FeS_4 化合物的热电性能[90]。与其他的快离子相类似，这种化合物也表现出了非常低的晶格热导率，仅为 0.3~0.5 W/(m·K)，最大 ZT 值在 700 K 时为 0.3。通过将 Cu_5FeS_4 与 Cu_2S 形成固溶体，可以有效提高其电导率，最终在 900 K 时固溶体 ZT 值达到了 1.2。除此之外，还有很多其他快离子导体，如 Ag_8GeTe_6[91]、Ag_8SnSe_6[92]、

TmCuTe$_2$[93]等也表现出了优良的热电性能。图 4-31 列举了一些代表性的快离子导体热电材料的晶格热导率和热电优值。

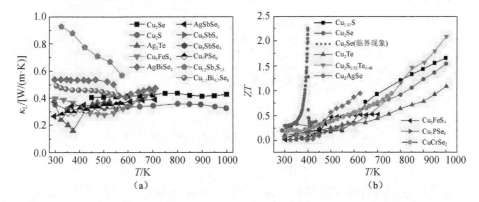

图 4-31 几种代表性的快离子导体热电材料的晶格热导率（a）和热电优值（b）

4.7 氧化物热电材料

氧化物材料作为热电材料的研究始于 20 世纪 90 年代末。2001 年，Fujita 等[94]报道了单晶 Na$_x$CoO$_{2-\delta}$ 在 800 K 时具有大于 1 的 ZT 值。尽管多晶氧化物材料的 ZT 值远低于单晶材料及其他传统热电材料，但与金属间化合物相比较，氧化物具有一些明显的优势，如优异的高温热稳定性、高的抗氧化性、廉价、无毒及简单的合成途径等。

在层状氧化物热电材料中，一个重要的概念是应用"Block 模块"来分别进行电热输运的调控[95]。以 Na-Co-O 和 Ca-Co-O 体系为例，它们均含有一个 CdI$_2$ 型的 CoO$_2$ 层。其中，Na$_x$CoO$_2$ 由一个不完整的 Na$^+$ 层和一个导电的 CoO$_2$ 层组成，Na$^+$ 随机分布在通过共棱 CoO$_6$ 八面体形成的 CoO$_2$ 层之间，如图 4-32（a）所示。这种结构导致 Na$_x$CoO$_2$ 在面内方向的电阻率很低，且有一个适中的泽贝克系数，从而有一个较大的功率因子 50 μW/(cm·K^2)。在 Na$_x$Co$_2$O$_4$ 体系中的高泽贝克系数可用自旋熵来解释[96]，实验证实 Na 含量越高，泽贝克系数越大[97]。Na$^+$ 层的高度扭曲导致了 Na$_x$Co$_2$O$_4$ 体系具有一个相当低的晶格热导率 κ_L。通常可以在 Na 位掺杂 K、Sr、Y、Nd、Sm、Yb 等元素，而在 Co 位可以掺杂 Mn、Ru、Zn 等元素来调控其热电性能，例如，通过加入 1% 的 Zn 取代 Co 可使材料的电阻率显著降低。另一个具有 Block 层概念的例子是 Ca$_3$Co$_4$O$_9$，它具有 [Ca$_2$Co$_3$]$_m$[CoO$_2$][Ca$_2$Co$_3$]$_m$ 的错配结构，其中 CoO$_2$ 为导电层，Ca$_2$CoO$_3$ 为绝缘层[98]。这导致该材料具有大的泽贝克系数 133 μV/K 和低的电阻率 15 mΩ·cm，ZT 值在 300 K 时达到了 3.5×10^{-2}。此外还可以通过层间复合的方式来获得具有优异热电性能的复合氧化物热电材料，

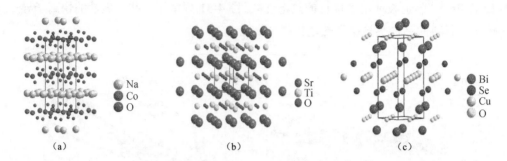

图 4-32　几种典型氧化物热电材料的晶体结构

(a) Na_xCoO_2；(b) $SrTiO_3$；(c) BiCuSeO

Liu 等[99]合成了具有纳米层结构 $Ca_3Co_4O_9$/ γ-$Na_{0.66}CoO_2$ 的复合材料，$Ca_3Co_4O_9$ 和 γ-$Na_{0.66}CoO_2$ 纳米层交替排列，其功率因子较传统的 $Ca_3Co_4O_9$ 材料增大 50%。

除层状氧化物材料之外，钙钛矿结构氧化物同样也吸引了许多关注，如 $CaMnO_3$ 和 $SrTiO_3$ 材料[100-103]，$SrTiO_3$ 的晶体结构如图 4-32（b）所示。纯 $SrTiO_3$ 为宽带隙材料，带隙宽度 3.2 eV，通常通过引入缺陷的方法来调控其热电性能，由于本征氧空位缺陷的存在，一般 $SrTiO_3$ 为 n 型热电材料。La 掺杂的 $SrTiO_3$ 在 1073 K 时 ZT 值达到 0.27[100]。La 与 Dy 掺杂的样品 $La_{0.1}Sr_{0.83}Dy_{0.07}TiO_3$ 在 1045 K 获得了最大的 ZT 值 0.36[101]。$CaMnO_3$ 也具有钙钛矿正交结构，空间群 Pnma。Flahaut 等[102]在 $CaMnO_3$ 陶瓷的 Ca 位掺杂 Yb、Tb、Nd、Ho 等元素，电阻率与掺杂元素的离子半径和样品的载流子浓度有着强烈的依赖关系，$Ca_{0.9}Yb_{0.1}MnO_3$ 获得了最佳的热电优值，在 1000 K 时达到了 0.16。采用"chimie douce"法制备 Nb 掺杂 $CaMnO_3$ ZT 值大于 0.3 [103]。

除以上几种研究较多的氧化物体系外，BiCuSeO 基氧化物材料是热电领域中的新成员。图 4-32（c）描述了 BiCuSeO 的晶体结构，与 ZrSiCuAs 相似，为四方晶系，空间群为 P4/nmm[104]。这个结构可以被看成是导电层$(Cu_2Se_2)^{2-}$和绝缘层$(Bi_2O_2)^{2+}$沿 c 轴交替堆叠形成。该氧化物的带隙较宽，为 0.8 eV。由于化学键较弱（杨氏模量 E 约为 76.5 GPa）且具有强非谐性（Grüneisen 常数 γ 约为 1.5），BiCuSeO 具有低的热导率[小于 1 W/(m·K)]，与其他热电材料相比，BiCuSeO 具有适中的泽贝克系数，但是其电导率较低。因此，对于该氧化物热电性能的优化主要集中在通过固溶和掺杂提升其电性能[105]。对 Bi 位通过二价离子取代可有效增加电导率，同时保持较高的泽贝克系数，从而获得较高的 ZT 值，例如，掺杂重金属 Pb、碱土金属 Ba 及形成纳米复合材料，ZT 值在高温时达到 1.1 以上[106]（图 4-33）。

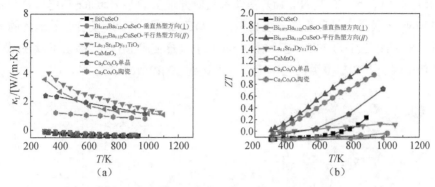

图 4-33 （a）典型氧化物热电材料的 κ_L 随温度的变化关系；
（b）典型氧化物热电材料的 ZT 值随温度的变化关系

4.8 其他新兴热电材料体系

4.8.1 半 Heusler 合金

半 Heusler 合金（half-heusler，HH）的化学式通常为 XYZ，其中 X 为电负性最强的过渡金属或者稀土元素，如 Hf、Zr、Ti、Er、V、Nb 等，Y 为电负性较弱的过渡金属，如 Fe、Co、Ni 等，Z 是主族元素，常见的为 Sn、Sb 等。半 Heusler 合金通常具有和 MgAgAs 类似的结构，空间群为 $F\bar{4}3m$，其中 X、Y、Z 原子分别占据面心立方晶格中的 4b（1/2,1/2,1/2）、4c（1/4,1/4,1/4）和 4a（0,0,0）位置，Y 原子只占据了一半的 4c 位置，因此称为半 Heusler 合金，其晶体结构如图 4-34（a）所示。如果 c 位置全部被 Y 原子占据则称为全 Heusler 合金 XY_2Z。大部分全 Heusler 合金呈金属导电特征，而半 Heusler 合金由于结构中存在未被占据的空位，减少了 X 与 Z 原子之间的成键数目，X、Y、Z 原子之间的间距增大，从而使 d 电子态密度重叠减弱，形成带间隙（E_g），因此半 Heusler 合金化合物属于半导体或者半金属类别。在该体系的化合物中，价电子数目决定了体系的带结构与基本的物理性能，当价电子数目为 8 或者 18 时，费米面在带隙之间，表现出半导体的性质。第一性原理计算显示半 Heusler 合金材料中每个单胞中具有 18 个电子的半 Heusler 合金是稳定存在的半导体，其禁带宽度在 0~1.1 eV[107,108]。

半 Heusler 合金作为热电材料具有一些独特的物理特性，如高度对称的晶体结构使该体系往往具有较大的能谷简并度，其费米能级附近的态密度往往由过渡金属 d 电子态主导，这使该体系的导带或者价带具有较大的态密度有效质量，从而具有较高的泽贝克系数和适当的电导率。目前，MNiSn 基、MCoSb 基（M=Ti,

Zr, Hf)和 XFeSb（X=V, Nb, Ta）基体系是研究最多的半 Heusler 热电合金材料，其中 MNiSn 基合金是理想的 n 型材料，而 MCoSb 及 XFeSb 基合金是理想的 p 型材料。在（Ti, Zr, Hf）NiSn 基合金的 Sn 原子位置使用 Sb 进行掺杂可以获得非常高的功率因子，文献报道的功率因子可以达到 30 μW/(cm·K^2)[109]。

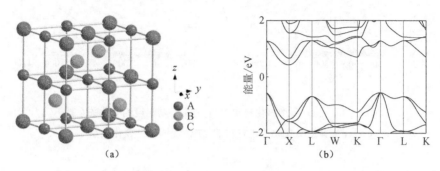

图 4-34 （a）半 Heusler 合金的晶体结构；（b）TiCoSb 的电子能带结构

半 Heusler 合金作为热电材料的最大阻碍在于其本征非常高的晶格热导率，这主要是由于其晶体结构简单。半 Heusler 合金由三种不同的元素组成，而这三个不同的元素都可实现等电子合金化及化学掺杂，这为调节该体系的热电性能提供了很多选择，例如等电子合金化可以有效降低半 Heusler 的晶格热导率[109]。Yu 等通过结合使用悬浮熔炼和 SPS 的方法，制备了 $Hf_{1-x}Zr_xNiSn_{1-y}Sb_y$ 合金[110]，其中 Sb 在 Sn 位置的掺杂能够优化其载流子浓度，从而使功率因子得到提高，而在 Hf 位置通过 Zr 进行等电子合金化，材料的晶格热导率得到了极大的降低，最终 $Hf_{0.6}Zr_{0.4}NiSn_{0.98}Sb_{0.02}$ 样品在 1000 K 时其 ZT 值可以达到 1.0，相比于未掺杂的样品其 ZT 值有了非常明显的提高。Ren 等在 n 型半 Heusler 合金中通过纳米复合的方法获得了超过 1.0 的 ZT 值[111]，首先通过传统的电弧熔炼方法获得了 $Hf_{0.75}Zr_{0.25}NiSn_{0.99}Sb_{0.01}$ 铸锭，然后通过球磨获得了相应的纳米粉，结合热压技术，制备了纳米结构块体材料。由于纳米尺度晶粒及晶格扭曲的影响，样品的晶格热导率大幅度降低。考虑到 Hf 元素较高的成本，Ren 等又尝试降低材料中 Hf 的含量，最终获得的 $Hf_{0.25}Zr_{0.75}NiSn_{0.99}Sb_{0.01}$ 样品获得了与前述工作相当的 ZT 值[112]，这使这一材料的大规模应用成为可能。

针对 p 型半 Heusler 合金，研究较多的为（Ti, Zr, Hf）CoSb 基合金。在这一类合金中，在三个原子位置进行合金化也能够有效提高材料的热电性能。早期的研究工作中，研究者们主要关注于通过在 Sb 位置进行 Sn 掺杂来优化其载流子浓度，有报道称在 958 K 时，$ZrCoSb_{0.9}Sn_{0.1}$ 样品获得了 0.45 的 ZT 值[113]。考虑到在 Ti、Zr、Hf 位置进行合金化能够引入质量波动，从而降低晶格热导率，Culp 等在

Sn 掺杂 Sb 位置优化载流子浓度的基础上,通过形成固溶体降低晶格热导率进一步提高了 p 型半 Heusler 合金的 ZT 值,所制备的 $Zr_{0.5}Hf_{0.5}CoSb_{0.8}Sn_{0.2}$ 样品在 1000 K 时 ZT 值达到了 0.51 [114]。考虑到 Hf 与 Ti 之间原子半径和质量差别要大于 Hf 与 Zr 元素,Yan 等使用 Ti 取代 Zr 元素,所制备的 $Hf_{0.8}Ti_{0.2}CoSb_{0.8}Sn_{0.2}$ 合金样品在 800℃时其 ZT 值可以达到 1.0[115],这已经与 n 型半 Heusler 合金材料相当。此外,还有工作报道了制备 $Hf_{0.44}Zr_{0.44}Ti_{0.12}CoSb_{0.8}Sn_{0.2}$ 合金样品,在 800℃时其 ZT 值也可以达到 1.0 以上[116]。纳米复合也可以有效降低晶格热导率。Ren 等通过结合球磨与热压技术,获得了晶粒尺寸小于 200 nm 的块体材料,所制备的纳米复合 $Zr_{0.5}Hf_{0.5}CoSb_{0.8}Sn_{0.2}$ 样品其 ZT 值在 700℃时可以达到 0.8[117],如图 4-35 所示。

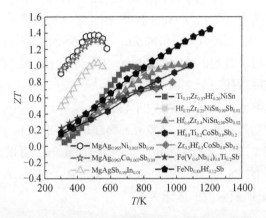

图 4-35 几种半 Heusler 合金的 ZT 值与温度关系

XFeSb 基(X=V,Nb,Ta)半 Heusler 化合物是另外一种有前景的 p 型半 Heusler 合金热电材料[118,119]。未掺杂的 XFeSb 材料是一种窄带隙(0.32 eV)的 n 型半导体,其功率因子在 300 K 时高达 48 μW/(cm·K^2)。然而它的热导率比 MNiSn 合金更高,因而其最高 ZT 值小于 0.25。与 n 型材料相比,p 型 XFeSb 基合金被认为具有更佳的热电性能。MNiSn 和 MCoSb 合金在布里渊区的中心(Γ 点)其价带边是三重简并,而 XFeSb 基合金的价带边则是双重简并,并且位于布里渊区的 L 点。由于半 Heusler 合金具有立方结构,L 点有 4 个对称的载流子能谷,这也意味着在 XFeSb 基合金中其价带的简并度是 N_v=4×2=8,这比 MNiSn 和 MCoSb 合金简并度(N_v=3)要高。在 p 型 $V_{0.6}Nb_{0.4}FeSb$ 合金中的 V/Nb 位掺杂 Ti 能够调节空穴浓度,从而在 900 K 时获得了 0.8 的 ZT 值[120]。此外,通过组合应用电弧熔炼、球磨与热压工艺所制备的无铅 NbFeSb 基纳米结构半 Heusler 合金材料其 ZT 值在 973 K 时可以达到 1.0[121]。而使用重元素 Hf 掺杂以后,NbFeSb 基半 Heusler 合金的 ZT 值获得了极大的提高,其 ZT 值在 1200 K 时可以达到 1.5[122]。

4.8.2 类金刚石结构化合物

类金刚石化合物是从单质 Si 及闪锌矿半导体等金刚石结构派生而来,均具有金刚石结构中典型的四面体结构,因此称为类金刚石化合物。2009 年前后,四元类金刚石材料 $Cu_2CdSnSe_4$[123]和 $Cu_2ZnSnSe_4$[124]的热电性能相继被报道,其 ZT 值分别在 700 K 时达到了 0.65,850 K 时达到了 0.95。此后,多种体系类金刚石结构化合物的热电性能得到研究,许多体系最大 ZT 值达到甚至超过 1,例如,$Cu_2ZnSn_{0.90}In_{0.10}Se_4$($ZT$=0.95,850 K)[124],$Cu_2Sn_{0.9}In_{0.1}Se_3$($ZT$=1.14,850 K),[125] $Ag_{0.95}GaTe_2$(ZT = 0.77,850 K),[126] $CuInTe_2$(ZT = 1.18,850 K)[127],$CuGaTe_2$(ZT=1.4,900K)[128]等。图 4-36 为几种典型类金刚石结构热电材料的晶体结构及它们和一元金刚石结构、二元 ZnSe 闪锌矿结构之间的演变关系,用 I 族原子如 Cu 和Ⅲ族元素 Ga、In 取代两个二价的 Zn,将 ZnSe 的立方(F-43m)单胞加倍,可以得到四方($I\bar{4}2d$)黄铜矿结构的 $Cu^I A^{III} X_2^{VI}$(A = Ga, In; X = Se, Te);用两个 Cu 和四价的 Sn、Ge 取代三个 Zn,得到的 $Cu_2^I A^{IV} Se_3^{VI}$(A = Sn, Ge)化合物有多个晶相,但是亚晶胞也都是立方结构($F\bar{4}3m$);同样地,用三个 Cu 和一个五价的 Sb 替换四个 Zn 可以得到四方($I\bar{4}2m$)黝锡矿结构的 $Cu_3^I A^V Se_4^{VI}$(A = Sb);而用两个 Cu,一个二价的 Zn、Cd 和一个四价的 Sn、Ge 可以进一步得到四元黝锡矿结构(I-42m)的 $Cu_2^I A^{II} B^{IV} Se_4^{VI}$(A = Zn, Cd; B = Sn, Ge)。图 4-37 为类金刚石结构化合物的 ZT 值随温度的依赖关系。

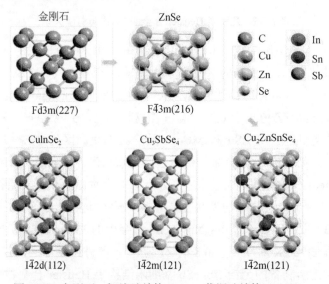

图 4-36 金刚石、闪锌矿结构 ZnSe、黄铜矿结构 $CuInSe_2$、黝锡矿结构 Cu_3SbSe_4 和 $Cu_2ZnSnSe_4$ 的晶体结构示意图

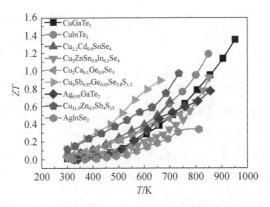

图 4-37 类金刚石结构化合物的 ZT 值随温度的依赖关系

表 4-6 中列出了一些类金刚石结构化合物的物理性能参数。由于源自类金刚石的闪锌矿结构，这些三元、四元化合物也都具有典型的四面体配位构型，阴离子 Se、Te 和四个阳离子成键，每个阳离子和四个 Se、Te 阴离子成键。总体来说，替代元素种类越多，Se 原子位置的对称性越低，从闪锌矿结构中的（1/4,1/4,1/4）→黄铜矿结构中的（x,1/4,1/8）→黝锡矿结构中的（x,x,z）→甚至到锌黄锡矿结构中的（x,y,z）逐渐变化，意味着以 Se 为中心的四面体越来越偏离正四面体的构型，具有一定的扭曲。因此从二元到三元、四元类金刚石结构化合物的对称性降低，扭曲度变大。类金刚石结构的扭曲可以用扭曲参数（$2-c/a$，a 和 c 分别为化合物的晶格常数）来表示，扭曲度参数越大，阳离子对晶格造成的扭曲程度越高。从实验规律来看，扭曲的类金刚石结构化合物一般具有低热导率，这也是类金刚石结构化合物作为热电材料研究的重要因素。另外类金刚石结构化合物的晶格热导率 κ_L，大多满足 $\kappa_L \propto T^{-1}$ 关系，即主要以声子-声子 Umklapp 散射过程为主。如图 4-38 所示，CuGaTe$_2$ 的 κ_L 当温度低于 800 K 时基本满足 $\kappa_L \propto T^{-1}$ 关系。

表 4-6 一些类金刚石结构化合物的室温物理性能

化合物	带隙/eV	熔点/K	密度/（g/cm³）	$2-c/a$	热导率/[W/(m·K)]
ZnSe	2.8	1793	5.26	0	19
CuInSe$_2$	1	1260	5.65	0	2.9
CuInTe$_2$	1.02	1050	6.02	0.0046	5.8
Cu$_2$SnSe$_3$	0.7	971	5.76	0.01	3.5
Cu$_3$SbSe$_4$	0.3	734	5.77	0.007	3.0

化合物	带隙/eV	熔点/K	密度/(g/cm³)	2−c/a	热导率/[W/(m·K)]
Cu₂ZnSnSe₄	1.43	1081	5.67	0.007	3.2
Cu₂CdSnSe₄	0.9	1063	5.77	0.05	1.01

固溶可以进一步降低类金刚石的晶格热导率,例如,$CuInTe_2$-$CuGaTe_2$[129]、Cu_3SbSe_4-Cu_3SbS_4[130]等固溶体均显示出更低的热导率[图 4-38(b)]。另外在$CuIn_{1-x}Cd_xTe_2$[131]、$Cu_2ZnSn_{0.90}In_{0.10}Se_4$[124]、$Cu_2Sn_{0.9}In_{0.1}Se_3$[125]等化合物中通过掺杂引入点缺陷也可以有效地降低晶格热导率。

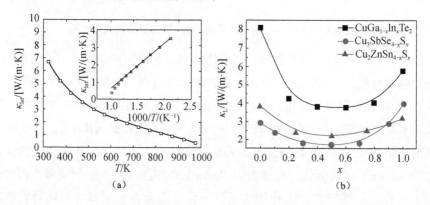

图 4-38 (a) $CuGaTe_2$ 的晶格热导率 κ_L 随温度的依赖关系(插图是 $CuGaTe_2$ 的晶格热导率 κ_L 随 $1000/T$ 的依赖关系);(b) $CuGa_{1-x}In_xTe_2$、$Cu_3SbSe_{4-x}S_x$、$Cu_2ZnSnSe_{4-x}S_x$ 的晶格热导率随固溶度 x 的依赖关系

类金刚石结构化合物晶体结构的衍生关系决定了其能带结构的基本特征。通常金刚石立方结构在价带顶具有三重简并能带 Γ_{15v},在类金刚石结构化合物中,晶体对称性降低(由立方变为非立方结构)产生的晶体场效应导致能级劈裂,例如,在四方结构化合物中,三重简并能带 Γ_{15v} 裂变为二条能带,一条为单一能带,另一条为双重简并能带。最近 Zhang 等[132]报道,通过结构设计在非立方结构类金刚石结构化合物中可以实现类似立方的能带结构,被称为赝立方结构。以三元四方类金刚石结构化合物为例,Γ_{15v} 劈裂为非简并的 Γ_{4v} 和双重简并的 Γ_{5v},且能带劈裂程度与四方扭曲因子 η 呈正比关系,赝立方的简并能带可通过固溶相反扭曲因子 η 的化合物来调节结构扭曲因子 η ($=c/2a$,c 和 a 分别是沿 z 轴和 x 轴方向的晶胞参数)至 1 附近,从而实现劈裂能带的再简并,来获得高的功率因子和热电优值。目前为止报道的类金刚石化合物均很好地符合此趋势[129-133](图 4-39)。

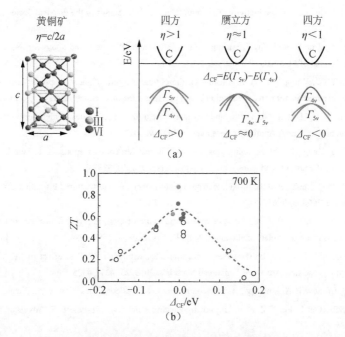

图 4-39 （a）立方结构和三元的非立方结构的晶体结构和电子能带结构（Γ_{4v} 是非简并带，Γ_{5v} 是双重简并带。Δ_{CF} 是 Γ_{4v} 和 Γ_{5v} 带顶的能量劈裂差异因子）；
（b）四方类金刚石结构化合物在 700 K 时的 ZT 值随 Δ_{CF} 的变化关系

参 考 文 献

[1] Ioffe A F. Semiconductor Thermoelements and Thermoelectric Cooling. London: Infosearch Limited, 1956.

[2] Rowe D M. New materials and performance limits for ther-moelectric cooling. CRC Handbook of Thermoelectrics, Boca Raton: CRC Press, 1995.

[3] Huang B L. Kaviany M. Ab initio and molecular dynamics predictions for electron and phonon transport in bismuth telluride. Physical Review B, 2008,77: 125209.

[4] Horák J, Čermák K, Koudelka L. Energy formation of antisite defects in doped Sb_2Te_3 and Bi_2Te_3 crystals. Journal of Physics and Chemistry of Solids, 1986,47: 805-809.

[5] Hu L P, Zhu T J, Liu X H. et al. Point defect engineering of high-performance bismuth-telluride-based thermoelectric materials. Advanced Functional Materials, 2014, 24: 5211-5218.

[6] Sootsman J R, Chung D Y, Kanatzidis M G. New and old concepts in thermoelectric materials. Angewandte Chemie International Edition, 2009, 48: 8616-8639.

[7] Dumas J F, Brun G, Liautard B, et al. New contribution in the study of the Bi_2Te_3-Bi_2Se_3 system. Thermochimica Acta, 1987,122: 135-141.

[8] Delves R T, Bowley A E, Hazelden D W, et al. Anisotropy of the electrical conductivity in bismuth telluride. Proceedings of the Physical Society, 1961, 78: 838.

[9] Goldsmid H J. The thermal conductivity of bismuth telluride. Proceedings of the Physical Society(Section B), 1956, 69:203.

[10] Tang Z, Hu L, Zhu T, et al. High performance n-type bismuth telluride based alloys for mid-temperature power generation. Journal of Materials Chemistry C, 2015, 3:10597-10603.

[11] Hu L P, Zhu T J, Wang Y G, et al. Shifting up the optimum figure of merit of p-type bismuth telluride-based thermoelectric materials for power generation by suppressing intrinsic conduction. NPG Asia Mater, 2014, 6: 88.

[12] Tang X, Xie W, Li H, et al. Preparation and thermoelectric transport properties of high-performance p-type Bi_2Te_3 with layered nanostructure. Applied Physics Letters, 2007, 90: 012102.

[13] Xie W, He J, Kang H J, et al. Identifying the specific nanostructures responsible for the high thermoelectric performance of $(Bi,Sb)_2Te_3$ nanocomposites. Nano Letters, 2010, 10: 3283-3289.

[14] Poudel B, Hao Q, Ma Y, et al. High-thermoelectric performance of nanostructured bismuth antimony telluride bulk alloys. Science, 2008, 320: 634-638.

[15] Ma Y, Hao Q, Poudel B, et al. Enhanced thermoelectric figure-of-merit in p-type nanostructured bismuth antimony tellurium alloys made from elemental chunks. Nano Letters, 2008, 8: 2580-2584.

[16] Li J, Tan Q, Li J F, et al. BiSbTe-based nanocomposites with high ZT: The effect of SiC nanodispersion on thermoelectric properties. Advanced Functional Materials, 2013, 23: 4317-4323.

[17] Ravich Y I, Efimova B A, Smirnov I A. Semiconducting Lead Chalcogenides. New York: Plenum, 1970, 91.

[18] Wang H, Schechtel E, Pei Y Z, et al. High thermoelectric efficiency of n-type PbS. Advanced Energy Materials, 2013, 3: 488.

[19] He J Q, Zhao L D, Zheng J C, et al. Role of sodium doping in lead chalcogenide thermoelectrics. Journal of the American Chemical Society, 2013, 135: 4624.

[20] Zhang Q Y, Wang H, Liu W S, et al. Enhancement of thermoelectric figure-of-merit by resonant states of aluminium doping in lead selenide. Energy and Environmental Science, 2012, 5: 5246.

[21] LaLonde A D, Pei Y Z, Snyder G J. Reevaluation of $PbTe_{1-x}I_x$ as high performance n-type thermoelectric material. Energy Environmental Science, 2011, 4: 2090.

[22] Androulakis J, Todorov I, He J Q, et al. Thermoelectrics from abundant chemical elements: High-performance nanostructured PbSe-PbS. Journal of the American Chemical Society, 2011, 133: 10920.

[23] Girard S N, He J Q, Zhou X Y, et al. High performance Na-doped PbTe-PbS thermoelectric materials: Electronic density of states modification and shape-controlled nanostructures. Journal of the American Chemical Society, 2011, 133: 16588.

[24] Pei Y Z, Shi X Y, LaLonde A, et al. Convergence of electronic bands for high performance bulk thermoelectrics. Nature, 2011, 473: 66.

[25] Korkosz R J, Chasapis T C, Lo S H, et al. High ZT in p-type $(PbTe)_{(1-2x)}(PbSe)_{(x)}(PbS)_{(x)}$ thermoelectric materials. Journal of the American Chemical Society, 2014, 136: 3225.

[26] Han C, Sun Q, Li Z, et al. Thermoelectric enhancement of different kinds of metal chalcogenides. Advanced Energy Mateirals, 2016, 6(15), 1600498.

[27] Wu D, Zhao L D, Tong X, et al. Superior thermoelectric performance in PbTe-PbS pseudo-binary: Extremely low thermal conductivity and modulated carrier concentration. Energy and Environmental Science, 2015, 8: 2056.

[28] Slack G A, Hussain M A. The maximum possible conversion efficiency of silicon-germanium thermoelectric generators. Journal of Applied Physics, 1991, 70(5): 2694-2718.

[29] Rowe D M, Shukla V S. The effect of phonon-grain boundary scattering on the lattice thermal-conductivity and thermoelectric conversion efficiency of heavily doped fine-grained, hot-pressed silicon germanium alloy. Journal of Applied Physics, 1981, 52(12): 7421-7426.

[30] Abeles B. Lattice thermal conductivity of disordered semiconductor alloys at high temperatures. Physical Review, 1963, 131(5): 1906.

[31] Dismukes J P, Ekstrom E, Beers D S, et al. Thermal + electrical properties of heavily doped Ge-Si alloys up to 1300 degrees K. Journal of Applied Physics, 1964, 35(10): 2899.

[32] Dresselhaus M S, Chen G, Tang M Y, et al. New directions for low-dimensional thermoelectric materials. Advanced Materials, 2007, 19(8): 1043-1053.

[33] Joshi G, Lee H, Lan Y, et al. Enhanced thermoelectric figure-of-merit in nanostructured p-type silicon germanium bulk alloys. Nano Letters, 2008, 8(12): 4670-4674.

[34] Bathula S, Jayasimhadri M, Singh N, et al. Enhanced thermoelectric figure-of-merit in spark plasma sintered nanostructured n-type SiGe alloys. Applied Physics Letters, 2012, 101(21): 213902.

[35] Bathula S, Jayasimhadri M, Gahtori B, et al. The role of nanoscale defect features in enhancing the thermoelectric performance of p-type nanostructured SiGe alloys. Nanoscale, 2015, 7(29): 12474-12483.

[36] Mingo N, Hauser D, Kobayashi N P, et al. "Nanoparticle-in-alloy" approach to efficient thermoelectrics: Silicides in SiGe. Nano Letters, 2009, 9(2): 711-715.

[37] Favier K, Bernard-Granger G, Navone C, et al. Influence of in situ formed $MoSi_2$ inclusions on the thermoelectrical properties of an n-type silicon-germanium alloy. Acta Materialia, 2014, 64: 429-442.

[38] Yu B, Zebarjadi M, Wang H, et al. Enhancement of thermoelectric properties by modulation-doping in silicon germanium alloy nanocomposites. Nano Letters, 2012, 12(4): 2077-2082.

[39] Onari S, Cardona M. Resonant raman-scattering in II-IV semiconductors Mg_2Si, Mg_2Ge, and Mg_2Sn. Physical Review B, 1976, 14 (8): 3520-3531.

[40] Liu W, Zhang Q, Tang X F, et al. Thermoelectric properties of Sb-doped $Mg_2Si_{0.3}Sn_{0.7}$. Journal of Electronic Materials, 2011, 40 (5): 1062-1066.

[41] Liu W S, Kim H S, Chen S, et al. n-type thermoelectric material $Mg_2Sn_{0.75}Ge_{0.25}$ for high power generation. Proceedings of the National Academy of Sciences of the USA, 2015, 112 (11): 3269-3274.

[42] Higgins J M, Schmitt A L, Guzei I A, et al. Higher manganese silicide nanowires of nowotny chimney ladder phase. Journal of the American Chemical Society, 2008, 130: 16086-16094.

[43] Truong D Y N, Berthebaud D, Gascoin F, et al. Molybdenum, tungsten, and aluminium substitution for enhancement of the thermoelectric performance of higher manganese silicides. Journal of Eelctronic Materials, 2015, 44: 3603-3611.

[44] Flieher G, Völlenkle H, Nowotny H, Die kristallstruktur von $Mn_{15}Si_{26}$. Monatsheftefur Chemie, 1967, 98: 2173-2179.

[45] Zhao R, Guo F, Shu Y, et al. Improvement of thermoelectric properties via combination of nanostructurization and elemental doping. Jom, 2014, 66: 2298-2308.

[46] X. Shi, et al. Enhanced power factor of higher manganese silicide via melt spin synthesis method. Journal of Applied Physics, 2014, 116: 245104.

[47] She X, Su X, Du H, et al. High thermoelectric performance of higher manganese silicides prepared by ultra-fast thermal explosion. Journal of Materials Chemistry C, 2015, 3: 12116.

[48] Chen X, Weathers A, Salta D, et al. Effects of (Al,Ge) double doping on the thermoelectric properties of higher manganese silicides. Journal of Applied Physics, 2013, 114: 173705.

[49] Ware R M, McNeill D J. Iron disilicide as a thermoelectric generator material. Proceedings of the Institution of Electrical Engineers, 1964, 111(1): 178-182.

[50] Higashi T, Nagase T, Yamauchi I. Long period structure of β-$FeSi_2$. Journal of Alloys and Compounds, 2002, 339(1-2): 96-99.

[51] Makita Y, Nakayama Y, Fukuzawa Y, et al. Important research targets to be explored for β-FeSi$_2$ device making. Thin Solid Films, 2004, 461(1): 202-208.

[52] Kim S W, Cho M K, Mishima Y, et al. High temperature thermoelectric properties of p-and n-type β-FeSi$_2$ with some dopants. Intermetallics, 2003, 11(5): 399-405.

[53] Chen H Y, Zhao X B, Zhu T J, et al. Influence of nitrogenizing and Al-doping on microstructures and thermoelectric properties of iron disilicide materials. Intermetallics, 2005, 13(7): 704-709.

[54] Zhao X B, Chen H Y, Müller E, et al. Thermoelectric properties of Mn doped FeSi$_x$ alloys hot-pressed from nitrided rapidly solidified powders. Applied Physics A, 2005, 80(5): 1123-1127.

[55] Chen H Y, Zhao X B, Stiewe C, et al. Microstructures and thermoelectric properties of Co-doped iron disilicides prepared by rapid solidification and hot pressing. Journal of Alloys and Compounds, 2007, 433(1-2): 338-344.

[56] Ito M, Nagai H, Oda E, et al. Thermoelectric properties of β-FeSi$_2$ with B$_4$C and BN dispersion by mechanical alloying. Journal of Materials Science, 2002, 37(13): 2609-2614.

[57] Morikawa K, Chikauchi H, Mizoguchi H, et al. Improvement of thermoelectric properties of β-FeSi$_2$ by the addition of Ta$_2$O$_5$. Materials Transactions, 2007, 48(7): 2100-2103.

[58] Qu X R, Wang W, Liu W, et al. Antioxidation and thermoelectric properties of ZnO nanoparticles-coated β-FeSi$_2$. Materials Chemistry and Physics, 2011, 129(1-2): 331-336.

[59] Nolas G S, Morelli D T, Tritt T M. Skutterudites: A phonon-glass-electron crystal approach to advanced thermoelectric energy conversion applications. Annual Review of Materials Science, 1999, 29: 89-116.

[60] Uher C. Skutterudites: Prospective novel thermoelectrics. Semiconductors and Semimetals, 2001, 69: 139-253.

[61] Uher C. Recent trends in thermoelectric materials research II, in Semiconductors and Semimetals, San Diego: Academic Press, 2000, 69: 139-253.

[62] Sales B C, Mandrus D, Williams R K. Filled skutterudite antimonides: A new class of thermoelectric materials. Science, 1996, 272: 1325.

[63] Nolas G S, Kaeser M, Littleton R T, et al. High figure of merit in partially filled ytterbium skutterudite materials. Applied Physics Letters, 2000, 77: 1855.

[64] Chen L D, Kawahara T, Tang X F, et al. Anomalous barium filling fraction and n-type thermoelectric performance of Ba$_y$Co$_4$Sb$_{12}$. Journal of Applied Physics, 2001, 90 (4):1864-1868.

[65] Shi X, Zhang W, Chen L D, et al. Filling fraction limit for intrinsic voids in crystals: Doping in skutterudites. Physical Review Letters, 2005, 95: 185503.

[66] Yang J H, Zhang W Q, Bai S Q, et al. Dual-frequency resonant phonon scattering in Ba$_x$R$_y$Co$_4$Sb$_{12}$ (R = La, Ce, Sr), Applied Physics Letters, 2007, 90: 192111.

[67] Shi X, Yang J, Salvador J R, et al. Multiple-filled skutterudites: High thermoelectric figure of merit through separately optimizing electrical and thermal transports. Journal of the American Chemical Society, 2012, 134 (5): 2842.

[68] Shi X, Kong H, Li C P, et al. Low thermal conductivity and high thermoelectric figure of merit in n-type Ba$_x$Yb$_y$Co$_4$Sb$_{12}$ double-filled skutterudites. Applied Physics Letters, 2008, 92: 182101.

[69] Liu R H, Yang J, Chen X H, et al. p-Type skutterudites R$_x$M$_y$Fe$_3$CoSb$_{12}$ (R, M= Ba, Ce, Nd, Yb): Effectiveness of double-filling for the lattice thermal conductivity reduction. Intermetallics, 2011,19: 1747-1751.

[70] Nolas G S. The Physics and Chemistry of Inorganic Clathrates. New York: Springer, 2014: 1-4.

[71] 王丽. Sr$_8$Ga$_{16}$Ge$_{30}$基I型clathrate化合物的制备和热电性能研究. 上海: 中国科学院上海硅酸盐研究所, 2009: 16-21.

[72] Saramat A, Svensson G, Palmqvist A E C, et al. Large thermoelectric figure of merit at high temperature in Czochralski-grown clathrate Ba$_8$Ga$_{16}$Ge$_{30}$. Journal of Applied Physics, 2006, 99: 023708.

[73] Prokofiev A, Sidorenko A, Hradil K, et al. Thermopower enhancement by encapsulating cerium in clathrate cages. Nature materials, 2013, 12: 1096.

[74] Shi X, Yang J, Bai S Q, et al. On the design of high-efficiency thermoelectric clathrates through a systematic cross-substitution of framework elements. Advanced Functional Materials, 2010, 20: 755-763.

[75] Liu H L, Shi X, Xu F F, et al. Copper ion liquid-like thermoelectrics. Nature Materials, 2012, 11(5): 422-425.

[76] Lu P, Liu H L, Yuan X, et al. Multiformity and fluctuation of Cu ordering in Cu_2Se thermoelectric materials. Journal of Materials Chemistry A, 2015, 3(13): 6901-6908.

[77] Trachenko K. Heat capacity of liquids: An approach from the solid phase. Physical Review B, 2008, 78(10): 104021.

[78] Su X L, Fu F, Yan Y G, et al. Self-propagating high-temperature synthesis for compound thermoelectrics and new criterion for combustion processing. Nature Communications, 2014, 5: 4908.

[79] Zhao L L, Wang X L, Wang J Y, et al. Superior intrinsic thermoelectric performance with ZT of 1.8 in single-crystal and melt-quenched highly dense $Cu_{2-x}Se$ bulks. Scientific Reports, 2015, 5: 7671.

[80] Gahtori B, Bathul S, Tyagi K, et al. Giant enhancement in thermoelectric performance of copper selenide by incorporation of different nanoscale dimensional defect features. Nano Energy, 2015, 13: 36-46.

[81] He Y, Day T, Zhang T S, et al. High thermoelectric performance in non-toxic earth-abundant copper sulfide. Advanced Materials, 2014, 26(23): 3974-3978.

[82] He Y, Zhang T S, Shi X, et al. High thermoelectric performance in copper telluride. NPG Asia Mater, 2015, 7(8): e210.

[83] Liu H L, Yuan X, Lu P, et al. Ultrahigh thermoelectric performance by electron and phonon critical scattering in $Cu_2Se_{1-x}I_x$. Advanced Materials, 2013, 25(45): 6607-6612.

[84] Mi W L, Qiu P F, Zhang T S, et al. Thermoelectric transports of Se-rich Ag_2Se in normal phases and phase transitions. Applied Physics Letters, 2014, 104 (13):133903.

[85] He Y, Lu P, Shi X, et al. Ultrahigh thermoelectric performance in mosaic crystals. Advanced Materials, 2015, 27(24): 3639-3644.

[86] Bhattacharya S, Basu R, Bhatt R, et al. $CuCrSe_2$: A high performance phonon glass and electroncrystal thermoelectric material. Journal of Materials Chemistry A, 2013, 1(37): 11289-11294.

[87] Ishiwata S, Shiomi Y, Lee J S, et al. Extremely high electron mobility in a phonon-glass semimetal. Nature Materials, 2013, 12 (6): 512-517.

[88] Hong A J, Li L, Zhu H X, et al. Anomalous transport and thermoelectric performances of CuAgSe compounds. Solid State Ionics, 2014, 261: 21-25.

[89] Weldert K S, Zeier W G, Day T W, et al. Thermoelectric transport in Cu_7PSe_6 with high copper ionic mobility. Journal of American Chemical Society, 2014, 136(34): 12035-12040.

[90] Qiu P F, Zhang T S, Qiu Y T, et al. Sulfide bornite thermoelectric material: A natural mineral with ultralow thermal conductivity. Energy and Environmental Science, 2014, 7 (12): 4000-4006.

[91] Zhu T J, Zhang S N, Yang S H, et al. Improved thermoelectric figure of merit of self-doped $Ag_{8-x}GeTe_6$ compounds with glass-like thermal conductivity. Physica Status Solidi-Rapid Research Letters, 2010, 4(11): 317-319.

[92] Li W, Lin S Q, Ge B H, et al. Low sound velocity contributing to the high thermoelectric performance of Ag_8SnSe_6. Advanced Science, 2016, 3(11): 1600196.

[93] Lin H, Chen H, Shen J N, et al. Chemical modification and energetically favorable atomic disorder of a layered thermoelectric material $TmCuTe_2$ leading to high performance. Chemistry—A European Journal, 2014, 20(47): 15401-15408.

[94] Fujita K, Mochida T, Nakamura K. High-temperature thermoelectric properties of $Na_xCoO_{2-\delta}$ single crystals. Japanese Journal of Applied Physics, 2001, 40 (7): 4644-4647.

[95] Masset A C, Michel C, Maignan A, et al. Misfit-layered cobaltite with an anisotropic giant magnetoresistance: $Ca_3Co_4O_9$. Physical Review B, 2000, 62 (1): 166-175.

[96] Wang Y Y, Rogado N S, Cava R J, et al. Spin entropy as the likely source of enhanced thermopower in $Na_xCo_2O_4$. Nature, 2003, 423 (6938): 425-428.

[97] Lee M, Viciu L, Li L, et al. Large enhancement of the thermopower in Na_xCoO_2 at high Na doping. Nature Materials, 2006, 5 (7): 537-540.

[98] Miyazaki Y, Kudo K, Akoshima M, et al. Low-temperature thermoelectric properties of the composite crystal $[Ca_2CoO_{3.34}]_{0.614}[CoO_2]$. Japanese Journal of Applied Physics, Part 2—Letters, 2000, 39 (6A): L531-L533.

[99] Liu J, Huang X, Sun Z, et al. Topotactic synthesis of alternately stacked $Ca_3Co_4O_9/\gamma\text{-}Na_{0.66}CoO_2$ composite with nanoscale layer structure. CrystEngComm, 2010, 12: 4080-4083.

[100] Ohta S, Nomura T, Ohta H, et al. High-temperature carrier transport and thermoelectric properties of heavily La- or Nb-doped $SrTiO_3$ single crystals. Journal of Applied Physics, 2005, 97 (3).

[101] Wang H C, Wang C L, Su W B, et al. Enhancement of thermoelectric figure of merit by doping Dy in $La_{0.1}Sr_{0.9}TiO_3$ ceramic. Materials Research Bulletin, 2010, 45(7): 809-812.

[102] Flahaut D, Mihara T, Funahashi R, et al. Thermoelectrical properties of A-site substituted $Ca_{1-x}Re_xMnO_3$ system. Journal of Applied Physics, 2006, 100: 084911.

[103] Bocher L, Aguirre M H, Logvinovich D, et al. $CaMn_{1-x}Nb_xO_3$ ($x \leq 0.08$) perovskite-type phases as promising new high-temperature n-type thermoelectric materials. Inorganic Chemistry, 2008, 47 (18): 8077-8085.

[104] Zhao L D, Berardan D, Pei Y L, et al. $Bi_{1-x}Sr_xCuSeO$ oxyselenides as promising thermoelectric materials. Applied Physics Letters, 2010, 97, (9).

[105] Li J, Sui J, Barreteau C, et al. Thermoelectric properties of Mg doped p-type BiCuSeO oxyselenides. Journal of Alloys and Compounds, 2013, 551:649-653.

[106] Li J, Sui J, Pei Y, et al. A high thermoelectric figure of merit $ZT > 1$ in Ba heavily doped BiCuSeO oxyselenides. Energy and Environmental Science, 2012, 5 (9): 8543-8547.

[107] Aliev F G, Kozyrkov V, Mashchalkov V, et al. Narrow-band in the intermetallic compounds tinisn, zrnisn, hfnisn. Zeitschrift Fur Physik B-Condensed Matter, 1990, 80(3): 353-357.

[108] Yang J, Li H, Wu T, et al. Evaluation of half-heusler compounds as thermoelectric materials based on the calculated electrical transport properties. Advanced Functional Materials, 2008, 18(19): 2880-2888.

[109] Shen Q, Chen L, Goto T, et al. Effects of partial substitution of Ni by Pd on the thermoelectric properties of ZrNiSn-based half-Heusler compounds. Applied Physics Letters, 2001, 79(25): 4165-4167.

[110] Yu C, Zhu T J, Shi R Z, et al. High-performance half-Heusler thermoelectric materials $Hf_{1-x}Zr_xNiSn_{1-y}Sb_y$ prepared by levitation melting and spark plasma sintering. Acta Materialia, 2009, 57(9): 2757-2764.

[111] Joshi G, Yan X, Wang H, et al. Enhancement in thermoelectric figure-of-merit of an n-type half-heusler compound by the nanocomposite approach. Advanced Energy Materials, 2011, 1(4):643-647.

[112] Chen S, Lukas K, Liu W, et al. Effect of Hf concentration on thermoelectric properties of nanostructured n-type half-heusler materials $Hf_xZr_{1-x}NiSn_{0.99}Sb_{0.01}$. Advanced Energy Materials, 2013, 3(9):1210-1214.

[113] Sekimoto T, Kurosaki K, Muta H, et al. Thermoelectric properties of Sn-doped TiCoSb half-Heusler compounds. Journal of Alloys and Compounds, 2006, 407(1-2): 326-329.

[114] Culp S R, Simonson J W, Poon S J, et al. (Zr,Hf)Co(Sb,Sn) half-Heusler phases as high-temperature (> 700 degrees C) p-type thermoelectric materials. Applied Physics Letters, 2008, 93(2): 2436.

[115] X.Yan, , et al. Stronger phonon scattering by larger differences in atomic mass and size in p-type half-heuslers $Hf_{1-x}Ti_xCoSb_{0.8}Sn_{0.2}$. Energy and Environmental Science, 2012, 5(6): 7543-7548.

[116] Yan X, Liu W, Chen S, et al. Thermoelectric property study of nanostructured p-type half-heuslers (Hf, Zr, Ti)CoSb$_{0.8}$Sn$_{0.2}$. Advanced Energy Materials, 2013, 3(9): 1195-1200.

[117] Yan X A, Joshi G, Liu W, et al. Enhanced thermoelectric figure of merit of p-type half-heuslers. Nano Letters, 2011, 11(2):556-560.

[118] Zou M M, Li J F, Guo P J, et al. Synthesis and thermoelectric properties of fine-grained Fe^{V}Sb system half-heusler compound polycrystals with high phase purity. Journal of Physics D—Applied Physics, 2010, 43 (41): 415403.

[119] Fu C G, Zhu T J, Liu Y T, et al. Band engineering of high performance p-type FeNbSb based half-heusler thermoelectric materials for figure of merit ZT > 1. Energy Environmental Science, 2015, 8 (1): 216-220.

[120] Fu C G, Zhu T J, Pei Y Z, et al. High band degeneracy contributes to high thermoelectric performance in p-type half-heusler compounds. Advanced Energy Materials, 2014, 4 (18): 1400600.

[121] Joshi G, He R, Engber M, et al. NbFeSb-based p-type half-heuslers for power generation applications, Energy and Environmental Science, 2014, 7 (12): 4070-4076.

[122] Fu C G, Bai S Q, Liu Y T, et al. Realizing high figure of merit in heavy-band p-type half-heusler thermoelectric materials. Nature Communications, 2015, 6: 8144.

[123] Shi X Y, Huang F Q, Chen L D, et al. A wide-band-gap p-type thermoelectric material based on quaternary chalcogenides of Cu(2)ZnSnQ(4) (Q=S,Se). Applied Physics Letters, 2009, 94(20): 202103.

[124] Liu M L, Chen I W, Huang F Q, et al. Improved thermoelectric properties of Cu-doped quaternary chalcogenides of Cu$_2$CdSnSe$_4$. Advanced Materials, 2009, 21(37): 3808-3812.

[125] Shi X Y, Xi L L, Fan J, et al. Cu-Se bond network and thermoelectric compounds with complex diamondlike structure. Chemistry of Materials 2010, 22(22): 6029-6031.

[126] Yusufu A, Kurosaki K, Kosuga A, et al. Thermoelectric properties of Ag$_{1-x}$GaTe$_2$ with chalcopyrite structure. Applied Physics Letters, 2011, 99: 061902.

[127] Liu R H, Xi L L, Liu H L, et al, Ternary compound CuInTe$_2$: A promising thermoelectric material with diamond-like structure. Chemical Commmications, 2012, 48(32): 3818-3820.

[128] Plirdpring T, Kurosaki K, Kosuga A, et al. Chalcopyrite CuGaTe$_2$: A high-efficiency bulk thermoelectric material. Advanced Materials, 2012, 24(27): 3622-3626.

[129] Qin Y, Qiu P, Liu R, et al. Optimized thermoelectric properties in pseudocubic diamond-like CuGaTe$_2$ compounds. Journal of Materials Chemisty A, 2016, 4: 1277-1289.

[130] Skoug E J, Cain J D, Morelli D T. High thermoelectric figure of merit in the Cu(3)SbSe(4)-Cu(3)SbS(4) solid solution. Applied Physics Letters, 2011, 98(26): 261911.

[131] Cheng N, Liu R H, Bai S Q, et al. Enhanced thermoelectric performance in Cd doped CuInTe$_2$ compounds. Journal of Applied Physics, 2014, 115: 163705.

[132] Zhang J, Liu R, Cheng N, et al. High-performance pseudocubic thermoelectric materials from non-cubic chalcopyrite compounds. Advanced Materials, 2014, 26: 3848.

[133] Zeier W G, Zhu H, Gibbs Z M, et al. Band convergence in the non-cubic chalcopyrite compounds Cu$_2$MGeSe$_4$. Journal Materials Chemistry C, 2014, 2: 10189-10194.

第 5 章 低维结构及纳米复合热电材料

5.1 引　　言

20 世纪 90 年代初，Hicks、Dresselhaus 等[1-3]提出了利用低维量子阱结构提高材料热电性能的理论。其核心思想是，当材料的尺寸达到纳米尺度时会引起费米能级附近电子能态密度的提高，同时对声子传输也产生维度和尺寸限制效应及界面散射效应，从而增加对热输运和电输运性能调控的自由度。该理论预测当材料在某一维度的尺寸小到与电子和声子的平均自由程相当时，材料的 ZT 值可以获得大幅度提升。进入 21 世纪，超晶格薄膜热电材料的成功制备，在实验上率先印证了纳米效应调控热电输运特性的有效性。随后，人们在量子点超晶格材料、一维纳米线材料等多种低维结构热电材料中实现了热电性能的大幅度提升。低维热电材料的研究进展引导人们开始对具有纳米结构的块体热电材料及纳米复合热电材料的关注。后续的研究发现，在块体材料中分散纳米颗粒或晶粒纳米化等结构调控手段均对优化热电性能产生明显的效果。本章重点叙述低维纳米热电材料、纳米复合热电材料的制备与结构调控方法，并重点讨论低维与纳米结构对材料热电输运性能的影响及其物理机制。

5.2 超晶格薄膜热电材料的制备与性能

5.2.1 超晶格热电薄膜的制备

超晶格材料由两种或两种以上晶格匹配良好的材料以一定的周期沿着特定的生长方向交替沉积构成，每层材料的厚度为几纳米到几十纳米。超晶格热电薄膜通常由两种具有不同带隙的半导体材料构成，在生长方向上形成载流子的势垒和势阱的周期性结构，如图 5-1 所示。连续的两个异质结，如 $Si/Si_{1-x}Ge_x/Si$ 双异质结，将构成一个势阱，如势阱的宽度小于电子的平均自由程，就形成单量子阱（single quantum well，SQW）。周期性重复生长 Si 和 $Si_{1-x}Ge_x$ 层，就得到多量子阱（multiple quantum well，MQW）结构，如图 5-2（a）所示。如果构成的多量子阱结构的势垒层（$Si/Si_{1-x}Ge_x/Si$ 中的 Si 层）厚度比较小，则电子或空穴的波函数不再受限于量子层中，量子阱与量子阱之间的电子态会相互耦合，使势阱中电子能级形成一定宽度的子能带，如图 5-2（b）所示；或者当势垒高度比较低时，电子或空穴的波函数扩展至势垒层中，势阱之间电子或空穴的波函数产生有效交叠；上述薄势垒或低势垒结构都是超晶格的典型结构。

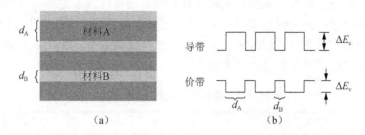

图 5-1 （a）A-B 超晶格结构，d_A 和 d_B 为两种材料的厚度，相邻两层材料构成一个超晶格周期（d_A+d_B）；（b）A-B 超晶格的一种能带结构，ΔE_c 和 ΔE_v 分别为导带和价带的带阶，$\Delta E_g = \Delta E_c + \Delta E_v$

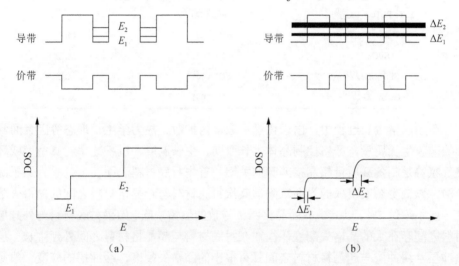

图 5-2 （a）多量子阱的能带结构与能态密度；（b）超晶格的能带结构与能态密度

在选择组成超晶格的材料时，需要考虑两个因素：结晶学相容性和化学相容性[4]。结晶学相容性要求两种材料的晶格结构相仿，晶格常数匹配，这样在生长时不容易出现界面位错；化学相容性要求两种材料的界面不发生显著的扩散或反应，可以形成成分突变的界面。由于晶格完全匹配的材料极少，多数超晶格材料均存在一定的晶格失配。晶格失配材料体系的生长，可以出现两种情况：非共度生长和共度生长（或赝晶生长）。共度生长是指外延层材料完全按照衬底的晶格常数排列原子。非共度生长指外延层材料原子按其自身的晶格常数排列。由于外延层的原子间距与衬底不同，因而在衬底与外延层界面处，形成失配位错。界面缺陷的大量存在，及其向外延层的延伸，会造成电学性能的退化。

分子束外延（molecular beam epitaxy，MBE）、化学气相沉积（chemical vapor deposition，CVD）、脉冲激光沉积（pulsed laser deposition，PLD）、原子层沉积（atomic layer deposition，ALD）等均适用于超晶格制备。MBE 的生长温度低，可

控性好，可以生长出界面陡峭的超薄层超晶格，还可以将多种测量分析仪器集成在同一超高真空系统中进行实时检测，特别适合物理研究。CVD 的生长温度较高，外延生长的晶体质量好，而且生长速率高，适合批量生产。表 5-1 总结了几种典型的超晶格热电薄膜的制备方法和技术。

表 5-1 几种典型的超晶格热电薄膜的制备方法和技术

超晶格薄膜	衬底	生长技术
Bi_2Te_3/Sb_2Te_3[5]	GaAs（100）	MOCVD
$Bi_2Te_3/Bi_2Te_{2.83}Se_{0.17}$[6]	GaAs（100）	MOCVD
$Bi_2Te_3/Bi_2(Te_{0.88}Se_{0.12})_3$[7]	BaF_2（111）	MBE
$PbTe/PbTe_{0.75}Se_{0.25}$[8]	BaF_2（111）	热蒸发
$PbTe/Pb_{1-x}Eu_xTe$[9]	BaF_2（111）	MBE
Si/Ge[10]	SOI（001）	MBE
$Si/Si_{1-x}Ge_x$[11]	SOI（001）	MBE
$Ge/Si_{1-x}Ge_x$[12]	SOI（001）	MBE

在超晶格生长过程中，由于化学反应、内扩散、热力学生长形态等因素通常影响薄膜生长质量，严格控制晶体生长取向、生长温度、沉积速率、真空度或环境气氛等是制备高质量超晶格薄膜的关键。首先衬底材料表面要求几乎为原子级清洁，以减少杂质引入的界面缺陷，其次衬底材料与超晶格材料之间的晶格失配度一般不超过 1%，以减少界面晶格错位导致的位错缺陷。如果衬底材料与外延层材料之间存在大的晶格失配度，往往在衬底材料与超晶格材料之间外延生长一层缓冲层，缓冲层与超晶格材料之间具有很小的晶格失配度，缓冲层的应变一般是完全弛豫的，即缓冲层最上层的晶格常数与其体材料相同。同时，严格控制外延层的厚度，不能超过发生应变弛豫的临界厚度。但对于某些特殊晶体结构的材料，如层状结构的 Bi_2Te_3、Sb_2Te_3 及其合金，利用其层状结构之间弱的范德华结合力，在具有较高晶格失配的衬底材料上，也可以实现薄膜的层状生长，制备出高质量的薄膜，这种生长方式称为"范德华外延生长"[13]。例如，利用 MOCVD 技术，在 GaAs（100）单晶衬底成功实现单晶 Bi_2Te_3 薄膜的制备，二者的晶格失配度约为 9.7%[14]。

5.2.2 超晶格结构的声子输运特征与热导率

利用超晶格结构提高材料热电性能主要涉及以下两个方面的基本思考：①利用超晶格结构的高界面密度增强声子散射，降低热导率；②利用载流子的量子限域效应、载流子能量过滤效应（energy filtering）或载流子能谷工程（carrier pocket engineering）等优化泽贝克系数和电导率。同时，由于超晶格结构是高度各向异性的，载流子和声子的界面散射在垂直和平行界面方向具有显著的差异，导致超晶格热电输运性能展现显著的各向异性。

超晶格中周期排列的异质材料结构不仅可以增强声子的界面散射，同时也导致声子谱结构的改变，进而显著影响超晶格结构的热导率。基于 Chen 等[15,16]的声子界面散射理论，在平行于超晶格的界面方向上，热导率不仅与超晶格厚度有关，而且强烈地依赖于声子散射界面的性质。如果在界面声子是镜面反射，那么超晶格的热导率接近其块体热导率的值；当声子散射界面出现轻微漫散射时，超晶格结构的热导率急剧下降。实验上，Yang 等[17]利用 3ω 法测量了 Sb 掺杂的 n 型 Si/Ge（8 nm/2 nm）超晶格（掺杂浓度为 10^{16}cm^{-3}）沿平行超晶格层面方向热导率随温度的变化趋势。结果显示，沿平行界面方向超晶格热导率随温度降低极为缓慢上升而后明显下降，不同于单质 Si 或单质 Ge 块体材料热导率的温度依赖特征 $k\sim T^{-\alpha}$（$\alpha_{Si}\approx1.65$，$\alpha_{Ge}\approx1.25$）。这表明界面散射是除 Umklapp 散射和正常三声子散射等机制外影响超晶格热导率的关键因素。Beyer 等[18]使用间桥法测量 n-PbTe/PbSe$_{0.20}$Te$_{0.80}$ 超晶格在平行界面方向上的室温热导率，测量结果显示，当固定 PbSe$_{0.20}$Te$_{0.80}$ 层厚度 1.8 nm，而当 PbTe 层厚度从 13.4 nm 降低至 2.3 nm 时，超晶格热导率从 2.31 W/(m·K)降低至 1.73 W/(m·K)，降幅约 25.1%。这表明，当降低超晶格周期，增加界面比率，声子边界碰撞的频率也会增加，进而明显降低超晶格的晶格热导率。

沿垂直超晶格界面方向上，在 Bi$_2$Te$_3$/Sb$_2$Te$_3$[19]、PbTe/PbTe$_{0.75}$Se$_{0.25}$[8]、Si/Ge[20] 等超晶格中，均观察到热导率随着超晶格周期的降低先降低后上升的变化趋势。图 5-3 为 Bi$_2$Te$_3$/Sb$_2$Te$_3$ 超晶格沿垂直界面方向的晶格热导率与声子平均自由程随着超晶格周期的变化趋势[19]。超晶格周期约为 5 nm 时，晶格热导率最低，为 0.22 W/(m·K)，是 Bi$_2$Te$_3$-Sb$_2$Te$_3$ 合金块体材料晶格热导率的 1/2。降低超晶格周期，晶格热导率上升，并接近 Bi$_2$Te$_3$-Sb$_2$Te$_3$ 合金块体材料的晶格热导率。增加超晶格周期，晶格热导率上升，并在较大超晶格周期（大于 12 nm）时晶格热导率高于 Bi$_2$Te$_3$-Sb$_2$Te$_3$ 合金块体材料。沿垂直超晶格界面方向的热导率随着超晶格周期的增大先下降后上升的变化趋势主要归因于声子相干导热和界面漫散射效应[21-23]。当声子平均自由程小于超晶格周期时，声子干涉效应显著降低，声子的粒子特性更为明显，声子传输服从玻尔兹曼输运方程。此时，声子的界面漫散射和与之联系的热边界阻抗决定超晶格的热传导。当超晶格周期减小，界面比率增加，声子边界碰撞的频率也增加，热导率降低。当声子平均自由程大于或等于超晶格周期时，垂直界面方向的声子干涉效应显著增强。此时，低频声子在垂直界面方向的隧穿效应增强，由于低频声子的高载热能力，热导率开始增大。降低超晶格周期，更高频声子（波长大于超晶格周期）参与相干导热，导致热导率进一步增大。

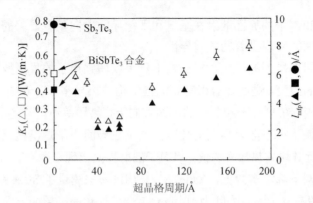

图 5-3　不同超晶格周期 Bi_2Te_3/Sb_2Te_3 超晶格的晶格热导率与声子平均自由程[19]

5.2.3　超晶格的载流子输运特征与电性能

超晶格中异质材料的周期排列形成载流子的势垒和势阱的周期性结构，显著影响载流子的输运性能，多量子阱超晶格结构和低势垒超晶格结构对电输运性能的影响规律不同。

Harman 等测量分析了 n 型 $PbTe/Pb_{0.927}Eu_{0.073}Te$ 多量子阱结构的电输运性能[9]。该多量子阱结构中，$Pb_{0.927}Eu_{0.073}Te$ 为势垒层，势垒高度 ΔE_c 为 0.17 eV，其厚度为 36~54 nm，远大于 PbTe 势阱层的厚度（1.5~5.0 nm）。图 5-4 给出了不同载流子浓度下 n 型 $PbTe/Pb_{0.927}Eu_{0.073}Te$ 多量子阱结构的载流子迁移率，以及 PbTe 薄膜与 $Pb_{0.927}Eu_{0.073}Te$ 薄膜的载流子迁移率。$PbTe/Pb_{0.927}Eu_{0.073}Te$ 多量子阱的载流子迁移率远高于 $Pb_{0.927}Eu_{0.073}Te$ 势垒层的载流子迁移率，与 PbTe 势阱层的载流子迁移率相当。这表明在 $PbTe/Pb_{0.927}Eu_{0.073}Te$ 多量子阱结构中，由于较高的势垒高度，室温下载流子完全局限在 PbTe 量子阱层，PbTe 层为超晶格结构中唯一导电通道。

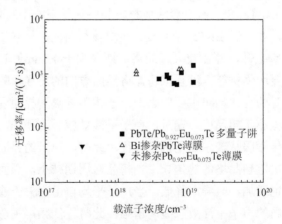

图 5-4　n 型 $PbTe/Pb_{0.927}Eu_{0.073}Te$ 多量子阱、
PbTe 薄膜与 $Pb_{0.927}Eu_{0.073}Te$ 薄膜的室温载流子迁移率[9]

PbTe/Pb$_{1-x}$Eu$_x$Te（$x=0.073$）多量子阱结构的室温泽贝克系数测量结果显示（图 5-5），量子阱层的宽度为 4 nm 左右时，PbTe 量子阱层的泽贝克系数与块体相当；随着量子阱层的宽度降低至 2 nm 左右时，泽贝克系数达到块体材料的 2 倍。图 5-6 为 PbTe 量子阱层的等效电功率因子 S^2n 随载流子浓度和势阱厚度变化的实验数据和理论计算值[24]。利用载流子的量子限域效应增加费米能级附近电子能态密度，通过改变量子阱宽度或载流子的浓度，使费米能级位于这些子能级附近，可以大幅度提高量子阱层材料的泽贝克系数和等效电功率因子。

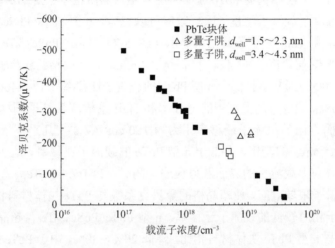

图 5-5　300 K 时 n 型 PbTe/Pb$_{0.927}$Eu$_{0.073}$Te 多量子阱结构和 PbTe 块体的泽贝克系数随载流子浓度的变化[9]

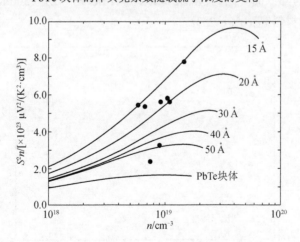

图 5-6　300 K 时不同阱厚下 PbTe 量子阱层的电功率因子 S^2n

黑色圆点为实验数据，实线为理论计算值[24]

不同于量子阱结构，在低势垒高度（$\Delta E \leqslant k_B T$）的超晶格结构中，电子或空穴的波函数不再受限于量子阱层。此时，一部分载流子位于势阱层，另一部分载流子位于势垒层。因此，在平行超晶格界面方向上势垒层和势阱层都成为载流子传输的通道，电导率等于势垒层与势阱层的电导之和。同时，由于低的势垒高度，量子限制效应对超晶格泽贝克系数的影响在室温以上温度下相对较弱。因此，低势垒超晶格在平行超晶格界面方向的电性能通常不高于其外延薄膜或体材料。

PbTe/PbSe$_x$Te$_{1-x}$ 为典型的低势垒高度（$\Delta E < 0.02$ eV）Ⅱ型超晶格结构，电子势阱位于低势垒高度结构的 PbTe 超晶格层，空穴势阱位于 PbSe$_x$Te$_{1-x}$ 层。因此，室温及以上温度下载流子的量子限域效应可以忽略。n 型 PbTe/ PbSe$_{0.20}$Te$_{0.80}$ 超晶格[18]的电导率和 Hall 系数测量结果显示（图 5-7），固定 PbSe$_{0.20}$Te$_{0.80}$ 层厚度为 1.8 nm，当 PbTe 层厚度从 13.4 nm 降低至 2.3 nm 时，超晶格的载流子迁移率几乎不变[约为 1100 cm^2/(V·s)]，低于 n 型 PbTe 的载流子迁移率[约为 1400 cm^2/(V·s)]。n 型 PbTe/PbSe$_{0.25}$Te$_{0.75}$ 超晶格[8]的电导率和 Hall 系数测量结果同样显示，沿平行超晶格界面方向的载流子迁移率［约为 750 cm^2/(V·s)］几乎不依赖超晶格周期（2.5～12.5 nm）的变化，并低于 n 型 PbTe 的载流子迁移率。这表明，在平行超晶格界面方向上载流子的界面散射很弱。同时，PbTe/PbSe$_x$Te$_{1-x}$ 超晶格室温时弱的载流子量子限域效应，使超晶格的泽贝克系数与 PbTe 块体材料相比，无明显变化。而由于相对较低的载流子迁移率，n 型 PbTe/ PbSe$_{0.20}$Te$_{0.80}$ 超晶格的功率因子（图 5-8）与 n 型 PbTe 块体材料相比，降低 20%～30%。由于 PbTe/PbSe$_{0.20}$Te$_{0.80}$ 超晶格沿平行界面方向的热导率随超晶格周期的降低而降低，因此，室温 ZT 随着超晶格周期的降低而升高。超晶格周期为 4.1 nm 时，ZT（300 K）最高达 0.45，比 n 型 PbTe 体材料高 20%～25%。

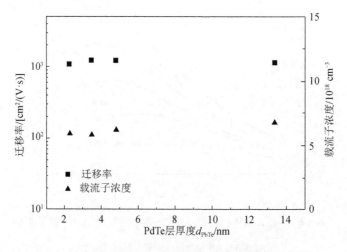

图 5-7　300 K 时 n 型 PbTe/ PbSe$_{0.20}$Te$_{0.80}$ 超晶格的载流子
迁移率与载流子浓度（$d_{\text{PbSe}_{0.20}\text{Te}_{0.80}}$=1.8 nm）[8]

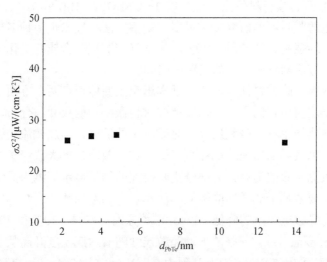

图 5-8　300 K 时 n 型 PbTe/PbSe$_{0.20}$Te$_{0.80}$ 超晶格的功率因子 $S^2\sigma$ （$d_{\text{PbSe}_{0.20}\text{Te}_{0.80}}$ =1.8 nm）[8]

Ⅴ-Ⅵ族超晶格是另一族常见的低势垒热电超晶格体系。Peranio 等[25]采用 MBE 技术在 BaF$_2$（111）衬底上外延生长了 n 型 Bi$_2$Te$_3$/Bi$_2$(Te$_{0.88}$Se$_{0.12}$)$_3$ 对称超晶格（d=6 nm, 10 nm, 12 nm, 20 nm），并研究超晶格沿平行超晶格界面方向的电热输运性能。Bi$_2$Te$_3$/Bi$_2$(Te$_{0.88}$Se$_{0.12}$)$_3$ 超晶格的热电输运性能与低势垒的 PbTe/PbSe$_x$Te$_{1-x}$ 超晶格类似，由于 Bi$_2$Te$_3$ 和 Bi$_2$(Te$_{0.88}$Se$_{0.12}$)$_3$ 层共同导电，且电子的界面散射不强，不同超晶格周期的载流子迁移率几乎不变［100～110 cm^2/(V·s)］，介于 n 型 Bi$_2$Te$_3$ 薄膜［120 cm^2/(V·s)］和 n 型 Bi$_2$(Te$_{0.88}$Se$_{0.12}$)$_3$ 薄膜［约 80 cm^2/(V·s)］的载流子迁移率之间。与 Bi$_2$Te$_3$ 薄膜相比，超晶格的泽贝克系数和功率因子无明显提高。这些结果进一步证实在低势垒超晶格中，由于弱的量子尺寸效应，对电输运性能的影响较弱，沿平行超晶格界面方向的电性能与其外延薄膜或块体材料相当。

另外，Koga 等[26]提出载流子能谷工程（carrier pocket engineering）的概念和设计思想提高超晶格结构的电性能。通过改变超晶格周期、势垒层和势阱层的厚度、超晶格结构取向等，将一类载流子量子限域在量子阱层，而另一类相同符号的载流子量子局限在势垒层，构成双量子阱结构，两种载流子共同参与电输运，从而提高超晶格的热电性能。这种设计思想分别应用于 GaAs/AlAs 超晶格[27]和 Si/Ge 超晶格[28]。

5.3　纳米晶热电薄膜材料的制备与性能

与超晶格薄膜相比较，纳米晶热电薄膜制备工艺比较简单，容易在薄膜器件中获得应用。薄膜热电器件主要应用于室温附近，所以，热电薄膜的研究主要集

中在 Bi_2Te_3 基 V-VI 族材料体系，包括 Bi_2Te_3、Sb_2Te_3、$(Bi_{1-x}Sb_x)_2Te_3$、$Bi_2(Te_{1-x}Se_x)_3$ 等。有关热电薄膜材料的研究报道很多，制备方法和技术也多种多样，例如，热蒸发、溅射、闪蒸发、脉冲激光沉积、化学气相沉积、金属有机化学气相沉积、电化学沉积等方法均可应用于热电薄膜的制备。

纳米晶热电薄膜材料性能调控的基本思想主要体现在两个方面：一是利用载流子和声子平均自由程的不同，通过调控材料微结构的尺寸与分布，增强声子散射、降低晶格热导率；二是利用界面对载流子的散射，增加载流子弛豫时间对能量的依赖性，以及界面势垒对低能载流子的过滤效应，增大载流子的平均能量，进而实现泽贝克系数的提高。大部分实验研究的结果显示，纳米晶结构薄膜热电性能的调控主要依赖于热导率的降低，而泽贝克系数的改变通常不明显，并且结构纳米化往往导致电导率的降低。Liao 等[29]分别在室温、50℃和 100℃溅射沉积 p 型 $(BiSb)_2Te_3$ 多晶薄膜，薄膜的平均晶粒尺寸随着衬底温度升高从 26 nm 增加到 85 nm，热导率从 0.45 W/(m·K)上升到约 0.8 W/(m·K)。Takashiri 等[30]采用闪蒸法在玻璃衬底上蒸镀 n 型 $Bi_{2.0}Te_{2.7}Se_{0.3}$ 纳米晶薄膜，发现通过对薄膜的热处理可以提高薄膜结晶度，从而降低缺陷浓度、有效提高载流子迁移率和泽贝克系数，250℃退火处理的 $Bi_{2.0}Te_{2.7}Se_{0.3}$ 纳米晶薄膜室温 ZT 值达到 0.7（表 5-2）。Song 等[31]利用磁控共溅射室温制备了 p 型 $Bi_{0.45}Sb_{1.55}Te_3$ 多晶薄膜，也同样发现热处理对促使薄膜晶化、降低缺陷浓度、提高载流子迁移率和泽贝克系数的作用（表 5-3 和图 5-9）。

表 5-2　n 型 $Bi_{2.0}Te_{2.7}Se_{0.3}$ 纳米晶薄膜与块体材料的热电性能[30]

样品	退火温度	晶粒尺寸	电导率 /(10^4 S/m)	泽贝克系数 /(μV/K)	功率因子 /[μW/(cm·K^2)]	热导率 /[W/(m·K)]	ZT（300 K）
纳米晶薄膜	未退火	10 nm	5.5	−84.0	3.9	0.61	0.19
	150℃	27 nm	5.4	−138.1	10.3	0.68	0.46
	250℃	60 nm	5.4	−186.1	18.7	0.80	0.70
体材料		30 μm	9.3	−177.5	29.3	1.6	0.55

表 5-3　p 型 $Bi_{0.45}Sb_{1.55}Te_3$ 薄膜化学成分、晶粒尺寸和厚度随退火温度的变化[31]

退火温度/℃	Bi/at%	Sb（原子百分数）/%	Te（原子百分数）/%	晶粒尺寸/nm	厚度/μm
未退火	9	31	60	30	1.2
150	9	31	60	36	1.19
200	9	31	60	41	1.17
250	9	32	59	48	1.31
300	10	32	58	60	1.42
350	10	33	57	64	1.46

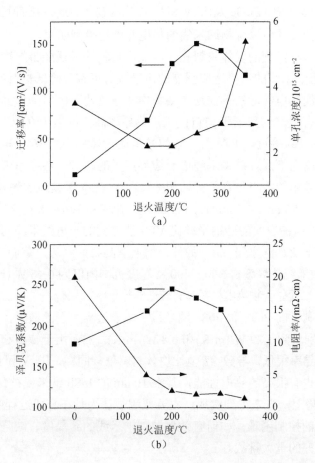

图 5-9 退火温度对 $Bi_{0.45}Sb_{1.55}Te_3$ 薄膜室温热电性能的影响[31]

5.4 热电材料纳米线的制备与结构调控

气相合成法、溶液法、模板法等常用的纳米线制备方法均可应用于热电材料纳米线的制备。气相合成法主要包括"气-液-固"(VLS)和"气-固-固"(VSS)两种生长机制,以气相前驱体为原料,通过高温及催化剂作用促使合金成核并长大。溶液法可在较低温度下进行纳米线的生长,过程中通常加入表面活性剂,在纳米线生长时对其表面进行保护,因此该方法可以有效降低轴向的不良生长。在溶液法中,通过采用不同单分散的金属催化颗粒,可以得到不同直径和不同直径分布的纳米线;还可采用超临界流体作为介质来进行一些过渡元素作为籽晶的纳米线生长。纳米线热电性能的研究主要集中在传统的热电材料体系,如 Bi-Te 合金、Pb 基硫系化合物、Si/Ge 及Ⅲ-Ⅴ和Ⅱ-Ⅳ化合物等，此外还有其他一些新兴的纳米线复合结构及导电聚合物纳米线的热电性能也得到研究。

理论预测，与常规的块体材料相比，热电材料纳米线能带结构的改变可提高功率因子，而且纳米线的边界造成强烈的声子散射可有效降低材料的晶格热导率。目前，对纳米线热电性能的调控还主要集中在通过边界散射降低晶格热导率。例如，块体硅具有很高的声子平均自由程，热导率高，可达 150 W/(m·K)，但硅的功率因子与 Bi_2Te_3 接近，并且由于硅的带隙比 Bi_2Te_3 大很多，其功率因子不会随着温度的升高而下降。硅纳米线由于边界声子的散射，热导率可以得到大幅度降低，并且热导率的大小与直径密切相关。P. D. Yang 课题组的测量结果发现[32]，直径为 115 nm、56 nm、37 nm 时，热导率分别为 38 W/(m·K)、27 W/(m·K)和 18 W/(m·K)。这些粗糙表面的硅纳米线比 VLS 法得到的光滑纳米线的热导率低一个数量级，室温下 ZT 值达到 0.6。另外，溶液法制备的六边形截面空心的核-壳结构 Bi_2Te_3-Te 纳米线热导率在 300～400 K 温度范围内仅为 0.46 W/(m·K)[33]。

Pb 基硫系二元化合物热电材料具有较低的热导率，块体材料大约为 1.7 W/(m·K)，而采用气相法制备的 PbTe 和 PbSe 纳米线，由于边界声子的散射，热导率得到进一步降低，分别达到 1.29 W/(m·K)和 0.8 W/(m·K)。然而由于缺陷和掺杂浓度的调控困难，其电导率很低，导致 ZT 值比块体材料低。同样，Ⅲ-Ⅴ和Ⅱ-Ⅳ化合物的纳米线理论上也有很高的热电性能，其中 10 nm 的 InSb 纳米线被预测 ZT 值可以达到 6，但实验上一直未得到实现，主要原因被认为是在合成过程中 In 的损失导致其化学成分的控制困难。如何有效地控制纳米线的结晶度、缺陷和掺杂浓度是纳米线热电研究的重大挑战。

5.5 热电材料纳米粉体的制备

制备纳米晶和纳米复合块体热电材料的主要方法之一是以纳米粉体为原料、通过烧结致密化获得块体材料，机械合金化、熔融悬甩法、湿化学法等方法通常被用于制备热电材料纳米粉体。

机械合金化（MA）是粉末冶金技术领域常用的粉碎与合金化方法，通过长时间磨球对粉末的反复碾压、剪切、摩擦、冲击，将回转机械能施加给粉末，使粉末不断经受冷焊、粉碎等过程，最终形成弥散的超细颗粒并实现合金化。目前使用的 MA 设备主要有行星式、振动式、搅拌式球磨机、高能（振动搅拌式）球磨机、冷冻研磨机等。所采用磨球的主要材质有淬火钢、玛瑙、刚玉、碳化钨等。球磨机、磨球的种类及球磨工艺（转速、时间和球料比）直接影响合金化程度。通常情况下，振动搅拌式（高能）球磨机、淬火钢磨球的 MA 强度最佳，一般球磨能量随球料比增大而增大,超过阈值后,受限的加速空间会降低碰撞能量。另外,待合金化粉末的形态和尺寸、温度、气氛、球罐尺寸和强度等都会影响粉碎和合金化的效果[34]。

G. Chen 和 Z. Ren 等报道通过球磨 p 型 Bi-Sb-Te 铸锭,可得到平均粒径为 20 nm 的 Bi_2Te_3-Sb_2Te_3 粉体(图 5-10)[35],进一步采用 Bi、Sb 和 Te 单质为原料,通过直接球磨制备了 p 型 Bi-Sb-Te 单相纳米合金[36],纳米颗粒的平均尺寸达到 10 nm;随后,将球磨法应用于 SiGe 基热电材料的制备中[37]。通过直接球磨 Si、Ge 和 B 单质,制备出颗粒尺寸为 20～200 nm 的 n 型 SiGe 基纳米粉体。经过热压烧结后,仍可观察到尺寸为 20 nm 左右的晶粒,纳米晶粒高度结晶化,完全无序并紧密地结合在一起。对于方钴矿体系,由于存在包晶反应很难通过机械合金化直接获得单相的化合物,通常可以使用高能球磨制备多相混合物的纳米粉体,然后经过烧结制备纳米晶块体材料[38-40]。

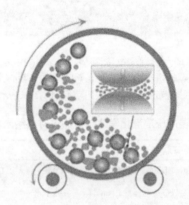

图 5-10 机械合金化制备纳米粉体

Zhao 等[41]最早报道使用湿化学法制备 Bi_2Te_3 热电材料纳米粉体[图 5-11(a)],以水为溶剂,乙二胺四乙酸为添加剂,在 65℃的敞开体系中成功合成了纳米囊结构的 Bi_2Te_3 晶体,并以纳米粉体为原料通过烧结制备了纳米晶块体材料。此后,水溶液法被广泛应用于制备 Bi_2Te_3、PbTe 等纳米粉体,通过控制反应条件或使用不同的还原剂或其他添加剂,获得了薄片状纳米晶体、纳米棒、纳米管等各种形貌的纳米粉体(图 5-11)[42-47],纳米粉体的形貌和尺寸实现了基本可控。并且,面向快速规模化制备和结构与形貌的稳定控制,微波辅助湿化学法、超声辅助湿化学法、高温高压湿化学法等外场辅助溶液合成法相继得到发展,并且热电材料体系也从 Bi_2Te_3 向 Sb_2Te_3、Sb_2Se_3、Bi_2Se_3、$AgSbTe_2$、$CoSb_3$ 方钴矿等多种体系发展[48-57]。表 5-4 中列出了近十年来采用高温高压湿化学法制备的热电材料纳米粉体(图 5-12 和图 5-13)。

图 5-11 （a）Bi_2Te_3 纳米囊场发射扫描电镜图[41]；（b）Bi_2Te_3 纳米薄片场发射扫描电镜图[42]；（c）Bi_2Te_3 纳米颗粒透射电镜图[42]；（d）Bi_2Te_3 纳米管透射电镜图[43]；（e）Bi_2Te_3 纳米颗粒透射电镜图[44]；（f）Bi_2Te_3 纳米板透射电镜图[45]

表 5-4 采用高温高压溶液化学法制备热电材料纳米粉体的代表性工作

化合物	原料	溶剂	温度/℃	时间/h	产物形貌	文献
Bi_2Te_3	$BiCl_3$、Te、EDTA、KOH	DMF	140	10~36	纳米管	[58]
Bi_2Te_3	EDTA、$BiCl_3$、K_2TeO_3、海藻酸、NaOH	去离子水	220	24	纳米多级结构	[59]
Bi_2Te_3	$Bi(NO_3)_3 \cdot 5H_2O$、Na_2TeO_3、葡萄糖、NaOH、$N_2H_4 \cdot H_2O$	水乙二醇	180	8	纳米花	[60]
$La_{0.2}Bi_{1.8}Te_3$	$LaCl_3$、$BiCl_3$、$TeNaBH_4$、NaOH、EDTA	去离子水	150	24	纳米片	[61]
$CsBi_4Te_6$	$CsCH_3COO$、$Bi(NO_3)_3 \cdot 5H_2O$、Na_2TeO_3、$NaBH_4$	TetraEG	200	16	纳米片	[62]
Sb_2Te_3	Te、$NaBH_4$、$SbCl_3$、酒石酸、AOT	去离子水	200	24	纳米带	[63]
Sb_2Te_3	$SbCl_3$、酒石酸、$NH_3 \cdot H_2O$、K_2TeO_3、$N_2H_4 \cdot H_2O$	去离子水	180	5	纳米片	[64]
Sb_2Te_3	Sb_2O_3、HCl、Te、聚乙二醇、HNO_3	乙二醇	150	36	纳米叉	[65]
$Bi_{0.4}Sb_{1.6}Te_3$	$BiCl_3$、$SbCl_3$、TeO_2、$NaBH_4$、NaOH	去离子水	200	20	纳米颗粒	[66]
$CoSb_3$	$CoCl_2 \cdot 6H_2O$、$SbCl_3$、$NaBH_4$	乙醇	250	72	纳米颗粒	[67]
$Co_{4-x}Fe_xSb_{12}$	$SbCl_3$、$CoCl_2 \cdot 6H_2O$、$FeCl_3 \cdot 6H_2O$、$NaBH_4$	三甘醇	290	12	纳米颗粒	[68]
$La_{0.3}Co_4Sb_{12}$	La、Co、Sb、$NaBH_4$	乙醇	240	48	纳米颗粒	[69]
$Yb_xCo_4Sb_{12}$	$CoCl_2 \cdot 6H_2O$、$SbCl_3$、$YbCl_3$、$NaBH_4$	乙醇	240	72	纳米颗粒	[70]
PbTe	$Pb(CH_3COO)_2 \cdot 3H_2O$、Te、NaOH、$NaBH_4$	DMF/乙醇/丙酮/乙二醇	150	12	纳米六面体晶体	[71]

续表

化合物	原料	溶剂	温度/℃	时间/h	产物形貌	文献
PbTe	Pb(CH$_3$COO)$_2$、Na$_2$TeO$_3$、β-环糊精、EDTA、N$_2$H$_4$·H$_2$O	去离子水	180	6	纳米花	[72]
PbTe/Ag$_2$Te	SbCl$_3$、AgNO$_3$、Pb(CH$_3$COO)$_2$·3H$_2$O、Na$_2$TeO$_3$、NaOH、NaBH$_4$	乙二醇	250	0.4	核/壳纳米立方块	[73]
AgPb$_{18}$SbTe$_{20}$	Pb(CH$_2$OCOO)$_2$·3H$_2$O、NaOH、Te、AgNO$_3$、SbCl$_3$、NaBH$_4$、CTAB	无水乙醇	180	24	纳米棒	[74]
PbSe	Pb(CH$_3$COO)$_2$、四氢呋喃、DMF、Na$_2$SeO$_3$、酒石酸钠	DMF	180	24	纳米花	[75]
PbS/PbSe	Pb(CH$_3$COO)$_2$、Na$_2$SeO$_3$、四氢呋喃、N$_2$H$_4$·H$_2$O、氢硫基乙酸	乙二醇	120	12	空心球体	[76]
Cu$_2$Se	PVP、CuO、SeO$_2$、NaOH	乙二醇	230	24	纳米片	[77]
FeSb$_2$	Fe(CH$_3$COO)$_2$、Sb(CH$_3$COO)$_3$、NaBH$_4$	无水乙醇	220	16	纳米颗粒	[78]
Cu$_2$NiSnS$_4$	CuCl$_2$·2H$_2$O、NiCl$_2$·6H$_2$O、SnCl$_4$·5H$_2$O、CH$_4$N$_2$S	去离子水	180	12	纳米颗粒	[79]

注：表中缩写对应：N,N-二甲基甲酰胺（DMF），二亚乙基三胺（EDTA），四乙二醇单甲醚（TetraEG），聚乙烯基吡咯烷酮（PVP），二甲基甲酰胺（DMF），十六烷基三甲基溴化铵（CTAB），（2-乙基已基）磺基琥珀酸钠（AOT）。

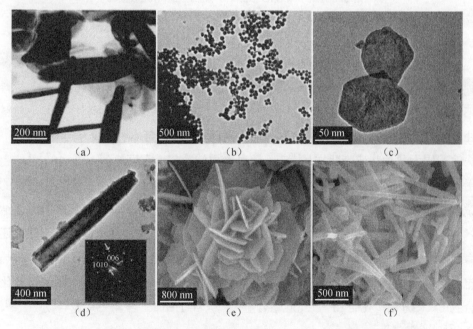

图 5-12 （a）Bi$_2$Te$_3$ 纳米粉透射电镜图[48]；（b）Bi$_2$Te$_3$ 纳米球透射电镜图[49]；（c）Bi$_2$Te$_3$ 纳米片透射电镜图[50]；（d）Bi$_2$Te$_3$ 纳米管透射电镜图[50]；（e）Sb$_2$Te$_3$ 纳米片场发射扫描电镜图[51]；（f）Sb$_2$Se$_3$ 纳米棒场发射扫描电镜图[52]

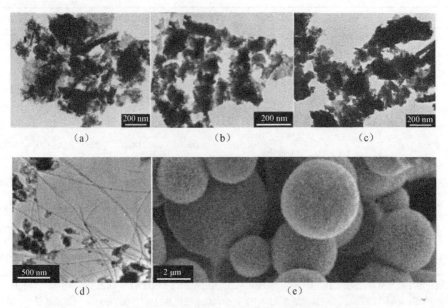

图 5-13 超声湿化学法获得的 Bi_2Te_3 纳米粉体透射电镜图

(a) 不添加 EDTA, 70℃反应 16 h; (b) 添加 EDTA, 70℃反应 16 h;
(c) 添加 EDTA, 70℃反应 40 h[53]; (d) Bi_2Se_3 纳米带透射电镜图[54];
(e) 球状的 Bi_2Te_3 纳米板团聚体场发射扫描电镜图[55]

熔融旋甩法是一种熔体快冷制备技术,长期以来在非晶金属材料制备领域得到广泛应用。2007 年前后,Tang 等[80]率先将熔融旋甩法应用于 Bi_2Te_3 基热电材料纳米粉体的制备(图 5-14)。主要原理是,在保护气氛(Ar 等)下将熔融热电材料注入液氮冷却的、高速旋转的金属(一般为铜)辊筒,熔体沿切线方向高速甩出,快速凝固为薄片状或带状样品[80-85]。熔融旋甩法冷却速率可达到 $10^4 \sim 10^7$ K/s。由于接触面和非接触面冷却速率的不同,生成的片状纳米颗粒上下面呈不同特征的微结构,即接触面呈非晶结构,自由面呈枝状纳米晶结构,通过 SPS 烧结后该纳米结构仍可以遗传和保留。该非平衡态制备方法除了上述的细化晶粒作用外,还有益于粉体成分的均匀化和固溶极限的提高。熔融旋甩法已被应用于制备各种热电材料纳米粉体,包括 $Bi_2(Te_{1-x}Se_x)_3$[86-88]、β-Zn_4Sb_3[89-91]、$AgSbTe_2$[92,93]、锰硅化合物[94,95]、方钴矿化合物[96-98]、硅锗合金[99,100]、半 Heusler 合金[101]、笼合物[102-104]、碲化铅[105]等。

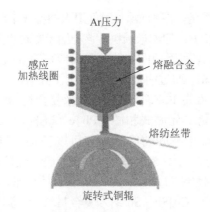

图 5-14 旋甩熔融制备热电纳米粉体示意图

5.6 纳米复合热电材料的制备与结构调控

理想的纳米复合热电材料要求纳米相的颗粒尺寸和分布状态可控,这对纳米复合热电材料的制备技术提出了巨大的挑战,特别是如何实现纳米颗粒的均匀分散是纳米复合热电材料研究领域的核心问题。

固相混合法是制备复合材料的传统方法,其过程即通过球磨混合在基体粉体中引入纳米颗粒,然后烧结致密化得到块体复合材料。该方法具有工艺简单、含量容易控制的优点,在 $CoSb_3$ 方钴矿[106-110]、$PbTe$[111-113]、Bi_2Te_3[114-120]、半 Heusler 合金[121]等为基体的纳米复合材料制备中获得了比较广泛的应用。但是,球磨后的纳米尺寸颗粒表面活性较高,且球磨一般会产生高温环境,往往会引起表面的非晶化或氧化,影响复合材料热电性能。另外,固相混合法很难实现纳米颗粒的单分散。

液相混合法以液态溶剂为载体,基体相和分散相以悬浮液的形式共存于一种溶剂中,并通过施加搅拌、超声等手段促进二相混合[122-132]。Xiong 等[133]将已合成的 $Ba_{0.22}Co_4Sb_{12}$ 粉末悬浮在溶液中,在不断搅拌过程中滴入钛酸正丁酯的乙醇溶液,通过水解来引入 TiO_2 纳米颗粒,经过滤、烧结等获得了尺寸约 30 nm 的 TiO_2 颗粒均匀分散于方钴矿基体晶界和晶内的 $Ba_{0.22}Co_4Sb_{12}/TiO_2$ 纳米复合材料。Shi 等[122]以 $BaSb_3$、Co、Sb、C_{60} 为初始原料,将混合粉体在乙醇中超声分散后获得均匀混合的粉体原料,将该混合粉体经过高温固相反应和 SPS 烧结后得到 $Ba_{0.44-x}Co_4Sb_{12}/Ba_xC_{60}$ 复合材料,固相反应生成的 Ba_xC_{60} 颗粒主要分布在 $Ba_{0.44-x}Co_4Sb_{12}$ 晶界上。

对于许多材料体系,纳米分散相也可以通过原位生成引入基体材料中,根据生长的机理,原位生长法又可以归纳为原位析出、原位反应、原位氧化等方法。斯宾那多分解(Spinodal decomposition)是一种均匀分散第二相的有效方法,可以析出与基体同构异质(组成含量不同)的纳米颗粒。Shi 等[126-128]通过热处理将 $Co_{1-x}(Ir,Rh)_xSb_3$ 固溶体进行分相得到 $CoSb_3/(Ir, Rh)Sb_3$ 纳米复合材料。Xiong 等[129]

根据理论计算相图中的趋势，采用低温长时间退火的特殊工艺，在 $Ba_{0.2}(Co_{0.9}Ir_{0.1})_4Sb_{12}$ 固溶体中析出富 Ir 和富 Ba 的纳米颗粒，该种纳米颗粒也具有与基体一样的 $Im\overline{3}$（204）点群结构。另外，利用相图中的共晶反应可以原位生成化学组成、晶体结构与基体相不同的第二相。通过两种化合物的高温固溶、低温分相，研究者们成功地制备出一系列Ⅳ-Ⅴ-Ⅵ族 $PbTe/Sb_2Te_3$ 基纳米复合材料[123-125]。如图 5-15 中所示，对于 $PbTe-Sb_2Te_3$ 伪二元赝式相图，PbTe 和 Sb_2Te_3 二者具有共晶关系，对不同化学组成的熔体设计不同的冷却工艺可以获得不同微结构特征的复合材料，例如在共晶组成附近（图 5-15 中线路 2），通过快速冷却可以生成周期在几十纳米的 $PbTe/Sb_2Te_3$ 叠层（laminated）结构[123-125]（图 5-15）。Li 等[85]采用旋甩快冷工艺制备得到 $Yb_{0.2}Co_4Sb_{12}/Sb$ 纳米复合材料，过量 Sb 原位析出以纳米尺寸分布于晶界。Li 等[134]在 $In_xCe_yCo_4Sb_{12}$ 体系中原位生成纳米 InSb 颗粒，尺寸主要在 50～80 nm 的 InSb 颗粒大量地分布在基体晶粒表面上。另外，还可以通过原位氧化将过量的 Yb 转变为纳米尺寸的 Yb_2O_3 分散相而获得纳米复合材料。有关原位生成制备纳米复合材料及其热电性能的调控将在 5.7 节中详述。

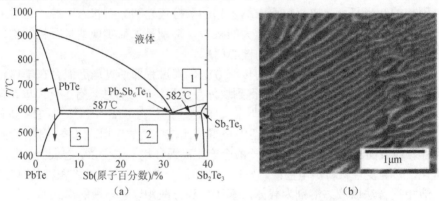

图 5-15　$PbTe-Sb_2Te_3$ 相图及纳米分相工艺设计图（a）和纳米叠层结构（b）

5.7　典型纳米复合热电材料的结构调控与性能优化

5.7.1　$CoSb_3$ 基方钴矿纳米复合材料

纳米复合在多种体系热电材料的性能优化中产生了重要的作用，例如，$CoSb_3$ 基方钴矿、PbTe 基合金、Bi_2Te_3 基合金、半 Heusler 合金及 SiGe 等典型热电材料体系通过纳米化或纳米复合后其 ZT 值均获得显著的提高。

$CoSb_3$ 基方钴矿材料具有很高的功率因子（$S^2\sigma$），热导率也很高，室温附近的热导率约达到 10 W/(m·K)，许多研究者探讨了通过在 $CoSb_3$ 基体中分散第二相颗粒降低热导率的可行性。Shi 等[135]合成了富勒烯 C_{60} 均匀分散的 $CoSb_3/C_{60}$ 复合材料，晶界上分散的 C_{60} 大缺陷散射作用导致 $CoSb_3/C_{60}$ 复合材料的热导率大幅度降低。Zhao 等在合成 Yb 单填充方钴矿材料时，通过原位氧化过量的 Yb 可得到分散较均匀的 $Yb_xCo_4Sb_{12}/Yb_2O_3$[130]复合材料，部分 Yb_2O_3 以 20~30 nm 的尺寸分布在基体内，还有一部分以带状微米尺寸分布在晶界上（图 5-16）。晶界内分散的 Yb_2O_3 纳米颗粒增强了声子散射，使晶格热导率大幅度降低，室温晶格热导率仅为 1.72 W/(m·K)，在 800 K 时降低到 0.52 W/(m·K)，热电性能得到有效优化。

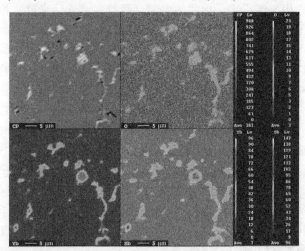

图 5-16　$Yb_{0.25}Co_4Sb_{12}/Yb_2O_3$ 复合材料的背散射及相应的 O、Yb、Sb 元素的特征图谱[130]

除对热导率有抑制作用之外，纳米复合对方钴矿材料的电性能也有一定的影响。Xiong 等[136]通过第一性原理计算发现，Ga 具有亚稳填充特性，即高温可部分填充、低温热力学不稳定析出 Ga 并与过量 Sb 反应生成 GaSb 纳米颗粒。所制备的 $Yb_{0.26}Co_4Sb_{12}/0.2GaSb$ 测试温度范围内的平均 ZT 值约为 1.0，ZT 峰值在 850 K 时达到 1.45，ZT 提高的主要贡献来自泽贝克系数的提高。Z. Xiong 等基于界面能量势垒的分析、用界面能量过滤效应对泽贝克系数的提升给予了解释[图 5-17（b）和（c）][136]。

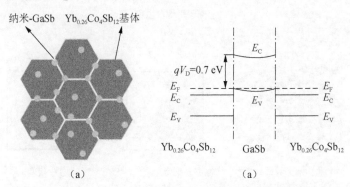

图 5-17　（a）$Yb_{0.26}Co_4Sb_{12}/GaSb$ 纳米复合材料的显微结构示意图；（b）纳米复合材料相界面的能带图[136]

5.7.2 PbTe 基材料的多尺度结构调控

碲化铅（PbTe）是Ⅳ-Ⅵ族化合物，为极性化合物，以 Pb^{2+} 和 Te^{2-} 构成氯化钠型各向同性立方晶格。在 PbTe 基体中引入一些共格的或非共格的纳米第二相，均能有效地降低晶格热导率。非共格纳米相与基体相有明显的晶界，非共格晶界对热导率的抑制作用来源于声子模式的失配。尽管非共格纳米第二相能显著减少热导率，但对电子输运也有不利影响。在 PbTe 基体中引入非共格纳米第二相，如 Sb[137]、Ag_2Te[138]等，报道的复合材料 ZT 值为 1.4～1.5。共格的纳米第二相通常与基体相有相似的晶格参数，并且有好的晶格匹配度。共格晶界的内应力高于非共格晶界，其对声子的散射来源于轻微晶格错配产生的应力集中，与点缺陷对声子的散射效应类似。引入共格纳米第二相，如 $AgSbTe_2$[139]、$NaSbTe_2$[140]、SrTe[141]等，可使 PbTe 基纳米复合材料的 ZT 值达到 1.7～1.8。在 $Ag_{1-x}Pb_{18}SbTe_{20}$ 纳米复合中，分相形成的 2～3 nm 尺寸的富 Ag-Sb 区分布在基体材料内[139,142,143]，富 Ag-Sb 区以 Ag^+-Sb^{3+} 偶极子的形式存在，在散射声子的同时产生一定的能量过滤效应，对提高泽贝克系数产生积极作用[143]。Kanishka 等[144]在 Na 掺杂的 PbTe-SrTe 体系中提出了贯穿原子—纳米—介观缺陷的全尺度声子散射构思和材料的全尺度结构设计模型［图 5-18（b）］。全尺度分布的结构缺陷可以散射宽波长范围的声子，最大 ZT 值在 915 K 时达到 2.2。

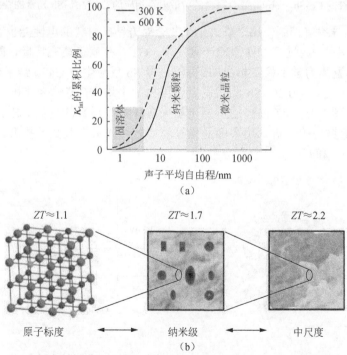

图 5-18 （a）短程、中程、长程声子散射示意图；（b）贯穿原子、纳米、介观缺陷的全尺度散射原理与材料全尺度结构设计模型[144]

5.8 总　　结

在持续探索和设计新型高性能热电化合物的同时，通过微结构调控等手段优化传统热电材料性能也是热电研究领域的重要方向。纳米线和薄膜材料，在结构上具有显著的各向异性和尺度限域效应，从而导致了独特的电、声输运特性。随着微小器件技术的发展，纳米线与薄膜热电材料在微电子、人体健康等领域将逐步展现广泛的应用前景。对于块体材料，球磨或旋甩快冷等方法使材料纳米化能有效降低材料晶格热导率从而提高热电性能。在纳米复合热电材料的研究中，纳米相在基体中的分布状态取决于纳米颗粒的引入方式。纳米结构与纳米颗粒的分散可能提高基体材料费米能级附近的态密度，并对低能量电子产生散射作用。纳米结构还能有效散射波长与其尺寸相当的声子，降低材料的晶格热导率。在引入纳米颗粒时，除考虑其适合的体积含量、均匀分散及颗粒尺寸外，还需要考虑以下因素：①纳米相与基体在相界面上有合适的能带匹配；②纳米相在材料使用温度范围内保持物理和化学上的惰性，不会挥发或与基体材料发生化学反应；③纳米相与基体有适度的弹性模量差异，弹性模量差可能是产生声子散射的要素之一。与结构材料中的弥散强化机制类似，纳米颗粒的引入也会在一定程度上改进热电材料的力学性能，对某些材料体系还有可能提高基体材料的高温稳定性，这对热电器件的实际应用具有重要的作用。

参 考 文 献

[1] Hicks L D, Dresselhaus M S. The effect of quantum-well structures on the thermoelectric figure of merit. Physical Review B, 1993, 47(19): 12727-12731.

[2] Hicks L D, Dresselhaus M S. Thermoelectric figure of merit of a one-dimensional conductor. Physical Review B, 1993, 47(24): 16631-16634.

[3] Hicks L D, Harman T C, Dresselhaus M S. Use of quantum-well superlattices to obtain a high figure of merit from nonconventional thermoelectric materials. Applied Physics Letters, 1993, 63(23): 3230-3232.

[4] 陈可明, 张翔九, 王迅. Ge_xSi_{1-x}/Si 和 Ge/Si 应变层超晶格. 物理, 1989, 18(1): 21-26.

[5] Venkatasubramanian R, Colpitts T, Quinn B O, et al. Low-temperature organometallic epitaxy and its application to superlattice structures in thermoelectrics. Applied Physics Letters, 1999, 75(8): 1104-1106.

[6] Venkatasubramanian R, Siivola E, Colpitts T, et al. Thin-film thermoelectric devices with high room-temperature figures of merit. Nature, 2001, 413(6856): 597-602.

[7] Nurnus J, Böttner H, Beyer H, et al. Proceedings of the 18th International Conference on Thermoelectrics (ICT, 1999), Baltimore, MD, 1999 (IEEE, Piscataway, NJ, 1999), Catalog No. 99TH 8407, 696-699.

[8] Caylor J C, Coonley K, Stuart J, et al. Enhanced thermoelectric performance in PbTe-based superlattice structures from reduction of lattice thermal conductivity. Applied Physics Letters, 2005, 87: 023105.

[9] Harman T C, Spears D L, Walsh M P. High thermoelectric figures of merit in PbTe quantum wells. Journal of Electronic Materials, 1996, 25(7): 1121-1127.

[10] Koga T, Cronin S B, Dresselhaus M S, et al. Experimental proof-of-principle investigation of enhanced $Z_{3D}T$ in (001) oriented Si/Ge superlattices. Applied Physics Letters, 2000, 77(10): 1490-1492.

[11] Huxtable S T, Abramson A R, Tien C, et al. Thermal conductivity of Si/SiGe and SiGe/SiGe superlattices. Applied Physics Letters, 2002, 80(10): 1737-1739.

[12] Samarelli A, Llin L F, Cecchi S, et al. The thermoelectric properties of Ge/SiGe modulation doped superlattices. Journal of Applied Physics, 2013, 113: 233704.

[13] Koma A, Yoshimura K. Ultrasharp interfaces grown with Van der Waals epitaxy. Surface Science, 1986, 174: 556-560.

[14] Venkatasubramanian R, Colpttis T, Watko B, et al. MOCVD of Bi_2Te_3, Sb_2Te_3 and their superlattice structures for thin-film thermoelectric applications. Journal of Crystal Growth, 1997, 170: 817-821.

[15] Chen G. Thermal conductivity and ballistic-phonon transport in the cross-plane direction of superlattices. Physical Review B, 1998, 57(23): 14958-14973.

[16] Chen G, Neagu M. Thermal conductivity and heat transfer in superlattices. Applied Physics Letters, 1997, 71(19): 2761-2763.

[17] Yang B, Liu W L, Liu J L, et al. Measurements of anisotropic thermoelectric properties in superlattices. Applied Physics Letters, 2002, 81(19): 3588-3590.

[18] Beyer H, Nurnus J, Böttner H, et al. PbTe based superlattice structures with high thermoelectric efficiency. Applied Physics Letters, 2002, 80(7): 1216-1218.

[19] Venkatasubramanian R. Lattice thermal conductivity reduction and phonon localizationlike behavior in superlattice structures. Physical Review B, 2000, 61(4): 3091-3097.

[20] Chakraborty S, Kleint C A, Heinrich A, et al. Thermal conductivity in strain symmetrized Si/Ge superlattices on Si(111). Applied Physics Letters, 2003, 83(20): 4184-4186.

[21] Simkin M V, Mahan G D. Minimum thermal conductivity of superlattices. Physics Review Letters, 2000, 84(5): 927-930.

[22] Luckyanova M N, Garg J, Esfarjani K, et al. Coherent phonon heat conduction in superlattices. Science, 2012, 338(6109): 936-939.

[23] Garg J, Chen G. Minimum thermal conductivity in superlattices: A first-principles formalism. Physics Review B, 2013, 87: 140302(R).

[24] Hicks L D, Harman T C, Sun X, et al. Experimental study of the effect of quantum-well structures on the thermoelectric figure of merit. Physics Review B, 1996, 53: R10493.

[25] Peranio N, Eibl O, Nurnus J. Structural and thermoelectric properties of epitaxially grown Bi_2Te_3 thin films and superlattices. Journal of Applied Physics, 2006, 100: 114306.

[26] Koga T, Sun X, Cronin S B, et al. Carrier pocket engineering to design superior thermoelectric materials using GaAs/AlAs superlattices. Applied Physics Letters, 1998, 73(20): 2950-2952.

[27] Koga T, Sun X, Cronin S B, et al. Carrier pocket engineering applied to "strained" Si/Ge superlattices to design useful thermoelectric materials. Applied Physics Letters, 1999, 75(16): 2438-2440.

[28] Paul D J. Si/SiGe heterostructures: from material and physics to devices and circuits. Semiconductor Science and Technology, 2004, 19: R75.

[29] Liao C N, Wang Y C, Chu H S. Thermal transport properties of nanocrystalline Bi-Sb-Te thin films prepared by sputter deposition. Journal of Applied Physics, 2008, 104: 104312.

[30] Takashiri M, Miyazaki K, Tanaka S, et al. Effect of grain size on thermoelectric properties of n-type nanocrystalline bismuth-telluride based thin films. Journal of Applied Physics, 2008, 104: 084302.

[31] Song J Q, Chen X H, Tang Y S, et al. Post-annealing effect on microstructures and thermoelectric properties of $Bi_{0.45}Sb_{1.55}Te_3$ thin films deposited by co-sputtering. Journal of Electronic Materials, 2012, 41(11): 3068-3072.

[32] Hochbaum A I, Chen R K, Delgado R D, et al. Enhanced thermoelectric performance of rough silicon nanowires. Nature, 2008, 451(7175): 163-167.

[33] Li Z L, Zheng S Q, Huang T, et al. Rational design, high-yield synthesis, and low thermal conductivity of Te/Bi_2Te_3 core/shell heterostructure nanotube composites. Journal of Alloys and Compounds, 2014, 617: 247-252.

[34] 张先胜, 冉广. 机械合金化的反应机制研究进展. 金属热处理, 2003, 28: 28-31.

[35] Poudel B, Hao Q, Ma Y, et al. High-thermoelectric performance of nanostructured bismuth antimony telluride bulk alloys. Science, 2008, 320(5876): 634-638.

[36] Ma Y, Hao Q, Poudel B, et al. Enhanced thermoelectric figure-of-merit in p-type nanostructured bismuth antimony tellurium alloys made from elemental chunks. Nano Lettets, 2008, 8(8): 2580-2584.

[37] Wang X W, Lee H, Lan Y C, et al. Enhanced thermoelectric figure of merit in nanostructured n-type silicon germanium bulk alloy. Applied Physics Letters, 2008, 93: 193121.

[38] Yang J, Hao Q, Wang H, et al. Solubility study of Yb in n-type skutterudites $Yb_xCo_4Sb_{12}$ and their enhanced thermoelectric properties. Physics Review B, 2009, 80(11): 115329-1-5.

[39] 余柏林, 祁琼, 唐新峰, 等. $CoSb_3$ 纳米热电材料的制备及热传输特性. 物理学报, 2005, 54(12): 5763-5768.

[40] Lan Y C, Minnich A J, Chen G, et al. Enhancement of thermoelectric figure-of-merit by a bulk nanostructuring approach. Advanced Functional Materials, 2010, 20(3): 357-376.

[41] Zhao X B, Sun T, Zhu T J, et al. *In-situ* investigation and effect of additives on low temperature aqueous chemical synthesis of Bi_2Te_3 nanocapsules. Journal of Materials Chemistry, 2005, 15(16): 1621-1625.

[42] Zhou L N, Zhang X B, Zhao X B, et al. Influence of NaOH on the synthesis of Bi_2Te_3 via a low temperature aqueous chemical method. Materials Science, 2009, 44(13): 3528-3532.

[43] Cao Y Q, Zhu T J, Zhao X B. Thermoelectric Bi_2Te_3 nanotubes synthesized by low-temperature aqueous chemical method. Journal of Alloys and Compounds, 2008, 449(1-2): 109-112.

[44] 李亚丽, 蒋俊, 许高杰, 等. Bi_2Te_3 基热电材料的湿化学还原法合成反应机制. 稀有金属材料与工程, 2007, 36(2): 233-235.

[45] Sun Z L, Liu S C, Yao Q, et al. Low temperature synthesis of Bi_2Te_3 nanosheetsand thermal conductivity of nanosheet contained-composites. Materials Chemistry and Physics, 2010, 121: 138-141.

[46] 郑艳丽. 纳米 Bi_2Te_3 基化合物的湿化学法合成及热电性能研究. 武汉: 武汉理工大学硕士学位论文, 2009.

[47] Zhu T J, Cao Y Q, Zhang Q, et al. Bulk nanostructured thermoelectric materials: preparation, structure and properties. Journal of Electronic Materials, 2010, 39 (9): 1990-1995.

[48] Zhou B, Zhao Y, Pu L, et al. Microwave-assisted synthesis of nanocrystalline Bi_2Te_3. Materials Chemistry and Physics, 2006, 96: 192-196.

[49] Jiang Y, Zhu Y J, Chen L D. Microwave-assisted preparation of Bi_2Te_3 hollow nanospheres. Chemistry Letters, 2007, 36(3): 382-383.

[50] Yao Q, Zhu Y J, Chen L D, et al. Microwave-assisted synthesis and characterization of Bi_2Te_3 nanosheets and nanotubes. Journal of Alloys and Compounds, 2009, 481: 91-95.

[51] 谢振. 微波湿化学方法制备纳米 Bi_2Te_3/Bi_2Se_3 系热电材料. 武汉: 华中科技大学硕士学位论文, 2007.

[52] 李凯. 微波湿化学法制备 Sb_2Te_3 和 Sb_2Se_3 纳米材料研究. 武汉: 华中科技大学硕士学位论文, 2008.

[53] Zheng Y, Zhu T J, Zhao X B, et al. Sonochemical systhesis of nano-crystalline Bi_2Te_3 thermoelectric compound. Materials Letters, 2005, 59: 286-288.

[54] Liu H, Cui H M, Han F, et al. Growth of Bi$_2$Se$_3$ nanobelts synthesized through a Co-reduction method under ultrasonic irradiation at room temperature. Crystal Growth and Design, 2005, 5(5): 1711-1714.

[55] Wang T, Mehta R, Karthik C, et al. Microphere bouquets of bismuth telluride nanoplates: room temperature synthesis and thermoelectric properties. Physical Chemistry, 2011, 114(4): 1796-1799.

[56] Xu J J, Li H, Du B L, et al. High thermoelectric figure of merit and nanostructureng in bulk AgSbTe$_2$. Journal of Materials Chemistry, 2010, 20(29): 6138-6143.

[57] Xie J, Zhao X B, Mi J L, et al. Solvothermal synthesis of nanosized CoSb$_3$ skutterudite. Journal of Zhejiang University Science, 2004, 5 (12): 1504-1508.

[58] Deng Y, Cui C W, Zhang N L, et al. Fabrication of bismuth telluride nanotubes via a simple solvothermal process. Solid State Communications, 2006, 138(3): 111-113.

[59] Mi J L, Lock N, Sun T, et al. Biomolecule-assisted hydrothermal synthesis and self-assembly of Bi$_2$Te$_3$ nanostring-cluster hierarchical structure. ACS Nano, 2010, 4(5): 2523-2530.

[60] Jin R C, Liu J S, Li G H. Facile solvothermal synthesis, growth mechanism and thermoelectric property of flower-like Bi$_2$Te$_3$. Crystal Research and Technology, 2014, 49(7): 460-466.

[61] Zhang Y H, Zhu T J, Tu J P, et al. Flower-like nanostructure and thermoelectric properties of hydrothermally synthesized La-containing Bi$_2$Te$_3$ based alloys. Materials Chemistry and Physics, 2007, 103(2-3): 484-488.

[62] Datta A, Nolas G S. Solution-based synthesis and low-temperature transport properties of CsBi$_4$Te$_6$. ACS Applied Materials and Interfaces, 2012, 4(2): 772-776.

[63] Shi W D, Yu J B, Wang H S, et al. Hydrothermal synthesis of single-crystalline antimony telluride nanobelts. Journal of the American Chemical Society, 2006, 128(51): 16490-16491.

[64] Shi W D, Zhou L, Song S Y, et al. Hydrothermal synthesis and thermoelectric transport properties of impurity-free antimony telluride hexagonal nanoplates. Advanced Materials, 2008, 20(10): 1892-1897.

[65] Shi S F, Cao M H, Hu C W. Controlled solvothermal synthesis and structural characterization of antimony telluride nanoforks. Crystal Growth and Design, 2009, 9(5): 2057-2060.

[66] Chen Z, lin M Y, Xu G D, et al. Hydrothermal synthesized nanostructure Bi-Sb-Te thermoelectric materials. Journal of Alloys and Compounds, 2014, 588: 384-387.

[67] Mi J L, Zhao X B, Zhu T J, et al. Solvothermal synthesis and electrical transport properties of skutterudite CoSb$_3$. Journal of Alloys and Compounds, 2006, 417(36): 269-272.

[68] Li J Q, Feng X W, Sun W A, et al. Solvothermal synthesis of nano-sized skutterudite Co$_{4-x}$Fe$_x$Sb$_{12}$ powders. Materials Chemistry and Physics, 2008, 112(1): 57-62.

[69] Mi J L, Zhao X B, Zhu T J, et al. Nanosized La filled CoSb$_3$ prepared by a solvothermal- annealing method. Materials Letters, 2008, 62(15): 2363-2365.

[70] Kadel K, Li W Z. Solvothermal synthesis and structural characterization of unfilled and Yb-filled cobalt antimony skutterudite. Crystal Research and Technology, 2014, 49 (2-3): 135-141.

[71] Zhu T J, Liu Y Q, Zhao X B. Synthesis of PbTe thermoelectric materials by alkaline reducing chemical routes. Materials Research Bulletin, 2008, 43(11): 2850-2854.

[72] Jin R C, Chen G, Pei J, et al. Facile solvothermal synthesis and growth mechanism of flower-like PbTe dendrites assisted by cyclodextrin. Crystal Engineering Communications, 2012, 14(6): 2327-2332.

[73] Dong G H, Zhu Y J. One-step microwave-solvothermal rapid synthesis of Sb doped PbTe/Ag$_2$Te core/shell composite nanocubes. Chemical Engineering Journal, 2012, 193-194: 227-233.

[74] Liu J, Wang X G, Peng L M. Solvothermal synthesis and growth mechanism of Ag and Sb co-doped PbTe heterogeneous thermoelectric nanorods and nanocubes. Materials Chemistry and Physics, 2012, 133 (1): 33-37.

[75] Shi X R, Chen G, Chen D H, et al. PbSe hierarchical nanostructures: solvothermal synthesis, growth mechanism and their thermoelectric transportation properties. Crystal Engineering Communications, 2014, 16(41): 9704-9710.

[76] Jin R C, Chen G, Pei J. PbS/PbSe hollow spheres: solvothermal synthesis, growth mechanism, and thermoelectric transport property. Journal of Physical Chemistry C, 2012, 116: 16207-16216.

[77] Yang L, Chen Z G, Han G, et al. High-performance thermoelectric Cu_2Se nanoplates through nanostructure engineering. Nano Energy, 2015, 16: 367-374.

[78] Datta A, Nolas G S. Synthesis and characterization of nanocrystalline $FeSb_2$ for thermoelectric applications. European Journal of Inorganic Chemistry, 2012, 2012(1): 55-58.

[79] Sarkar S, Das B, Midya P R, et al. Optical and thermoelectric properties of chalcogenide based Cu_2NiSnS_4 nanoparticles synthesized by a novel hydrothermal route. Materials Letters, 2015, 152: 155-158.

[80] Tang X, Xie W, Li H, et al. Preparation and thermoelectric transport properties of high-performance p-type Bi_2Te_3 with layered nanostructure. Applied Physics Letters, 2007, 90: 012102.

[81] Xie W J, Tang X F, Yan Y G, et al. Unique nanostructures and enhanced thermoelectric performance of melt-spun BiSbTe alloys. Applied Physics Letters, 2009, 94: 102111.

[82] Xie W J, Tang X F, Yan Y G, et al. High thermoelectric performance BiSbTe alloy with unique low-dimensional structure. Journal of Applied Physics, 2009, 105: 113713.

[83] Xie W, He J, Kang H J, et al. Identifying the specific nanostructures responsible for the high thermoelectric performance of $(Bi, Sb)_2Te_3$ nanocomposites. Nano Letters, 2010, 10: 3283.

[84] Li H, Tang X, Su X, et al. Preparation and thermoelectric properties of high-performance Sb additional $Yb_{0.2}Co_4Sb_{12+y}$ bulk materials with nanostructure. Applied Physics Letters, 2008, 92: 202114.

[85] Li H, Tang X, Zhang Q, et al. Rapid preparation method of bulk nanostructured $Yb_{0.3}Co_4Sb_{12+y}$ compounds and their improved thermoelectric performance. Applied Physics Letters, 2008, 93: 252109.

[86] Wang S Y, Xie W J, Li H, et al. Enhanced performances of melt spun $Bi_2(Te, Se)_3$ for n-type thermoelectric legs. Intermetallics, 2011, 19(7): 1024-1031.

[87] Cai X Z, Fan X A, Rong Z Z, et al. Improved thermoelectric properties of $Bi_2Te_{3-x}Se_x$ alloys by melt spinning and resistance pressing sintering. Journal of Physics D—Applied Physics, 2014, 47: 115101.

[88] Xie W J, Wang S Y, Zhu S, et al. High performance Bi_2Te_3 nanocomposites prepared by single-element-melt-spinning spark-plasma sintering. Journal of Materials Science, 2013, 48: 2745-2760.

[89] Wang S Y, Li H, Qi D K, et al. Enhancement of the thermoelectric performance of β-Zn_4Sb_3 by *in situ* nanostructures and minute Cd-doping. Acta Materialia, 2011, 59(12): 4805-4817.

[90] Qi D, Tang X F, Li H, et al. Improved thermoelectric performance and mechanical properties of nanostructured melt-spun β-Zn_4Sb_3. Journal of Electronic Materials, 2010, 39(8): 1159-1165.

[91] Hasaka M, Morimura T, Nakashima H. Thermoelectric properties of melt-spun Zn_xSb_3 ribbons. Journal of Electronic Materials, 2012, 41(6): 1193-1198.

[92] Chen Y, Zhu T J, Yang S H, et al. High-performance $(Ag_xSbTe_{x/2+1.5})_{15}(GeTe)_{85}$ thermoelectric materials prepared by melt spinning. Journal of Electronic Materials, 2010, 39(9): 1719-1723.

[93] Du B, Li H, Xu J, et al. Enhanced thermoelectric performance and novel nanopores in $AgSbTe_2$ prepared by melt spinning. Journal of Solid State Chemistry, 2011, 184: 109-114.

[94] Luo W, Li H, Yan Y, et al. Rapid synthesis of high thermoelectric performance higher manganese silicide with in-situ formed nano-phase of MnSi. Intermetallics, 2011, 19(3): 404-408.

[95] Shi X Y, Shi X, Li Y L, et al. Enhanced power factor of higher manganese silicide via melt spin synthesis method. Journal of Applied Physics, 2014, 116: 245104.

[96] Zhou J, Jie Q, Wu L, et al. Nanostructures and defects in non-equilibrium synthesized filled skutterudite $CeFe_4Sb_{12}$. Journal of Materials Research, 2011, 26: 1842.

[97] Yan Y G, Wong-Ng W, Kaduk J A, et al. Correlation of thermoelectric and microstructural properties of p-type $CeFe_4Sb_{12}$ melt-spun ribbons using a rapid screening method. Applied Physics Letters, 2011, 98: 142106.

[98] Salvador J R, Waldo R A, Wong C A, et al. Thermoelectric and mechanical properties of melt spun and spark plasma sintered n-type Yb- and Ba-filled skutterudites. Materials Science Engineering B, 2013, 178(17): 1087-1096.

[99] Zhu G H, Lee H, Lan Y C, et al. Increased phonon scattering by nanograins and point defects in nanostructured silicon with a low concentration of germanium. Physical Review Letters, 2009, 102: 196803.

[100] Zhang P, Wang Z, Chen H, et al. Effect of cooling rate on microstructural homogeneity and grain size of n-type Si-Ge thermoelectric alloy by melt spinning. Journal of Electronic Materials, 2010, 39(10): 2251-2254.

[101] Yu C, Zhu T J, Xiao K, et al. Reduced grain size and improved thermoelectric properties of melt spun (Hf, Zr)NiSn half-heusler alloys. Journal of Electronic Materials, 2010, 39(9): 2008-1012.

[102] Yan Y, Tang X, Li P, et al. Microstructure and thermoelectric transport properties of type I clathrates $Ba_8Sb_2Ga_{14}Ge_{30}$ prepared by ultrarapid solidification process. Journal of Electronic Materials, 2009, 38(7): 1278-1281.

[103] Prokofiev A, Ikeda M, Makalkina E, et al. Melt spinning of Clathrates: electron microscopy study and effect of composition on grain size. Journal of Electronic Materials, 2013, 7(42): 1628-1633.

[104] Cao W Q, Deng S K, Tang X F, et al. The effects of melt spinning process on microstructure and thermoelectric properties of Zn-doped type- I clathrates. Acta Physica Sinica, 2009, 1(58): 612.

[105] Ding G C, Si J X, Wu H F, et al. Thermoelectric properties of melt spun PbTe with multi-scaled nanostructures. Journal of Alloys and Compounds, 2016, 662: 368-373.

[106] Katsuyama S, Kanayama Y, Ito M, et al. Thermoelectric properties of $CoSb_3$ with dispersed $FeSb_2$ particles. Journal of Applied Physics, 2000, 88(6): 3484.

[107] Katsuyama S, Watanabe M, Kuroki M, et al. Effect of NiSb on the thermoelectric properties of skutterudite $CoSb_3$. Journal of Applied Physics, 2003, 93(5): 2758-2764.

[108] He Z, Stiewe C, Platzek D, et al. Nano $ZrO_2/CoSb_3$ composites with improved thermoelectric figure of merit. Nanotechnology, 2007, 18(5): 235602.

[109] Katsuyama S, Okada H, Miyajima K. Thermoelectric properties of $CeFe_3CoSb_{12}$-MoO_2 composite. Materials Transactions, 2008, 49(8): 1731.

[110] Alboni P N, Ji X, He J, et al. Thermoelectric properties of $La_{0.9}CoFe_3Sb_{12}$-$CoSb_3$ skutterudite nanocomposites. Journal of Applied Physics, 2008, (103): 113707.

[111] Li S P, Li J Q, Wang Q B, et al. Synthesis and thermoelectric properties of the $(GeTe)_{1-x}(PbTe)_x$ alloys. Solid Sate Sciences, 2011, 2(13): 399-403.

[112] Li J Q, Li X X, Liu F S, et al. Enhanced thermoelectric properties of $(PbTe)_{0.88}(PbS)_{0.12}$ composites by Sb doping. Journal of Electronic Materials, 2013, 3(42): 366-371.

[113] Falkenbach O, Hartung D, Klar P J, et al. Thermoelectric properties of nanostructured bismuth-doped lead telluride $Bi_x(PbTe)_{1-x}$ prepared by Co-ball-milling. Journal of Electronic Materials, 2014, 43(6): 1674-1680.

[114] Sumithra S, Takas N J, Nolting W M, et al. Effect of NiTe nanoinclusions on thermoelectric properties of Bi_2Te_3. Journal of Electronic Materials, 2012, 41(6): 1401-1407.

[115] Yoon S, Kwon O, Ahn S, et al. The effect of grain size and density on the thermoelectric properties of Bi_2Te_3-PbTe compounds. Journal of Electronic Materials, 2013, 42(12): 3390-3396.

[116] Liu W S, Lukas K C, McEnaney K, et al. Studies on the Bi_2Te_3- Bi_2Se_3- Bi_2S_3 system for mid-temperature thermoelectric energy conversion. Energy and Environmental Science, 2013, 6: 552-560.

[117] Sumithra S, Takas N J, Misra D K, et al. Enhancement in thermoelectric figure of merit in nanostructured Bi_2Te_3 with semimetal nanoinclusions. Advanced Energy Materials, 6(1): 1141-1147.

[118] Sie F R, Kuo C H, Hwang C S, et al. Thermoelectric performance of n-type Bi_2Te_3/Cu composites fabricated by nanoparticle decoration and spark plasma sintering. Journal of Electronic Materials, 2016, 45(3): 1927-1934.

[119] Hyun J, Jooheon K. Preparation and structure dependent thermoelectric properties of nanostructured bulk bismuth telluride with graphene. Journal of Alloys and Compounds, 2016, 664: 639-647.

[120] Suh D, Lee S, Mun H, et al. Enhanced thermoelectric performance of $Bi_{0.5}Sb_{1.5}Te_3$-expanded graphene composites by simultaneous modulation of electronic and thermal carrier transport. Nano Energy, 2015, 13: 67-76.

[121] Hsu C C, Liu Y N, Ma H K. Effect of the $Zr_{0.5}Hf_{0.5}CoSb_{1-x}Sn_x/HfO_2$ half-heusler nanocomposites on the ZT value. Journal of Alloys and Compounds, 2014, 597: 217-222.

[122] Shi X, Chen L D, Bai S Q, et al. Influence of fullerene dispersion on high temperature thermoelectric properties of $Ba_yCo_4Sb_{12}$-based composites. Journal of Applied Physics, 2007 (102): 103709.

[123] Ikeda T, Collins L A, Ravi V A, et al. Self-assembled nanometer lamellae of thermoelectric PbTe and Sb_2Te_3 with epitaxy-like interfaces. Chemistry of Materials, 2007, 19(4): 763-767.

[124] Ikeda T, Haile S M, Ravi V A, et al. Solidification processing of alloys in the pseudo-binary PbTe-Sb_2Te_3 system. Acta Materialia, 2007, 55(4): 1227-1239.

[125] Ikeda T, Toberer E S, Ravi V A, et al. In situ observation of eutectoid reaction forming a PbTe-Sb_2Te_3 thermoelectric nanocomposite by synchrotron X-ray diffraction. Scripta Materialia, 2009, 60(5): 321-324.

[126] Shi X, Zhou Z, Zhang W, et al. Solid solubility of Ir and Rh at the Co sites of skutterudites. Journal of Applied Physics, 2007, 101: 123525.

[127] Shi X, Zhang W, Chen L D, et al. Phase-diagram-related problems in thermoelectric materials: skutterudites as an example. International Journal of Materials Research, 2008, 99(6): 638.

[128] Uher C, Shi X, Kong H. Filled $Ir_xCo_{1-x}Sb_3$-based skutterudite solid solutions. Proceedings of the 25th International Conference on Thermoelectrics, 2007: 189.

[129] Xiong Z, Huang X Y, Chen X H, et al. Realizing phase segregation in the $Ba_{0.2}(Co_{1-x}Ir_x)_4Sb_{12}$ ($x = 0, 0.1, 0.2$) filled skutterudite system. Scripta Materialia, 2010, 62(2): 93-96.

[130] Zhao X Y, Shi X, Chen L D, et al. Synthesis of $Yb_yCo_4Sb_{12}/Yb_2O_3$ composites and their thermoelectric properties. Applied Physics Letters, 2006, 89: 092121.

[131] Wu T, Jiang W, Li X, et al. Thermoelectric properties of p-type Fe-doped TiCoSb half-heusler compounds. Journal of Applied Physics, 2007, 102: 103705.

[132] Heremans J P, Thrush C M, Morelli D T. Thermopower enhancement in PbTe with Pb precipitates. Journal of Applied Physics, 2005, 98: 063703.

[133] Xiong Z, Chen X H, Zhao X Y, et al. Effects of nano-TiO_2 dispersion on the thermoelectric properties of filled-skutterudite $Ba_{0.22}Co_4Sb_{12}$. Solid State Sciences, 2009, 11(9): 1612-1616.

[134] Li H, Tang X, Zhang Q, et al. High performance $In_xCe_yCo_4Sb_{12}$ thermoelectric materials with *in situ* forming nanostructured InSb phase. Applied Physics Letters, 2009, 94: 102114.

[135] Shi X, Chen L, Yang J, et al. Enhanced thermoelectric figure of merit of $CoSb_3$ via large-defect scattering. Applied Physics Letters, 2004, 84(13): 2301.

[136] Xiong Z, Chen X H, Huang X Y, et al. High thermoelectric performance of $Yb_{0.26}Co_4Sb_{12/y}$ GaSb nanocomposites originating from scattering electrons of low energy. Acta Materialia, 2010, 58: 3995.

[137] Sootsman J R, Kong H J, Uher C, et al. Large enhancements in the thermoelectric power factor of bulk PbTe at high temperature by synergistic nanostructuring. Angewandte Chemie International Edition, 2008, 47(45): 8618.

[138] Pei Y Z, Lensch-Falk J, Toberer E S, et al. High thermoelectric performance in PbTe due to large nanoscale Ag_2Te precipitates and La doping. Advanced Functional Materials, 2011, 21(2): 241-249.

[139] Hsu K F, Loo S, Guo F, et al. Cubic $AgPb_mSbTe_{2+m}$: bulk thermoelectric materials with high figure of merit. Science, 2004, 303(5659): 818-821.

[140] Poudeu F P, Angel J D, Downey A D, et al. High thermoelectric figure of merit and nanostructuring in bulk p-type $Na_{1-x}Pb_mSb_yTe_{m+2}$. Angewandte Chemie International Edition, 2006, 45(23): 3835-3839.

[141] Biswas K, He J Q, Zhang Q C, et al. Strained endotaxial nanostructures with high thermoelectric figure of merit. Nature Chemistry, 2011, 3(2): 160-166.

[142] Arachchige I U, Wu J, Dravid V P, et al. Nanocrystals of the quaternary thermoelectric materials: $AgPb_mSbTe_{m+2}$ (m=1~18): phase-segregated or solid solutions? Advanced Materials, 2008, 20(19): 3638-3642.

[143] Chen N, Gascoin F, Snyder G J, et al. Macroscopic thermoelectric inhomogeneities in $(AgSbTe_2)_x(PbTe)_{1-x}$. Applied Physics Letters, 2005, 87: 171903.

[144] Biswas K, He J Q, Blum I D, et al. High-performance bulk thermoelectrics with all-scale hierarchical architectures. Nature, 2012, 489(7416): 414-418.

第 6 章 导电聚合物及其纳米复合热电材料

6.1 引 言

20 世纪 70 年代,Alan J. Heeger、Alan G. MacDiarmid 和 Hideki Shirakawa 等[1-3]发现碘(I_2)或五氟化砷(AsF_5)掺杂的聚乙炔膜等有机材料具有类似金属的导电性,这一发现打破了有机高分子聚合物为绝缘体的传统观念,从而开启了人们对有机导体领域的研究热潮。但是,有机导体作为热电材料的应用并未很快获得关注。20 世纪 90 年代初,导电聚合物的热电性能开始被报道,但此后的十多年中相关研究进展缓慢,聚合物热电性能的研究主要集中在聚苯胺、聚乙炔等少数体系,导电聚合物材料的 ZT 值很长时间徘徊在 $10^{-6}\sim10^{-3}$,远低于无机热电材料[4-6]。2008 年之后,人们对聚合物热电性能的探索拓展到更多聚合物体系,除聚苯胺[7]和聚乙炔外,聚 3-己基噻吩(P3HT)[8]、聚 3,4-乙撑二氧噻吩(PEDOT)[9-11]、聚对苯撑乙烯(PPV)衍生物[12]等多种导电聚合物的热电性能受到关注并获得较大幅度的提升;另外,有机小分子(如四氰基对苯醌二甲烷等)[13]、金属配合物(如聚乙烯四硫醇等)[14,15]等有机材料也先后成为热电研究领域的新关注点。其中,导电聚合物易于合成、性质相对稳定且电传输性能调控空间较大,是目前研究最广泛的有机热电材料。特别是有机/无机复合材料的制备方法得到快速发展,人们把有机/无机复合或杂化策略成功应用于聚合物热电性能的调控,导电聚合物及其复合材料的热电性能有了快速的提升。目前,已报道的导电聚合物最高 ZT 值已经达到 0.42[9],可与无机热电材料相比拟。本章重点阐述导电聚合物及其纳米复合热电材料的性能调控机理和制备方法。

6.2 导电聚合物及其纳米复合材料的热电性能调控

6.2.1 导电聚合物热电性能概述

导电聚合物是具有共轭大π键结构、可通过化学或电化学掺杂赋予其导电性能的一类聚合物材料。几类典型导电聚合物的化学结构式如图 6-1 所示。本征的导电聚合物电导率非常低,掺杂是提高导电聚合物电导率的重要方法。导电聚合物的掺杂是一种在共轭聚合物中发生的电荷转移或氧化还原反应过程。共轭聚合物中的π电子具有较大的离域范围,既能表现出足够的电子亲和力,又能表现出较低的电离能。因此,通过改变掺杂反应条件,可使聚合物分子链被氧化而发生

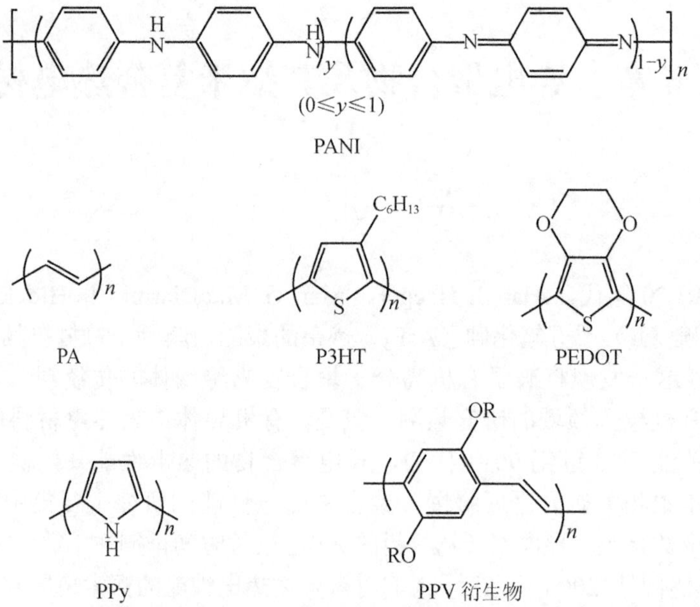

图 6-1 常见的导电聚合物的化学结构式

p 型掺杂，也可以使其被还原而发生 n 型掺杂。导电聚合物的掺杂可通过给体或受体的电荷转移、电化学氧化还原、界面电荷注入等手段来实现。

导电聚合物呈现导电性能必须同时具备两个条件：①聚合物分子链的分子轨道能强烈地离域，产生足够数量的载流子；②聚合物分子链内和链间要形成导电通道提供载流子迁移。导电聚合物的导电机理不同于金属或半导体，金属的载流子是自由电子，半导体的载流子是电子或空穴，而导电聚合物的载流子是离域π电子和由掺杂剂形成的孤子、极化子或双极化子等，载流子主要通过在聚合物分子链内和链间的跳跃进行传输。

决定材料热电优值的三个参数（电导率、泽贝克系数和热导率）是互相影响、互相制约的。一般来说，导电聚合物具有较低的热导率，但是电导率和泽贝克系数较低。提高导电聚合物的电导率和泽贝克系数是导电聚合物热电性能研究需要解决的关键问题。与无机半导体材料不同，导电聚合物具有准一维的分子结构，主链上含有交替的单键和双键，形成了共轭π键，官能团间的π-π共轭是载流子传输的主要通道。导电聚合物中局域化的载流子（极化子或双极化子）在分子链内和链间的跳跃过程及其传输电荷的调控机制比无机半导体材料更为复杂，特别是对于导电聚合物热电性能的调控机制，还没有清晰的物理图像。近年来，人们从实验出发，研究了掺杂程度、聚合物分子微观分子链排布状态等对热电输运性质的影响，对导电聚合物热电性能优化的途径和机理进行了初步探索。其中，有机/无机复合作为一种有效提高聚合物热电性能的手段，越来越引人注目。

表6-1～表6-4总结了近年来报道的一些典型的导电聚合物及其纳米复合材料室温下的热电性能。目前研究较多的导电聚合物为聚苯胺（PANI）、聚3,4-乙撑二氧噻吩（PEDOT）、聚3-己基噻吩（P3HT）等，常用的无机纳米分散相包括碳纳米管、石墨烯、合金热电材料等。从表中可以看出，目前纯的导电聚合物热电功率因子一般小于 10^{-1}～$10\ \mu W/(m \cdot K^2)$，导电聚合物/无机纳米复合材料的热电功率因子可以增至 10^{-1}～$10^2\ \mu W/(m \cdot K^2)$，比聚合物基体高2～3个数量级。而且，导电聚合物/无机纳米复合材料电输运性能的显著提高并没有带来热导率的大幅度增加。大部分导电聚合物基纳米复合热电材料的热导率小于 $0.5\ W/(m \cdot K)$，这比目前最好室温附近的无机热电材料（如 Bi_2Te_3 合金等）更低。

表6-1 PANI及其纳米复合材料的室温热电性能

材料	$\sigma/(S/cm)$	$S/(\mu V/K)$	$PF/[\mu W/(m \cdot K^2)]$	$\kappa/[W/(m \cdot K)]$	ZT_{max}	参考文献
PANI（CSA掺杂）	57～0.02	16～115	1	—	—	[16]
PANI（CSA掺杂）	～280	～20	～11	—	—	[17]
PANI/MWNT	30～90	13～28	5	0.4～0.5	—	[18]
PANI/SWNT	11～125	11～40	20	1.5	0.004	[19]
PANI/MWNT	1.7～17.1	1～10	0.17	—	—	[20]
PANI/SWNT	0.97～33.73	10.1～47.3	6.5	—	—	[21]
PANI/MWNT	14.1～18.7	11.6～79.8	8	0.26～0.36	0.01	[22]
PANI/SWNT	769	65	176	0.43	0.12	[23]
PANI/石墨烯	7.51	28.31	0.6	0.42	4.86×10^{-4}	[24]
PANI/石墨烯	8.63	41.3	1.5	—	—	[25]
PANI/石墨烯	59	33	6.43	—	—	[26]
PANI/石墨烯	123	34	14	—	—	[27]
PANI/石墨烯	856	15	19	—	—	[28]
PANI/石墨烯	814	26	55	—	—	[29]
PANI/石墨烯/PANI/DWNT	1080	130	1825	—	—	[30]
PANI/石墨烯/PANI/DWNT	1900	120	2710	—	—	[31]
PANI/Bi_2Te_3	11.6	～36	～1.5	0.1	0.0043	[32]
PANI/Te	102	102	105	0.21	0.156	[33]
PANI/Bi	0.15～0.25	28～54	～0.07	—	—	[34]
PANI/$NaFe_4P_{12}$	～27	～17	～0.78	—	—	[35]

表 6-2 PEDOT 及其纳米复合材料的室温热电性能

材料	σ /(S/cm)	S/(μV/K)	PF/[μW/(m·K^2)]	κ/[W/(m·K)]	ZT_{max}	参考文献
PEDOT:PSS	957	70	469	0.22	0.42	[9]
PEDOT（Tos 掺杂）	80	200	324	0.33	0.25	[10]
PEDOT（Tos 掺杂）	923	117	1270	—	—	[36]
PEDOT/CNT	8~400	17~40	25	0.26~0.38	—	[37]
PEDOT/SWNT	1000	18~34	160	0.2~0.4	—	[38]
PEDOT/石墨烯	637	~27	~46	—	—	[39]
PEDOT/石墨烯	1160	17	32.6	—	—	[40]
PEDOT/石墨烯	50.8	31.8	5.2	—	—	[41]
PEDOT/石墨烯	32.13	59	11.09	0.14~0.3	0.021	[42]
PEDOT/Te	19.3	163	70.9	0.22~0.3	0.1	[43]
PEDOT/Bi$_2$Te$_3$	421	14~19	9.9	—	—	[44]
PEDOT/PbTe	0.06~0.62	1205~4088	1.07~1.44	—	—	[45]
PEDOT/石墨烯/C$_{60}$	400~1000	10~35	83.2	0.2~0.33	0.1	[46]
PEDOT/石墨烯/Te	34.96	202	143	—	—	[47]

表 6-3 P3HT 及其纳米复合材料的室温热电性能

材料	σ /(S/cm)	S/(μV/K)	PF/[μW/(m·K^2)]	参考文献
P3HT（Fe^{3+}掺杂）	86	49	20	[8]
P3HT	~250	~40	38	[48]
P3HT/CNT	~1000	~30	~95	[49]
P3HT/SWNT	524	40	105	[50]
P3HT/SWNT	2760	31	267	[51]
P3HT/石墨烯	1.2	35.46	0.16	[52]
P3HT/Bi$_2$Te$_3$	0.03~18	450~150	13.6	[53]

表 6-4 其他导电聚合物及其纳米复合材料的室温热电性能

材料	σ/(S/cm)	S/(μV/K)	PF/[μW/(m·K^2)]	参考文献
PA（FeCl$_3$ 掺杂）	7530	15.3	180	[13]
PPV derivatives（I$_2$ 掺杂）	349	47	78	[12]
PPy/MWNT	~33	~25	~2	[54]
PPy/石墨烯	41.6	26.9	3	[55]
PPy/石墨烯	75.1	33.8	8.6	[56]

6.2.2 掺杂程度调节

本征态的聚合物通常是不导电的，通过掺杂可以产生载流子从而导电。常用的掺杂方法有化学掺杂、电化学掺杂、质子酸掺杂等。通过改变掺杂程度可以对载流子浓度进行调节，从而影响其热电性能。1998 年，Mateeva 等报道了掺杂程度对导电聚合物电导率和泽贝克系数的影响，发现与无机半导体材料中载流子浓度变化所引起的电导率和泽贝克系数的变化趋势类似，即随着掺杂程度的增加，载流子浓度上升，电导率增加的同时引起泽贝克系数下降（图 6-2）[57]。此后，又有多个研究小组在其他导电聚合物体系中报道了类似的现象[10,58]。例如，Bubnova 等采用化学和电化学氧化还原方法对导电聚合物 PEDOT 薄膜进行掺杂，通过改变氧化还原程度调节掺杂程度[10]，PEDOT 薄膜在一定掺杂程度下具有最优热电功率因子，达到 324 μW/(m·K^2)（图 6-3）。改变掺杂程度会引起电导率和泽贝克系数的反向变化，因此，仅通过掺杂程度调控导电聚合物材料的热电性能存在局限性。

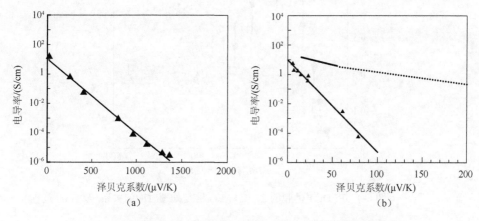

图 6-2 （a）不同掺杂程度的聚乙炔的电导率与泽贝克系数的关系；
（b）不同掺杂程度的聚苯胺的电导率与泽贝克系数的关系

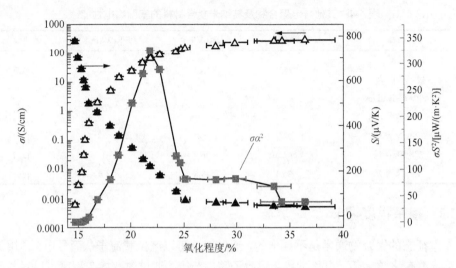

图 6-3　PEDOT 薄膜的电导率、泽贝克系数和功率因子随掺杂（氧化）程度的变化[9]

另外，对于 PSS 掺杂的 PEDOT 体系，离子型掺杂剂 PSS 是一种绝缘相，过量存在妨碍电荷的迁移。Kim 等通过 DMSO、EG 等溶剂洗脱除去了 PEDOT 中部分的 PSS，提高了载流子迁移率，同时增加了电导率和泽贝克系数，大幅度提高了热电功率因子，同时热导率仍保持在较低水平 [0.2～0.3 W/(m·K)]，最大 ZT 值达到 0.42，这是目前报道的导电聚合物材料热电性能的最高值[9]，如图 6-4 所示。

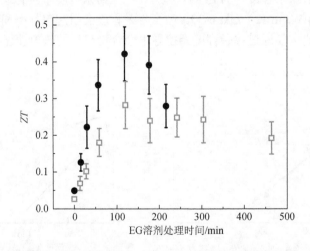

图 6-4　PEDOT 薄膜的 ZT 值与 EG 溶剂处理时间的关系

6.2.3　聚合物分子链有序化

由于导电聚合物分子链结构和分子链排列的无序性，在分子链内和链间形成了大量π-π共轭的缺陷,增加了跃迁激活能,降低了载流子迁移率,使导电聚合物的载流子迁移率通常比无机半导体材料要低 1~2 个数量级,因此提高载流子迁移率是优化聚合物热电性能的重要途径。

2002 年,Toshima 等对聚苯胺薄膜进行了机械拉伸,发现沿着拉伸方向聚合物分子链排列的有序度增加,降低了链内和链间π-π共轭缺陷,增加了载流子迁移率,同时提高了电导率和泽贝克系数[59],如图 6-5 所示。随后,Yao 等采用间甲酚为溶剂,对 CSA 掺杂的聚苯胺进行后处理,发现溶剂与聚合物分子间的化学作用使聚合物分子的构象由卷曲变为舒展,有助于聚合物分子链的有序排列,在聚苯胺中形成部分有序的区域(图 6-6),增加了载流子迁移率,热电功率因子增加了约 20 倍[17],如图 6-7 所示。

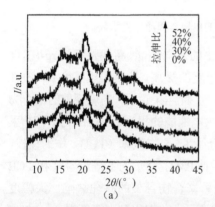
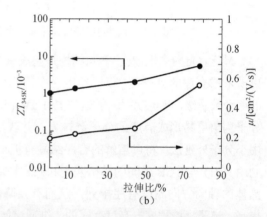

图 6-5 (a)不同拉伸比聚苯胺薄膜的 XRD 衍射图;(b)不同拉伸比聚苯胺薄膜的热电性能

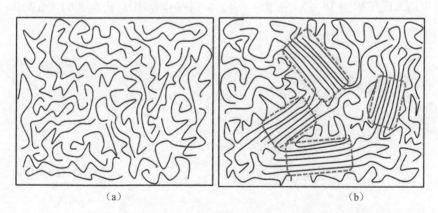

图 6-6 (a)间甲酚溶剂处理前聚苯胺薄膜中分子链排布状态示意图;
(b)间甲酚溶剂处理后聚苯胺薄膜中分子链排布状态示意图

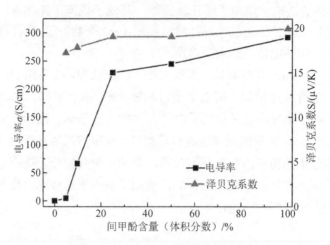

图 6-7 不同间甲酚含量聚苯胺薄膜的电导率和泽贝克系数

最近，Qu 等[60]比较了不同结构规整度 P3HT 的热电性能，高规整度的 rg-P3HT 更易形成有序的分子链排列，使电导率得到大幅度的提高，是较低规整度 ra-P3HT 的两个数量级，热电功率因子达到 17.1 μW/(m·K^2)。此结果说明，高度规整的聚合物分子构象更易形成有序的分子链排列，并获得热电性能的提高。之后，Qu 等[48]采用小分子外延法，将可溶解的有序结晶有机小分子 1,3,5-三氯苯（TCB）作为模板，利用 P3HT 与 TCB 之间的晶格匹配和共轭作用，使 P3HT 分子的主链沿着柱状 TCB 晶体的轴向方向高度有序排列，从而有效降低了聚合物骨架的共轭缺陷，大幅度提高了电子离域程度。高度有序的一维通道使载流子迁移率得到大幅度提高，P3HT 分子链平行方向上最高电导率和泽贝克系数分别达到 320 S/cm 和 269 μV/K，室温热电功率因子达到 38 μW/(m·K^2)，365 K 时热电功率因子达到 62.4 μW/(m·K^2)（图 6-8）。

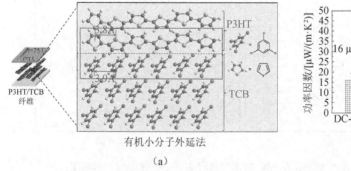
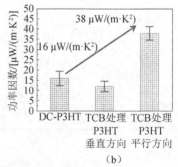

图 6-8 （a）TCB 诱导 P3HT 分子有序排列机理示意图；
（b）TCB 诱导前后 P3HT 的热电功率因子

使用无机模板也可以诱导聚合物分子链的取向排列。2010年，Yao等采用原位聚合法制备了单壁碳纳米管/聚苯胺（SWNT/PANI）复合材料，发现在聚合过程中，由于碳纳米管和聚苯胺间强的π-π共轭效应，可以诱导聚苯胺分子沿着碳管表面进行有序生长，增加PANI分子结构的有序性，降低π-π共轭缺陷，提高载流子迁移率，使电导率和泽贝克系数同时上升。复合材料的热电功率因子达到20 μW/(m·K^2)，比聚苯胺基体提高两个数量级[19]，见图6-9。随后，Yao等进一步采用电纺丝技术制备了碳纳米管沿着电场方向排列的CNT/PANI复合纤维，PANI分子包裹在碳管表面并且主链平行碳管轴向生长，复合材料的热电性能呈现明显的各向异性[20]，平行纤维轴向方向上热电功率因子为垂直方向的两倍（图6-10）。

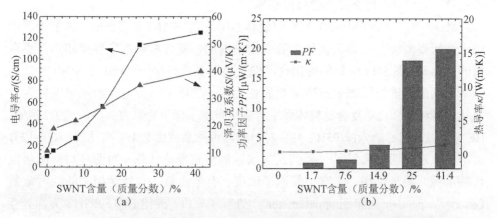

图6-9　（a）CNT/PANI复合材料的电导率和泽贝克系数随碳纳米管含量的变化；
（b）CNT/PANI复合材料的热电功率因子随碳纳米管含量的变化

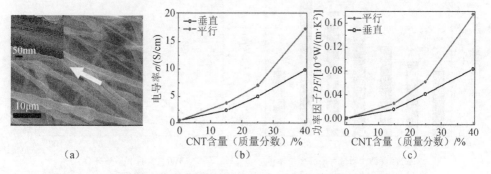

图6-10　（a）沿着电场方向排列的CNT/PANI复合纤维的SEM和TEM图；
（b）平行和垂直纤维轴方向电导率和泽贝克系数随碳纳米管含量的变化；
（c）平行和垂直纤维轴方向热电功率因子随碳纳米管含量的变化

石墨烯的结构组成单元与碳纳米管类似,而且具有二维有序的平面结构,与导电聚合物间也存在强的π-π共轭相互作用。聚苯胺/石墨烯复合材料的热电性能也得到广泛的研究[27-29,61-64],与聚苯胺/碳纳米管复合材料体系相似,石墨烯的加入有助于聚苯胺分子排列有序度的提高,增加了载流子迁移率,而载流子浓度变化不大。

6.2.4 有机/无机界面效应

在许多有机/无机复合材料中均发现热电性能(特别是功率因子)的提升,对其机理的另一种解释是有机/无机的界面效应,主要包括界面能量势垒引起的界面能量过滤效应和界面高导电层作用。前者主要针对泽贝克系数的提高提出的,后者主要针对电导率提高提出的可能解释。

Meng 等在 PANI/MWNT 复合薄膜体系中发现,PANI 包裹在碳纳米管表面形成了纳米界面层[18],随着碳纳米管含量的增加,复合材料的电导率和泽贝克系数同步上升(图 6-11)。他们提出这可能是由于复合材料中 PANI 和 MWNT 之间纳米界面层的能量过滤效应所引起的。此后,在以无机热电材料纳米颗粒为分散相的多种聚合物基复合材料体系中也先后发现了泽贝克系数提高的现象。例如,He 等发现 Bi_2Te_3 纳米线/P3HT 复合材料的泽贝克系数比 P3HT 高几倍(图 6-12),而电导率没有明显降低[53]。他们通过实验测量和理论计算,对两种材料的热电传输参数[费米能级、带宽、载流子浓度、有效质量、与能量相关的散射常数(energy-dependent scattering parameter)]进行了分析,提出 Bi_2Te_3/P3HT 界面处存在着能量过滤效应。并且指出,当 P3HT 基体轻掺杂时,P3HT 与 Bi_2Te_3 的带隙相

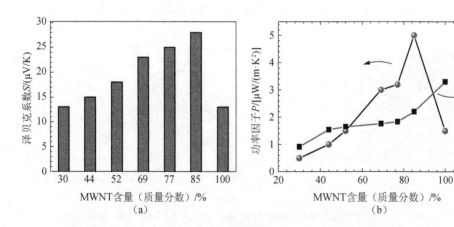

图 6-11 (a) PANI/CNT 复合材料的泽贝克系数随碳纳米管含量的变化;
(b) PANI/CNT 复合材料的热电功率因子和电导率随碳纳米管含量的变化

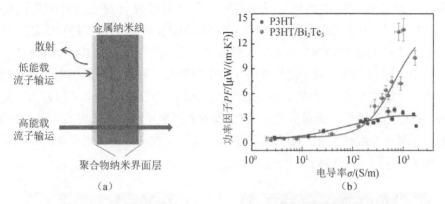

图6-12 （a）金属纳米线/P3HT复合材料中能量过滤效应的示意图；
（b）不同掺杂程度的P3HT和P3HT/Bi_2Te_3复合薄膜电导率和热电功率因子的关系

差较大，界面势垒过大，泽贝克系数随载流子浓度的增加而降低；对于P3HT基体重掺杂的P3HT/Bi_2Te_3复合薄膜，P3HT与Bi_2Te_3的带隙差适中，产生能量过滤效应，该界面可以选择性散射低能载流子，而让高能载流子通过，提高泽贝克系数和功率因子（图6-13）。

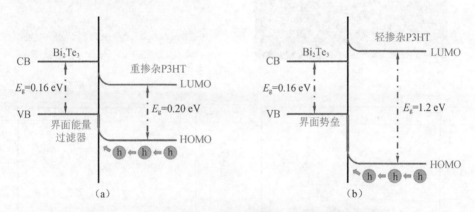

图6-13 （a）重掺杂P3HT复合薄膜界面的能带图示意图；
（b）轻掺杂P3HT复合薄膜界面的能带图示意图

对有机/无机复合材料中电性能异常变化的另一种解释是认为有机/无机界面处形成了高导电层所致。Urban对Te纳米线/PEDOT复合材料热电性能的研究中发现，复合薄膜的电导率和泽贝克系数高于两种组分中任一单一组分的性能，不符合常规的复合法则[43]。他们推测产生这一异常现象的原因是由于Te纳米线和PEDOT间的相互作用在Te表面形成了高导电的PEDOT界面层[图6-14（b）]，该界面层的电导率远高于PEDOT:PSS薄膜及碲纳米棒的电导率，因而导致复合材料具有优异的电性能[33]。他们进一步通过理论计算证实了这一高导电界面层的存在，而且通过调控高导电界面层的体积比可以优化复合材料的热电性能[图6-14（c）]，复合薄膜的最高功率因子超过 100 μW/(m·K^2)，最高 ZT 值达到了 0.1。Yao 等在 PANI/SWNT 体系中也观察到了类似的现象，在 PANI/SWNT 复合薄膜[23]中，碳管表面生成了高导电的 PANI 界面层，使复合薄膜的电导率急剧增大并且在一定的 SWNT 含量下呈现最大值，达到 769 S/cm，远高于根据两相复合法则计算得到的结果，而泽贝克系数与 SWNT 含量呈线性增长关系（图6-15）。由于电导率的非线性变化，复合薄膜热电功率因子在一定的体积含量时达到最大值，最高功率因子达 176 μW/(m·K^2)。

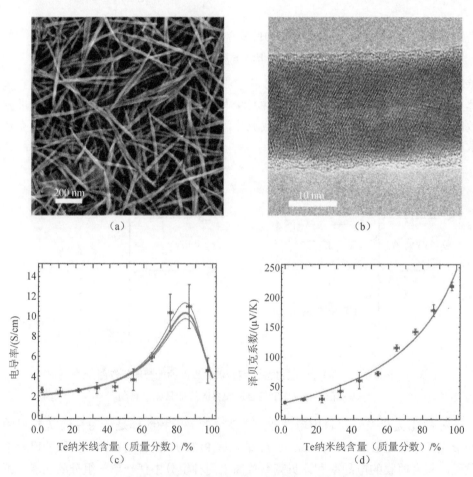

图6-14 （a）Te 纳米线的 SEM 图；（b）单根 Te 纳米线的 TEM 图；
（c）Te 纳米线/PEDOT 薄膜的电导率随纳米线体积含量的变化；
（d）Te 纳米线/PEDOT 薄膜的泽贝克系数随纳米线体积含量的变化

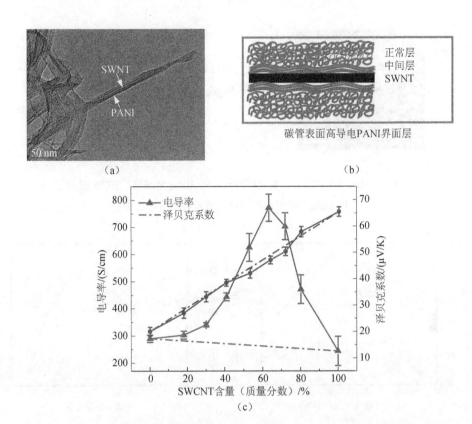

图 6-15 (a) PANI/SWNTs 的 TEM 图；(b) 碳管表面高导电 PANI 界面层的示意图；
(c) PANI/SWNTs 薄膜的电导率和泽贝克系数随碳纳米管含量的变化图

实线是实验值，虚线是通过两相复合法则得到的计算值

6.2.5 电荷迁移架桥

对于有机/无机纳米复合材料电导率的异常变化，较早提出的一种解释是无机纳米线产生的电荷迁移架桥功能。Kim 等[37]制备了 CNT/PVAC 复合材料，发现复合材料中的 CNT 形成了 3D 分离网络结构，该结构使电传输互相连通，导致电导率在 CNT 含量达到一定值时迅速增加，而泽贝克系数基本保持不变（图 6-16）。此后，Yu 等[38]使用高导电的纯单壁碳纳米管来取代之前使用的混合碳纳米管，制备的 CNT/PEDOT:PSS 复合材料电导率进一步增大，达到 10^5 S/m，泽贝克系数并没有明显降低，复合材料的热电功率因子提高至 160 μW/(m·K^2)（图 6-17）。这种电荷迁移架桥作用类似于复合材料中的渗流效应，即高导电的分散相形成导电网络结构提高电性能，但对于电荷在有机/无机界面间传输的微观机制并未给出进一步的描述。

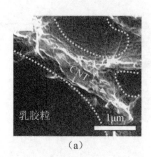 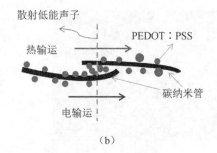

图 6-16 （a）CNT/PVAC 复合材料形成的 3D 分离网络的 SEM 图；
（b）碳纳米管节点处电荷迁移架桥效应示意图

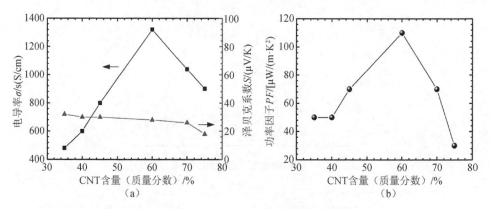

图 6-17 （a）CNT/PEDOT:PSS 复合材料的电导率和泽贝克系数；
（b）CNT/PEDOT:PSS 复合材料的功率因子

6.2.6 纳米插层超晶格结构

以上涉及有机/无机纳米复合材料电输运性能调控的机制均是以无机纳米材料为分散相构筑复合材料，并且大多数都是通过二相界面效应或相互作用影响载流子的输运。除了这种基体加分散相传统概念的有机/无机复合材料外，2010 年之后，一种有机体和无机体在分子尺度（或纳米尺度）上相互插层、形成有序超晶格结构的有机/无机复合热电材料，也开始受到人们的关注。2015 年，Wan 等[65]通过电化学插层的方法制备了有机离子插层的 TiS_2 有机/无机超晶格。在电化学制备过程中，TiS_2 被电化学还原，电子注入 TiS_2 层，并由有机己胺离子插入 TiS_2 层之间进行电荷平衡，使体系变为电中性，形成了 n 型的载流子（图 6-18）。在己胺、水和 DMSO 的插层下，所形成的 $TiS_2/[(hexylammonium)_{0.08}(H_2O)_{0.22}(DMSO)_{0.03}]$ 混合超晶格的电导率为 790 S/cm，泽贝克系数为 -78 μV/K，功率因子为 450 μW/(m·K^2)，热导率仅为 0.69 W/(m·K)，显著低于单晶 TiS_2 的 4.45 W/(m·K)。有别于前述的以电性能调控为主的有机/无机复合材料，这种超晶格结构的主要特征是可以大幅度降低复合材料的晶格热导率。TiS_2 与有机离子之间的静电相互作用，极大地增大了杂化材料界面对声子的散射率，显著降低了热导率。同时，TiS_2 与有机离子之间的界面耦合作用及薄膜的波浪结构都进一步降低了杂化材料的热导率，最终，373 K 时该 $TiS_2/[(hexylammonium)_{0.08}(H_2O)_{0.22}(DMSO)_{0.03}]$ 混合超晶格的热电优值达到 0.28（图 6-19）。

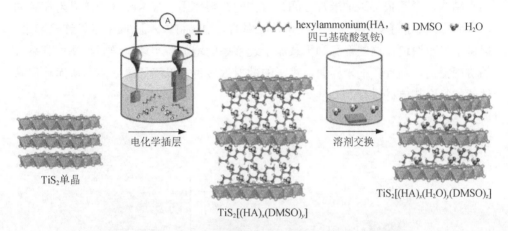

图 6-18　TiS_2 有机/无机混合超晶格结构及制备过程示意图

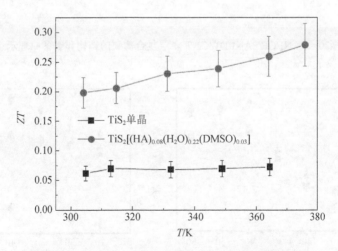

图 6-19　TiS_2 有机/无机超晶格的热电性能随温度的变化

类似于有机/无机插层超晶格结构，利用纳米碳材料表面的π键和导电聚合物π键之间的π-π共轭作用可以形成纳米碳材料与导电聚合物的层层自组装结构，这种更大尺度的有序结构也展现了对热电输运性能的调控功能。Grunlan 等[30]采用

LBL 层层自组装法,利用碳纳米管、石墨烯和导电聚合物间的π-π共轭效应和静电作用,制备了 PANI/GP/PANI/DWCNT 多层复合薄膜(图 6-20)。PANI、Graphene 和 DWCNT 之间的π-π共轭效应使载流子可以通过两相间的界面传输,有利于提高载流子迁移率,使复合材料的电导率和泽贝克系数都得到提升,分别达到 1100 S/cm 和 129 μV/K,薄膜的热电功率因子达到 1825 μW/(m·K^2)(图 6-21),可以与许多传统的无机热电块体材料相媲美。层层自组装法制备的多层复合薄膜具有可控的纳米结构,聚苯胺与碳纳米管之间具有强的共轭作用,聚苯胺分子链吸附在碳纳米管表面,分子链变得舒展,并且高导电率的石墨烯将聚苯胺/碳纳米管连接起来,提供了导电通道,这些都有利于载流子迁移率的增加,实现电导率和泽贝克系数的协同提高。并且,纳米界面对声子的散射效应也可以降低热导率,从而获得高性能的复合热电材料。

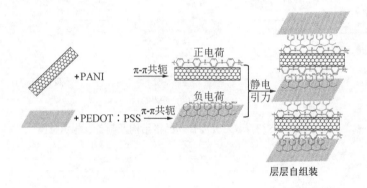

图 6-20　PANI/GP/PANI/DWCNT 多层复合薄膜的结构和制备原理示意图

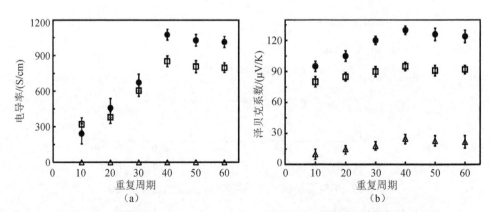

图 6-21　(a) PANI/GP/PANI/DWCNT 多层复合薄膜电导率随薄膜层数的变化;
(b) PANI/GP/PANI/DWCNT 多层复合薄膜泽贝克系数随薄膜层数的变化

6.3 导电聚合物基纳米复合热电材料的制备方法

6.3.1 粉体混合法

对于导电聚合物基纳米复合材料，无机纳米分散相在聚合物基体中的分散状态及微观结构特征直接影响复合材料的热电性能，因此复合材料的制备方法及微观结构调控原理成为有机/无机复合热电材料研究的核心问题。粉体混合法是借鉴陶瓷或金属基复合材料粉体混合法发展起来的有机/无机复合材料的制备方法。首先分别制备有机聚合物和无机纳米粉体，采用球磨等机械混合方法将导电聚合物与无机纳米材料均匀混合，然后压片或加热得到导电聚合物基纳米复合材料。粉体混合法在 PANI/Bi_2Te_3、PANI/CNTs、PANI/GP 等[27,66,67]多种体系纳米复合热电材料的制备中获得应用。这种方法制备工艺简单，但预先制备的纳米颗粒容易团聚，实现纳米颗粒的均匀分散难度较大。

6.3.2 溶液介质混合法

溶液介质混合法是将无机纳米颗粒和导电聚合物分散于同一种溶液介质中，并辅以搅拌或超声等处理使二者在溶剂中均匀分散，最后将溶剂蒸发或过滤得到复合薄膜或混合粉体。对于许多材料体系，无机纳米颗粒可用溶液法制备，可将生成无机纳米颗粒的溶液直接与聚合物溶液相混合，这样更加有利于获得有机/无机均匀分散体系。例如，He 等[53]分别利用 Na_2TeO_3 和 $BiCl_3$ 作为碲源和铋源首先合成了碲化铋纳米线；然后将制备的碲化铋纳米线加入溶有 $FeCl_3$ 掺杂的 P3HT 的三氯甲烷溶剂中，经过长时间的搅拌和超声混合之后，滴涂并干燥混合液，制备得到了一系列不同 Bi_2Te_3 含量（质量分数为 0～20%）的 P3HT/Bi_2Te_3 复合薄膜（图 6-22），碲化铋纳米线较均匀地分散在导电聚合物基体中。Yao 等[23]采用樟脑磺酸掺杂的聚苯胺作为聚合物基体，将其溶解于间甲酚溶剂中，并通过磁力搅拌，将单壁碳纳米管（SWNT）分散在间甲酚溶剂中，最后通过滴涂的方法制备了一系列具有不同碳纳米管含量的 PANI/SWNT 复合薄膜（图 6-23）。当碳纳米管含量较低时，碳纳米管较均匀地分散在聚苯胺基体中；而当碳纳米管含量较高时，碳纳米管在基体中会发生团聚现象，如何避免分散相的团聚仍然是溶液介质混合法的核心问题。

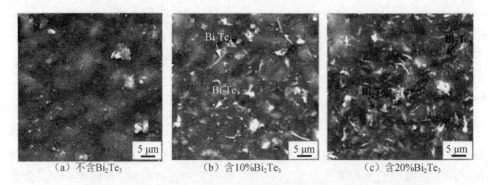

图 6-22　不同碲化铋纳米线含量的 P3HT/Bi_2Te_3 复合薄膜的 SEM 图[53]

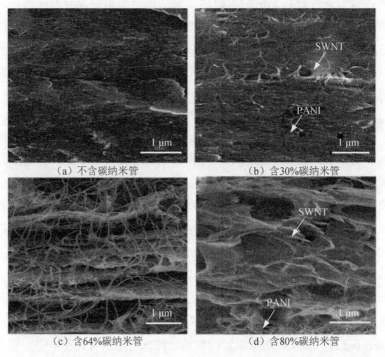

图 6-23　不同碳纳米管含量的 PANI/SWNT 复合薄膜的断面 SEM 图[23]

使用离子表面活性剂或其他稳定剂有助于提高纳米颗粒的分散。例如，Grunlan 等[37]采用溶液介质混合法，将碳纳米管及聚醋酸乙烯酯（PVAC）混合分散在溶剂中，并向混合溶剂中加入聚（3,4-乙撑二氧噻吩）：聚苯乙烯磺酸（PEDOT：PSS），制备了一系列的 PEDOT：PSS/CNT 复合热电材料（图 6-24）。混合溶剂中，高导电的 PEDOT：PSS 颗粒修饰在碳纳米管表面，能够提高碳纳米管的分散性，并且复合材料中碳纳米管包覆在 PVAC 表面形成导电 3D 网络结构。

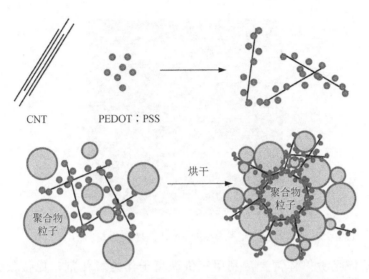

图 6-24　PEDOT：PSS/CNT 复合材料的制备示意图[37]

6.3.3　原位聚合法

将无机纳米颗粒分散于含聚合物单体的溶剂中，然后在一定条件下促使聚合反应发生可以制备有机/无机纳米复合材料，称为原位聚合法。根据聚合机理，聚合反应通常分为三个阶段，即链引发期、链增长期、链终止期三个阶段。随着二聚物的生成，聚合反应进入第二阶段，反应自发加速进行，迅速出现沉淀并放出热量。随着单体浓度的下降和耗尽，聚合进入第三阶段，反应停止，反应体系不再出现沉淀。与溶液介质混合法不同，原位聚合法的特点是聚合反应与复合过程是同步的。聚合物单体通常可以通过化学作用吸附在无机纳米颗粒表面，由于纳米颗粒表面的成核诱导作用，聚合反应（链引发和增长）常常优先在纳米颗粒表面发生，而形成聚合物包裹纳米颗粒的核/壳结构。聚合物分子在无机纳米粒子表面的包覆能阻碍纳米颗粒的团聚，有助于纳米颗粒在导电聚合物中的均匀分散。

最常见的分散相是纳米碳材料（纳米碳管、石墨烯等），这是因为导电聚合物的单体与纳米碳材料的表面均存在大量的π电子，二者之间的π-π共轭作用使聚合物单体能够吸附在纳米碳材料表面，聚合反应可以在纳米碳材料表面优先进行。例如，Meng 等[18]和 Yao 等[19]采用过硫酸铵作为氧化剂，分别原位聚合制备了聚苯胺/多壁碳纳米管（PANI/MWNT）纳米复合材料和聚苯胺/单壁碳纳米管（PANI/SWNT）纳米复合材料。聚苯胺紧紧地包覆在碳纳米管表面形成典型的核壳结构（图 6-25）。Kim 等[39]使用聚苯乙烯磺酸钠水溶液修饰处理石墨烯，再与

图 6-25　原位聚合法制备得到的 PANI/CNT 复合材料的 TEM 图[19]

3,4-二氧乙撑噻吩单体混合，利用三价铁离子作为氧化剂，原位聚合制备了 PEDOT∶PSS/GP 复合热电材料（制备过程如图 6-26 所示）。在这个体系中，石墨烯均匀稳定地分散在聚苯乙烯磺酸钠水溶液中，聚苯乙烯磺酸钠不但起到分散石墨烯的作用，而且还作为 PEDOT 的掺杂剂调控电性能。

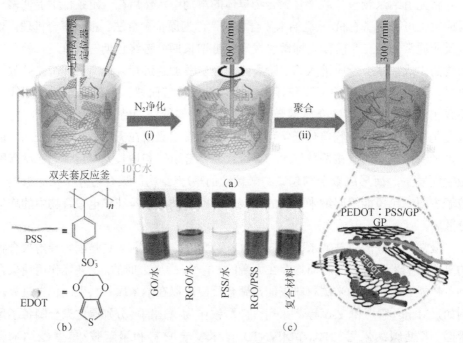

图 6-26　原位聚合法制备 PEDOT∶PSS/GP 复合热电材料的示意图[39]

原位聚合时的温度、氧化剂等反应条件对聚合物结构与性能会产生敏感的影响。一般地，反应体系的温度升高，会导致反应速率加快，得到聚合物的分子量较低，同时副产物也较多；而反应体系温度较低时，容易制备分子量高、导电性较好的聚合物。原位聚合法不仅可以制备复合粉体，使用滴涂等方法并控制升温速率等反应条件也可以制备纳米复合薄膜材料。

6.3.4 层层自组装法

层层自组装法是利用逐层交替沉积的方法，借助各层分子间强的相互作用（如共价键）或弱的相互作用（如静电引力、氢键、配位键等），使层与层之间自发缔合形成有序结构的分子聚集体。采用该技术制备有机/无机复合材料可以在分子尺度上实现两相的均匀复合。Cho 等[30,31]采用带正电荷的质子酸掺杂的聚苯胺（PANI）、离子表面活性剂处理带负电荷的石墨烯（GP）及带负电荷的双壁碳纳米管（DWNT），层层自组装制备了 PANI/GP/PANI/DWNT 多层复合薄膜，制备过程如图 6-27 所示。上述离子表面活性剂可以用高电导率的导电聚合物 PEDOT∶PSS 代替，PEDOT∶PSS 在溶剂中可以产生表面活性剂从而促进石墨烯和碳纳米管的分散。同时在自组装材料中修饰石墨烯和碳纳米管表面，生成新的层层自组装 PANI/GP-PEDOT∶PSS/PANI/DWNT-PEDOT∶PSS 多层复合热电薄膜，有利于提升复合薄膜的热电性能（图 6-28）。

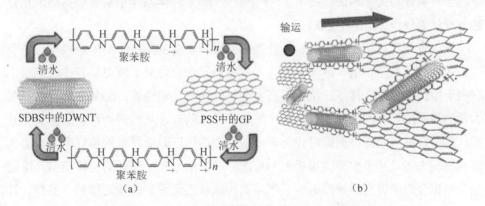

图 6-27 （a）层层自组装法制备 PANI/GP/PANI/DWNT 复合热电薄膜示意图；（b）载流子在复合薄膜中的输运示意图[30]

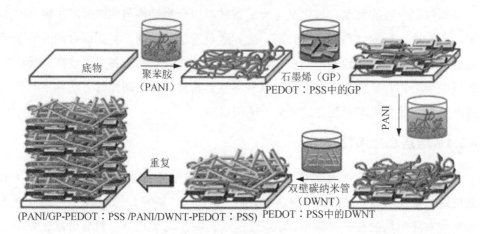

图 6-28　层层自组装制备 PANI/GP-PEDOT：PSS/PANI/DWNT-PEDOT：PSS 复合热电薄膜示意图[31]

6.4　总　　结

导电聚合物热电材料与无机热电材料相比在低成本、可柔性、环境友好等方面具有优势，但其热电性能较差，尤其是电性能调控难度大，导电聚合物热电材料的研究一直滞后于无机热电材料。2000 年后的研究发现，制备导电聚合物基纳米复合材料，可以有效地提高其热电性能。导电聚合物基纳米复合热电材料的功率因子与聚合物基体相比提高了 2～3 个数量级，多种体系导电聚合物基纳米复合热电材料的最佳 ZT 值超过 0.1。

导电聚合物基纳米复合材料性能提高的机制主要包括：①纳米颗粒与导电聚合物之间存在相互作用，纳米颗粒作为模板诱导聚合物分子链更加有序的堆积，有利于增加载流子迁移率，从而提高复合材料的电传输性能；②复合材料中存在大量的界面层，适度的界面势垒能产生能量过滤效应，从而提高材料的泽贝克系数；③复合材料中的界面同时作为声子散射中心可以降低材料的热导率。然而，这些机制大多是基于实验结果提出的可能解释，还未建立清晰的物理模型，特别是导电聚合物泽贝克系数的影响机制与调控原理还无系统的理论体系。另外，目前报道的导电聚合物热电材料以 p 型为主，n 型导电聚合物热电材料的研究更加滞后。建立有机高分子的热电输运理论和热电性能调控原理，是设计开发高性能有机热电材料面临的最大挑战。

参 考 文 献

[1] Su W P, Schrieffer J R, Heeger A J, et al. Solitons in polyacetylene. Physical Review Letters, 1979, 42(25): 1698-1701.

[2] Chiang C K, Fincher C R, Park Y W, et al. Electrical-conductivity in doped polyacetylene. Physical Review Letters, 1977, 39(17): 1098-1101.

[3] Heeger A J. Semiconducting and metallic polymers: The fourth generation of polymeric materials (Nobel lecture). Angewandte Chemie-International Edition, 2001, 40(14): 2591-2611.

[4] Yoon C O, Reghu M, Moses D, et al. Counterion-induced processibility of polyaniline—thermoelectric-power. Physical Review B, 1993, 48(19): 14080-14084.

[5] Park Y W, Yoon C O, Lee C H, et al. Conductivity and thermoelectric-power of the newly processed polyacetylene. Synthetic metals, 1989, 28(3): 27-34.

[6] Toshima N. Conductive Polymers as a new type of thermoelectric material. Macromolecular Symposia, 2002, 186(1): 81-86.

[7] Yao Q, Chen L D, Xu X C, et al. The high thermoelectric properties of conducting polyaniline with special submicron-fibre structure. Chemistry Letters, 2005, 34(4): 522-523.

[8] Zhang Q, Sun Y M, Xu W, et al. Thermoelectric energy from flexible P3HT films doped with a ferric salt of triflimide anions. Energy and Envilonmental Science, 2012, 5(11): 9639-9644.

[9] Kim G H, Shao L, Zhang K, et al. Engineered doping of organic semiconductors for enhanced thermoelectric efficiency. Nature Materials, 2013, 12(8): 719-723.

[10] Bubnova O, Khan Z U, Malti A, et al. Optimization of the thermoelectric figure of merit in the conducting polymer poly(3, 4-ethylenedioxythiophene). Nature Materials, 2011, 10(6): 429-433.

[11] Bubnova O, Berggren M, Crispin X. Tuning the thermoelectric properties of conducting polymers in an electrochemical transistor. Journal of the American Chemical Society, 2012, 134(40): 16456-9.

[12] Hiroshige Y, Ookawa M, Toshima N. Thermoelectric figure-of-merit of iodine-doped copolymer of phenylenevinylene with dialkoxyphenylenevinylene. Synthetic Metals, 2007, 157: 467-474.

[13] Zhang Q, Sun Y, Xu W, et al. Organic thermoelectric materials: emerging green energy materials converting heat to electricity directly and efficiently. Advanced Materials, 2014, 26(40): 6829-6851.

[14] Sun Y, Sheng P, Di C, et al. Organic thermoelectric materials and devices based on p- and n-type poly(metal 1, 1, 2, 2-ethenetetrathiolate)s. Advanced Materials, 2012; 24(7): 932-937.

[15] Sun Y, Qiu L, Tang L, et al. Flexible n-type high-performance thermoelectric thin films of poly(nickel-ethylenetetrathiolate) prepared by an electrochemical method. Advanced Materials, 2016, 28(17): 3351-3358.

[16] Wang H, Yin L, Pu X, et al. Facile charge carrier adjustment for improving thermopower of doped polyaniline. Polymer, 2013, 54(3): 1136-1140.

[17] Yao Q, Wang Q, Wang L, et al. The synergic regulation of conductivity and Seebeck coefficient in pure polyaniline by chemically changing the ordered degree of molecular chains. Journal of Materials Chemistry A, 2014, 2(8): 2634-2640.

[18] Meng C Z, Liu C H, Fan S S. A promising approach to enhanced thermoelectric properties using carbon nanotube networks. Advanced Materials, 2010, 22(4): 535-539.

[19] Yao Q, Chen L D, Zhang W Q, et al. Enhanced thermoelectric performance of single-walled carbon nanotubes/polyaniline hybrid nanocomposites. Acs Nano, 2010, 4(4): 2445-2451.

[20] Wang Q, Yao Q, Chang J, et al. Enhanced thermoelectric properties of CNT/PANI composite nanofibers by highly orienting the arrangement of polymer chains. Journal of Materials Chemistry, 2012, 22(34): 17612-17618.

[21] Liu J L, Sun J, Gao L. Flexible single-walled carbon nanotubes/polyaniline composite films and their enhanced thermoelectric properties. Nanoscale, 2011, 3(9): 3616-3619.

[22] Zhang K, Davis M, Qiu J J, et al. Thermoelectric properties of porous multi-walled carbon nanotube/polyaniline core/shell nanocomposites. Nanotechnology, 2012, 23(38): 385701.

[23] Yao Q, Wang Q, Wang L, et al. Abnormally enhanced thermoelectric transport properties of SWNT/PANI hybrid films by the strengthened PANI molecular ordering. Energy and Environmental Science, 2014, 7(11): 3801-3807.

[24] Zhao Y, Tang G S, Yu Z Z, et al. The effect of graphite oxide on the thermoelectric properties of polyaniline. Carbon, 2012, 50(8): 3064-3073.

[25] Du Y, Shen S Z, Yang W, et al. Simultaneous increase in conductivity and Seebeck coefficient in a polyaniline/graphene nanosheets thermoelectric nanocomposite. Synthetic Metals, 2012, 161: 2688-2692.

[26] Xiang J L, Drzal L T. Templated growth of polyaniline on exfoliated graphene nanoplatelets (GNP) and its thermoelectric properties. Polymer, 2012, 53(19): 4202-4210.

[27] Abad B, Alda I, Diaz-Chao P, et al. Improved power factor of polyaniline nanocomposites with exfoliated graphene nanoplatelets (GNPs). Journal of Materials Chemistry A, 2013, 1(35): 10450-10457.

[28] Wang L, Yao Q, Bi H, et al. Large thermoelectric power factor in polyaniline/graphene nanocomposite films prepared by solution-assistant dispersing method. Journal of Materials Chemistry A, 2014, 2(29): 11107-11113.

[29] Wang L, Yao Q, Bi H, et al. PANI/graphene nanocomposite films with high thermoelectric properties by enhanced molecular ordering. Journal of Materials Chemistry A, 2015, 3(13): 7086-7092.

[30] Cho C, Stevens B, Hsu J H, et al. Completely organic multilayer thin film with thermoelectric power factor rivaling inorganic tellurides. Advanced Materials, 2015, 27(19): 2996-3001.

[31] Cho C, Wallace K L, Tzeng P, et al. Outstanding low temperature thermoelectric power factor from completely organic thin films enabled by multidimensional conjugated nanomaterials. Advanced Energy Materials, 2016, 6: 1502168.

[32] Chatterjee K, Mitra M, Kargupta K, et al. Synthesis, characterization and enhanced thermoelectric performance of structurally ordered cable-like novel polyaniline-bismuth telluride nanocomposite. Nanotechnology, 2013, 24(21): 215703.

[33] Coates N E, Yee S K, McCulloch B, et al. Effect of interfacial properties on polymer-nanocrystal thermoelectric transport. Advanced Materials, 2013, 25(11): 1629-1633.

[34] Anno H, Fukamoto M, Heta Y, et al. Preparation of conducting polyaniline-bismuth nanoparticle composites by planetary ball milling. Journal of Electronic Materials, 2009, 38(7): 1443-1449.

[35] Liu H, Wang J Y, Hu X B, et al. Structure and electronic transport properties of polyaniline/$NaFe_4P_{12}$ composite. Chemical Physics Letters, 2002, 352: 185-190.

[36] Park T, Park C, Kim B, et al. Flexible PEDOT electrodes with large thermoelectric power factors to generate electricity by the touch of fingertips. Energy and Environmental Science, 2013, 6(3): 788-792.

[37] Kim D, Kim Y, Choi K, et al. Improved thermoelectric behavior of nanotube-filled polymer composites with poly(3, 4-ethylenedioxythiophene) poly(styrenesulfonate). ACS Nano, 2010, 4(1): 513-523.

[38] Yu C, Choi K, Yin L, et al. Light-weight flexible carbon nanotube based organic composites with large thermoelectric power factors. ACS Nano, 2011, 5(10): 7885-7892.

[39] Yoo D, Kim J, Kim J H. Direct synthesis of highly conductive poly(3, 4-ethylenedioxythiophene): poly(4-styrenesulfonate) (PEDOT: PSS)/graphene composites and their applications in energy harvesting systems. Nano Research, 2014, 7(5): 717-730.

[40] Li F, Cai K, Shen S, et al. Preparation and thermoelectric properties of reduced graphene oxide/PEDOT: PSS composite films. Synthetic Metals, 2014, 197: 58-61.

[41] Xu K, Chen G, Qiu D. Convenient construction of poly(3, 4-ethylenedioxy-thiophene)-graphene pie-like structure with enhanced thermoelectric performance. Journal of Materials Chemistry A, 2013, 1: 12395-12399.

[42] Kim G H, Hwang D H, Woo S I. Thermoelectric properties of nanocomposite thin films prepared with poly(3, 4-ethylenedioxythiophene) poly(styrenesulfonate) and graphene. Physical Chemistry Chemical Physics, 2012, 14(10): 3530-3536.

[43] See K C, Feser J P, Chen C E, et al. Water-processable polymer-nanocrystal hybrids for thermoelectrics. Nano Letters. 2010, 10(11): 4664-4667.

[44] Song H, Liu C, Zhu H, et al. Improved thermoelectric performance of free-standing PEDOT: PSS/Bi_2Te_3 films with low thermal conductivity. Journal of Electronic Materials, 2013, 42(6): 1268-1274.

[45] Wang Y Y, Cai K F, Yao X. Facile fabrication and thermoelectric properties of PbTe-modified poly(3,4-ethyhenedioxy thiophene) nanotubes. ACS applied Materials and Interfaces, 2011, 3: 1163-1166.

[46] Zhang K, Wang S, Zhang X, et al. Thermoelectric performance of p-type nanohybrids filled polymer composites. Nano Energy, 2015, 13: 327-335.

[47] Choi J, Lee J Y, Lee S S, et al. High-performance thermoelectric paper based on double carrier-filtering processes at nanowire heterojunctions. Advanced Energy Materials, 2016, 6: 1502181.

[48] Qu S, Yao Q, Wang L, et al. Highly anisotropic P3HT films with enhanced thermoelectric performance via organic small molecule epitaxy. NPG Asia Materials, 2016, 8(7): 292-302.

[49] Bounioux C, Diaz-Chao P, Campoy-Quiles M, et al. Thermoelectric composites of poly(3-hexylthiophene) and carbon nanotubes with a large power factor. Energy and Environmental Science, 2013, 6(3): 918-925.

[50] Lee W, Hong C T, Kwon O H, et al. Enhanced thermoelectric performance of bar-coated SWCNT/P3HT thin films. Acs Applied Materials and Interfaces, 2015, 7(12): 6550-6556.

[51] Hong C T, Lee W, Kang Y H, et al. Effective doping by spin-coating and enhanced thermoelectric power factors in SWCNT/P3HT hybrid films. Journal of Materials Chemistry A, 2015, 3(23): 12314-12319.

[52] Du Y, Cai K F, Shen S Z, et al. Preparation and characterization of graphene nanosheets/poly(3-hexylthiophene) thermoelectric composite materials. Synthetic Metals, 2012, 162(23): 2102-2106.

[53] He M, Ge J, Lin Z, et al. Thermopower enhancement in conducting polymer nanocomposites via carrier energy scattering at the organic-inorganic semiconductor interface. Energy and Environmental Science, 2012, 5(8): 8351-8358.

[54] Wang J, Cai K, Shen S, et al. Preparation and thermoelectric properties of multi-walled carbon nanotubes/polypyrrole composites. Synthetic Metals, 2014, 195: 132-136.

[55] Han S, Zhai W, Chen G, et al. Morphology and thermoelectric properties of graphene nanosheets enwrapped with polypyrrole. RSC Advances, 2014, 4(55): 29281-29285.

[56] Zhang Z, Chen G, Wang H, et al. Enhanced thermoelectric property by the construction of a nanocomposite 3D interconnected architecture consisting of graphene nanolayers sandwiched by polypyrrole nanowires. Journal of Materials Chemistry C, 2015, 3(8): 1649-1654.

[57] Mateeva N, Niculescu H, Schlenoff J, et al. Correlation of Seebeck coefficient and electric conductivity in polyaniline and polypyrrole. Journal of Applied Physics, 1998, 83(6): 3111-3117.

[58] Shi K, Zhang F J, Di C A, et al. Toward high performance n-type thermoelectric materials by rational modification of BDPPV backbones. Journal of American Chemical Society, 2015, 137(22): 6979-6982.

[59] Toshima N. Conductive polymers as a new type of thermoelectric materials. Macromolecular Symposia, 2002, 186: 81-86.

[60] Qu S, Yao Q, Shi W, et al. The influence of molecular configuration on the thermoelectrical properties of poly(3-hexylthiophene). Journal of Electronic Materials, 2016, 45(3): 1389-1396.

[61] Harima Y, Fukumoto S, Zhang L, et al. Thermoelectric performances of graphene/polyaniline composites prepared by one-step electrosynthesis. RSC Advances, 2015, 5(106): 86855-86860.

[62] Xiang J, Drzal L T. Improving thermoelectric properties of graphene/polyaniline paper by folding. Chemical Physics Letters, 2014, 593: 109-114.

[63] Lu Y, Song Y, Wang F. Thermoelectric properties of graphene nanosheets-modified polyaniline hybrid nanocomposites by an in situ chemical polymerization. Materials Chemistry and Physics, 2013, 138(1): 238-244.

[64] Xiang J, Drzal L T. Templated growth of polyaniline on exfoliated graphene nanoplatelets (GNP) and its thermoelectric properties. Polymer, 2012, 53(19): 4202-4210.

[65] Wan C L, Gu X K, Dang F, et al. Flexible n-type thermoelectric materials by organic intercalation of layered transition metal dichalcogenide TiS_2. Nature Materials, 2015, 14(6): 622-627.

[66] Toshima N, Imai M, Ichikawa S. Organic-inorganic nanohybrids as novel thermoelectric materials: hybrids of polyaniline and bismuth(iii) telluride nanoparticles. Journal of Electronic Materials, 2011, 40(5): 898-902.

[67] Zhang Q, Wang W, Li J, et al. Preparation and thermoelectric properties of multi-walled carbon nanotube/polyaniline hybrid nanocomposites. Journal of Materials Chemistry A, 2013, 1(39): 12109-12114.

第7章 热电器件设计集成与应用

7.1 引　　言

　　热电器件是实现热电能量转换功能的最基础单元，一般由电极、电绝缘基板等将 p 型和 n 型热电材料通过串联/并联的形式连接而成。热电材料的性能优值（ZT）决定了器件的理论最大效率，但器件的拓扑结构（几何形状、尺寸、连接方式、电流与热流耦合匹配等）、异质界面（电极与热电材料、电极与绝缘基板等）等结构要素严重影响器件的实际能量转换效率、功率密度及可靠性等服役特性。热电转换技术应用的多样性对器件结构、性能提出了多样化的要求，不同的应用目标与服役环境对器件的拓扑结构、物理与化学性能等提出不同要求。例如，面向发电应用的热电器件，高温、大温差、热-力耦合等复杂苛刻的服役环境对器件的可靠性提出了严格的要求；面向环境能量收集应用的热电器件，服役环境的微小温差要求器件对温度具有高的反应灵敏性；而对于可穿戴装备的自供给能源，则要求器件具有良好的柔性及在柔性状态下的长期稳定性。最大限度地发挥热电材料的性能、提升器件实际转换效率，满足实际应用对其功能和结构提出的核心需求，是器件优化设计与集成制造技术的核心科学与技术问题。本章主要叙述热电器件的基本设计原理、关键集成技术、测试方法等，为读者提供器件设计和制造技术的基础知识和方法。

7.2　热电器件基本结构与制备方法

7.2.1　热电器件基本结构与工作原理

　　热电元件通常由金属电极将 n 型热电材料（n 型热电臂）和 p 型热电材料（p 型热电臂）连接构成。由于单个热电元件的输出电压很低，通常需要将许多个热电元件以电串联、热并联的方式连接起来，构成实际使用的热电器件或组件。图 7-1 中所示的 π 形（π shape）平板结构是最典型并获得最广泛应用的器件结构。π 形结构中，长方体或圆柱体的 n 型（n type）和 p 型（p type）热电臂构成的热电元件以电串联和热并联的形式集成于两个电绝缘而热传导良好的陶瓷平板之中，热流沿垂直于陶瓷平板的方向传输，适合于平板状热源的工作环境。在 π 形平板结构器件中，热电材料内的热流密度均匀，容易实现单向热流，通过器件结构的优化设计易于最大限度地发挥材料的热电性能，实现高转换效率。但是，π 形平板结构器件在工作状态下，通常冷、热面均处在约束状态，纵向温差导致的不同材料热膨胀量的差异容易造成大的热应力，影响结构可靠性。

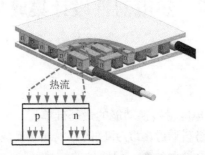

图 7-1　π 形平板构造热电器件结构示意图

除了传统的π形构造，根据不同的应用环境及特殊服役性能的需求，多种非π形构造也先后被提出，其中最具代表性的有环形构造和 Y 形构造。2002 年，Weinberg 等提出了可以将热电器件设计为环形构造的设想[1]，如图 7-2 所示。n 型和 p 型环形热电材料（热电臂）交替沿柱状热源同轴排列，每个环形热电臂之间放置一层环形隔离材料用于实现对相邻热电臂之间的电绝缘。另外，在热电臂外壁和内壁设置金属圈电极，外、内金属圈沿轴向方向依次交替排列，实现对相邻热电臂的连接和所有 p-n 热电元件的电串联。这种环形构造热电器件适用于非平板状热源或流体介质冷热源，特别是热流沿柱状热源的径向方向传输，它有利于克服传统π形构造热电器件只能应用于平板状热源环境的限制。另外，与平板结构相比较，更容易实现器件与集热/散热部件的一体化设计和集成，容易实现高效的热传输和低应力结构设计。但是，热流与电流的放射状传输特征对温场和电场的优化设计带来困难，同时，异型热电材料和金属电极之间的焊接及器件集成技术的难度比平板器件更大，制造成本也更高。

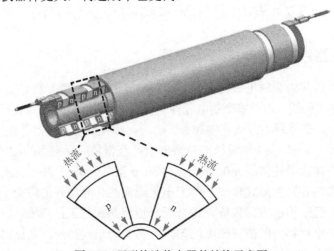

图 7-2　环形构造热电器件结构示意图

热电发电器件一般在大温差及冷、热端约束环境下工作，器件内部的热应力不可避免，尤其是大部分热电材料是脆性材料，应力损伤成为热电发电器件工程应用中的突出问题之一。应力缓解或无应力结构成为器件设计中最重要的追求目标。图 7-3 展示了一种 Y 形结构热电器件，它由 Bell 等于 2006 年首先提出[2]。在 Y 形结构热电器件中，长方体或柱状 n 型和 p 型热电臂以"三明治"结构交替夹在电极连接板间，电极连接板不仅提供相邻 p 型、n 型热电臂的导电通路，同时作为集热和传热构件与 p 型、n 型热电材料共同构成"Y 形"的热量传输通道。这种 Y 形构造使电流流向与冷热源平行，即热流方向与电流方向垂直。Y 形构造把热电材料从应力场中分离出来，器件安装应力施加于高低温电极和绝缘部件上而不直接传递给热电材料或者缓解后传递给热电材料，热电材料保持相对独立或非完全约束状态，热膨胀变形受冷热面约束度减少，有利于热电材料与结构件的应力缓解结构设计。n 型、p 型热电臂横向串联式热膨胀避免了膨胀系数差异造成的应力集中，对热电臂的高度、面积设计提供了更大的灵活性。另外，该结构还使每个热电元件可以独立地进行结构优化，每根热电臂可以具有不同的高度和界面结构，有利于分段结构器件的制造。但是，Y 形器件中热电材料内的热流密度和电流密度不均匀，在一定程度上会影响热电材料最大性能的发挥、降低器件效率；另外，几乎贯穿器件、连通高低温端的电极连接板还造成较大的漏热，也对提升器件转换效率造成困难。

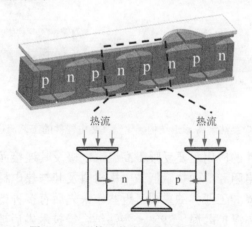

图 7-3　Y 形构造热电器件结构示意图

7.2.2　热电器件的典型制造工艺

π 形结构碲化铋基热电器件的制造技术非常成熟，已获得广泛的商业应用。碲化铋器件主要采用焊接方法制造，其制造工艺流程如图 7-4 所示。碲化铋器件通常以铜作为电极，使用导热性好的陶瓷片（如氧化铝或氮化铝基板）作为冷热端电绝缘板。通常，通过直接覆铜等方法将铜片以一定的图形贴覆在陶瓷基板上，然后，采用传统的锡焊技术将 p 型、n 型热电臂以夹层式（即绝缘陶瓷片/电极/p 型和 n 型热电材料/电极/陶瓷片）结构将 π 形热电元件串联而成。为了提高热电材料与焊料的浸润性，一般在热电材料的焊接面预先进行镀镍处理。该制备工艺简单、成本较低，但同时也存在诸多缺点，例如，受焊料熔点的限制，器件的使用温度通常在 200℃以下，另外使用了陶瓷绝缘片导致器件易碎且抗机械冲击性能较差。

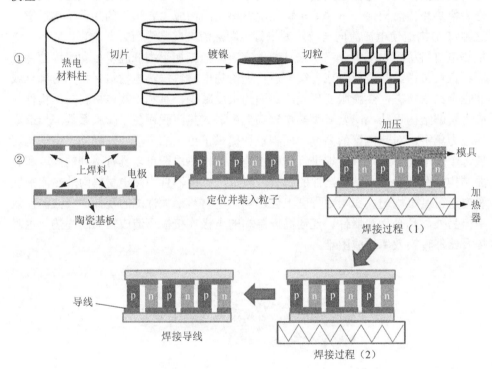

图 7-4　焊接法制备 π 形结构碲化铋基热电器件的工艺流程示意图

中高温热电器件的应用主要受限于高温端电极及其连接面的高温稳定性，高温稳定，并且界面电阻和界面热阻低的电极材料及其与热电材料的焊接技术的开发越来越受到学术界和工业界的重视。近些年来先后有多种电极制备技术问世，例如，电弧喷涂、高温扩散焊、SPS 一步法结合等技术先后被应用于热电器件的制备。电弧喷涂技术的特征在于，使用耐高温框架结构（如陶瓷框架、耐热尼龙框架等），将 p 型和 n 型热电材料（热电臂）置于该框架内，采用直流电场熔融合金丝线并直接喷涂在热电臂上后再经研磨加工等工艺即可完成电极的制造，通过对框架侧壁高度的设计容易实现热电元件的串/并联结构[3,4]。电弧喷涂技术的工艺流程如图 7-5 所示。电弧喷涂技术不使用焊料，器件使用温度不受焊料熔点的限制，高温稳定性好。喷涂合金电极与热电材料的结合状态（结合强度、界面电阻、界面热阻等）主要取决于熔融合金与热电材料间的浸润性及器件结构设计。一般地，为了改善界面结合状态，通常在热电材料电极连接面预先制备过渡层或中间层。另外，电弧喷涂器件中的热电臂完全被固定封装在框架和电极构成的空间内，形成一个完整的整体，因此器件结构强度大，抗机械冲击性好。电弧喷涂技术已被成功应用于碲化铋器件的生产。

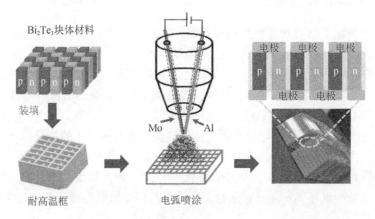

图 7-5　电弧喷涂技术制备 Bi_2Te_3 基热电器件的工艺流程示意图

以上两种工艺都是使用 p 型和 n 型热电臂直接连接集成为组件，还有一种典型的工艺是先制备 p/n 材料高温电极互联的 π 形元件，然后将一系列 π 形元件通过对其低温端电极的互联构筑成组件（图 7-6）。该工艺的核心是一步法制备 π 形元件，使用等离子烧结或热压烧结技术同时制备 p 型和 n 型材料，并且将电极材料、阻挡层材料、热电材料压制实现热电材料的烧结致密化、热电材料与高温电极的"焊接"同步进行。这种一体化工艺将热压一步法制造与高稳定性界面结合技术相结合，从而容易获得热电材料与电极的高强度结合，避免热电材料后续焊接的高温冲击，并获得低的界面接触电阻。该工艺在方钴矿器件、PbTe 器件制备中已获得应用[5-7]。

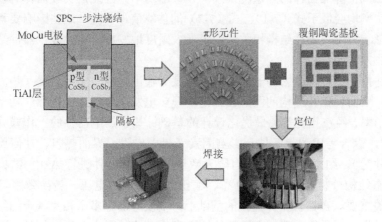

图 7-6　热电元件 SPS 一步法制备与组件集成工艺示意图

7.3 热电器件设计与评价

7.3.1 器件设计原理与方法

第 1 章叙述了具有理想结构的 π 形器件的转换效率、输出功率等重要参数与材料物理性质及使用环境（器件冷热端温度）的关系。这些关系式的推导中，做了许多工作条件及材料参数的简化和假设，主要包括：①忽略电极等连接材料的性能属性，仅考虑 p 型、n 型热电材料；②设定 p 型、n 型热电材料具有相同的性能参数，且不随温度变化；③p 型、n 型热电臂具有相同的高度；④忽略各连接界面处的附加电阻和热阻；⑤忽略器件内部由于对流、辐射等产生的热量传输；⑥系统中所产生的焦耳热一半传到热端，一半传到冷端；⑦忽略汤姆孙效应等。基于以上简化和假设，获得了器件最大转换效率（$\eta_{\max}$）、最大输出功率（$P_{\max}$）与热电材料性能参数（电导率、泽贝克系数、热导率）和冷热端温度（T_c、T_h）的关系：

$$\eta_{\max} = \frac{T_h - T_c}{T_h} \cdot \frac{\sqrt{1+Z\bar{T}} - 1}{\sqrt{1+Z\bar{T}} + T_c/T_h} \quad (7\text{-}1)$$

$$P_{\max} = \frac{S^2 \Delta T^2}{4R} \quad (7\text{-}2)$$

但在实际的热电器件中，热电材料的性能参数随温度而变化，p 型、n 型热电材料的性能也不可能完全一致；并且，在大温度梯度（大于 100K/cm）、高电流密度（大于 10A/cm^2）的工作情况下，汤姆孙效应是不可忽略的。更重要的是，对于一个实用热电组件，绝缘基板、电极及由此引入的各种界面均对热传输和电传输过程产生直接影响。另外，实际工作环境中辐射、对流传热也不可避免，这些要素的存在直接降低器件的能量转换效率和输出功率。因此，实际器件的转换效率和输出功率均会低于式（7-1）、式（7-2）的估算值，并且，这些影响要素对器件性能的影响程度与器件结构相关，为了最大限度地发挥材料性能，器件结构的优化设计非常重要。

器件拓扑结构直接影响器件的能量密度等输出特性，实际工况（热流密度、温场等）下器件拓扑结构的匹配设计是实现热电发电系统综合指标（功率密度、能量利用率、经济指标等）最优化设计的基础。基于热电器件的工作模式（发电和制冷），综合考虑边界条件和影响因素（界面电阻、界面热阻、几何尺寸、电极层尺寸等），结合理论分析和有限元数值模拟，对器件进行热-电-结构耦合分析及瞬态结构分析（包括温度分布、输出功率、输出电压、转换效率等变化情况）至关重要。在器件整体建模的基础上，需要对器件多个相互耦合的结构参数开展同时优化，最终实现热电器件的结构优化设计。图 7-7 所示的是全面考虑热电器件的拓扑结构（几何形状、尺寸、连接方式、电流与热流耦合匹配等）和异质界面结构（电极/热电材料、电极/绝缘基板等）要素影响的器件优化设计逻辑框架。

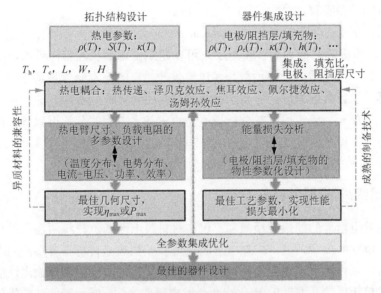

图 7-7 热电器件优化设计逻辑框架

为了准确预测热电器件性能并对器件进行合理的优化设计，需要建立三维的数值仿真模型。根据稳态下的能量守恒方程和电荷连续方程[8]：

$$\nabla \cdot \vec{q} = \dot{q} \tag{7-3}$$

$$\nabla \cdot \vec{J} = 0 \tag{7-4}$$

结合热-电耦合本构方程：

$$\vec{q} = [S]T\vec{J} - [\kappa]\nabla T \tag{7-5}$$

$$\vec{J} = -[\sigma]\nabla V - [\sigma][S]\nabla T \tag{7-6}$$

得到可描述温度和电势分布及热-电耦合效应的控制方程：

$$\nabla([\kappa]\nabla T) + \frac{\vec{J}^2}{\sigma} - T\vec{J} \cdot \left[\left(\frac{\partial S}{\partial T}\right)\nabla T + (\nabla S)_T\right] = 0 \tag{7-7}$$

$$\nabla([\sigma]\nabla V + [\sigma][S]\nabla T) = 0 \tag{7-8}$$

式中，$\vec{q}$ 为热通量矢量；$\dot{q}$ 为单位体积的热生成率；$\vec{J}$ 为电流密度矢量；$[S]$ 为泽贝克系数矩阵；$[\kappa]$ 为热导率矩阵；$[\sigma]$ 为电导率矩阵。

当给定一个电流值时，通过求解方程式（7-7）和式（7-8），可以得到电势分布和温度分布，再利用数学运算得到输出电压、输出功率、热端吸热量及转换效率。由于热电材料的特性参数具有温度依赖性，因此上述控制方程具有强非线性，且对于一些特殊的应用环境，其边界条件是关于温度和位置的复杂函数，因此很难得到方程的精确解。

目前，基于有限元法（finite element method，FEM）可对该控制方程进行数值求解[8]。有限元法的通用性得益于它可以建立任意形状的结构模型，应对不同的复杂材料，以及适用于各种载荷和边界条件。它的基本概念是将复杂的问题简单化，然后进行数值求解。它将求解域看作是由许多称为有限元的、在节点处互连的子域（单元）所组成，其分析模型是给出基本方程的分片近似解。由于单元可以被分为各种形状和尺寸，因此一个个单元可以较容易地逼近复杂的几何边界，能够处理复杂的连续介质问题。

7.3.2 单级/多段器件结构设计

热电发电器件的能量转换效率不仅与材料热电性能、材料两端温差有关，还取决于热电臂的尺寸。当构成热电对的 p 型和 n 型热电材料具有不同的电阻率和热导率时，要求两个电偶臂的几何尺寸不同才能获得最佳的器件输出性能。本节以方钴矿单级器件及方钴矿/碲化铋两段发电器件为例，展示器件结构优化设计的方法及各主要结构参数和界面参数对器件性能的影响。

基于有限元法，利用 ANSYS Workbench 中的 thermal-electric 模块，首先以单级 π 形方钴矿（SKD）基热电发电单偶[图 7-8（a）]为例，取低温端冷源温度 $T_c=25℃$，高温端热源温度 $T_h=600℃$，根据实际工作环境及已知材料的热物性参数，取热源与器件间换热系数为 $6×10^3 W/(m^2·K)$、冷源与器件间换热系数为 $1.2×10^4 W/(m^2·K)$，对热电臂高度及 p、n 热电臂横截面之比进行优化分析。计算中所涉及的材料性能见图 7-9 和表 7-1。从图 7-8（b）可以看出，随着 p、n 热电臂横截面之比（A_p/A_n）的增大，元件最大输出功率（P_{max}）和转换效率（η_{max}）均呈现先升后降的趋势；在某一特定的尺寸下达到峰值，但两个峰值所对应的尺寸不同，表明很难同时实现 P_{max} 和 η_{max} 的最大化。从图 7-8（d）可以看出，随着热电臂横长径比（H/A_{pn}）的增加，P_{max} 和功率密度（P_d）均降低，而 η_{max} 呈增加趋势，并逐渐平稳。这是由于 H/A_{pn} 的增加导致元件内阻（R_{in}）显著增大，而开路电压（V_{oc}）增加幅度不大且趋于平缓引起的[图 7-8（c）]。因此，在冷、热源温度一定的条件下，要提高 P_{max} 或 P_d，则热电臂的 H/A_{pn} 应在合理的范围内尽量小些，而要获得更高的 η_{max}，则需要更大的 H/A_{pn}，即效率最大化和功率密度最大化在结构设计上是反向的。通过尺寸优化设计可以满足不同的器件输出性能需求，而实用器件需要考虑实际应用提出的需求进行器件结构的定型设计。

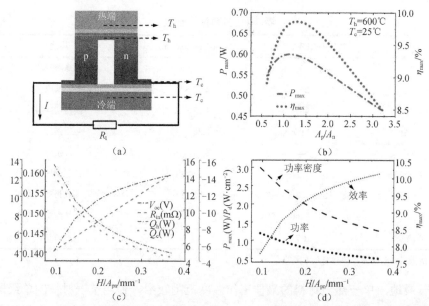

图 7-8 （a）单级 π 形热电发电元件的示意图；（b）单级 π 形方钴矿（SKD）元件的最大输出功率（P_{max}）、热电转换效率（η_{max}）随 p、n 热电臂横截面之比（A_p/A_n）的变化关系曲线图；（c）单级 π 形 SKD 元件的开路电压（V_{oc}）、元件内阻（R_{in}）、高温端热流（Q_h）、低温端热流（Q_c）随热电臂横长径比（H/A_{pn}）的变化关系曲线图；（d）单级 π 形 SKD 元件的 P_{max}、功率密度（P_d）及 η_{max} 随 H/A_{pn} 的变化关系曲线图

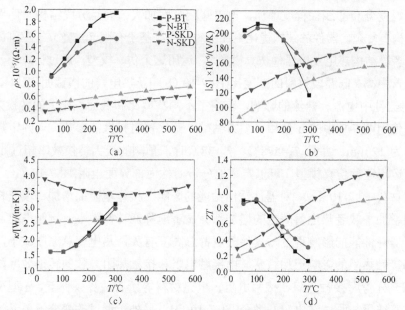

图 7-9 碲化铋（p-$Bi_{0.4}Sb_{1.6}Te_3$、n-$Bi_2Te_{2.5}Se_{0.5}$）和方钴矿（p-$CeFe_{3.85}Mn_{0.15}Sb_{12}$、n-$Yb_{0.3}Co_4Sb_{12}$）的热电性能与温度的关系曲线

(a) 电阻率（ρ）；(b) 泽贝克系数（$|S|$）；(c) 热导率（κ）；(d) 无量纲优值 ZT

表 7-1　材料性能参数

名称	热导率/[W/(m·K)]	电阻率/(Ω·m)	用途
AlN	200	—	绝缘陶瓷片
$Mo_{50}Cu_{50}$	250	2.67×10^{-8}	高温端电极
Ag-Cu-Zn	401	1.68×10^{-8}	高温端焊料
Ti-Al	21.9	5.26×10^{-7}	阻挡层
Ni	90	6.25×10^{-8}	连接层
SnSb Solder	55	1.14×10^{-7}	低温端焊料
Cu	380~260* (3~150℃)	1.68×10^{-8}	低温端电极和热流计
Al_2O_3	30.3~9.1* (100~600℃)	—	绝缘陶瓷片
导热胶	1.7	—	导热材料

* 指从室温到高温，热导率是下降的。

一般地，单一热电材料的最佳工作温度范围较窄，使用单一材料的单级器件转换效率的提升有限。级联或多段结构器件是将适用于不同温区的热电材料串联起来使用，使它们工作在各自最大热电优值的温度区间内，即保证在器件工作的整个温度区间内平均热电优值最大化，从而提高器件的发电性能。典型的分段（segmented）器件结构如图 7-10（a）所示。但是，由于多种材料物性参数的差异，器件内温度分布非线性程度增加，电阻匹配难度加大；而且分段结构器件界面更多，结构更复杂，器件的结构优化更加困难。张等基于有限元法建立了三维的、全参数的多段结构热电发电器件仿真模型[9]。运用这个仿真模型，通过计算 p 型、n 型热电臂中高、低温段材料的高度比[图 7-10（b）]及热电臂的横截面积比[图 7-10（c）]对器件中电流、热流的影响，获得了不同高度比和截面积比下的转换效率。例如，使用图 7-9 中的 p 型和 n 型方钴矿、碲化铋材料性能参数，当固定热电臂总高度为 12 mm，并且 T_h=578℃、T_c=38℃时，预测的最大转换效率超过 12%。同时，运用这种仿真模型，可以定量地分析器件内部界面电阻[图 7-10（d）]和绝缘填充材料[图 7-10（e）]对器件输出性能的影响。接触电阻的增加、填充材料热导率的增加，或者热电臂间距的增加都会显著地降低转换效率。接触电阻、接触热阻对器件性能的影响程度与器件热电臂总高度有关，热电臂总高度减小，接触电阻和接触热阻的影响更加敏感，由接触电阻和接触热阻导致的转换效率降低更大。在充分考虑接触热阻、接触电阻、填充材料等所有边界条件下，n 型平板器件的仿真结果与测试结果较好吻合[图 7-10(f)]。另外，通过改变分解单元的几何形状和边界约束条件，这种三维全参数仿真模型可以简单地被拓展应用于环形器件、Y 形器件、薄膜器件等复杂结构的热电器件中。

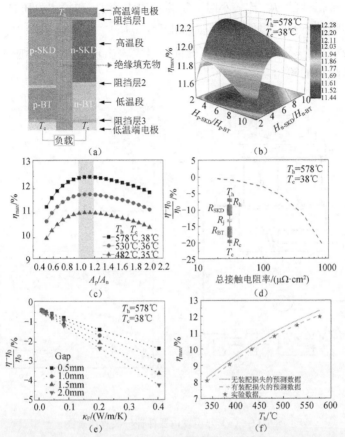

图 7-10 （a）碲化铋（BT）/方钴矿（SKD）分段结构热电发电器件示意图；（b）当 T_h=578℃，T_c=38℃ 时，热电转换效率与 H_{n-SKD}/H_{n-BT}，H_{p-SKD}/H_{p-BT} 之间的关系；（c）不同温度梯度下，热电转换效率与 A_p/A_n 的关系；（d）单偶总接触电阻率对热电转换效率损失的影响；（e）不同的热电臂间距下，填充材料热导率对热电转换效率损失的影响；(f) BT/SKD 分段热电发电器件测试性能与仿真结果的对比

以上器件设计中固定热电臂总高度为 12 mm

7.3.3 器件评价方法

1. 转换效率和输出功率的评价测量

最大能量转换效率、最大输出功率是评价器件性能的主要指标。热电器件转换效率评价装置原理示意图如图 7-11（a）所示。通常，在器件两端建立温差（高温端温度 T_h，低温端温度 T_c），在该温差下改变负载电阻，测量不同负载下对应的器件输出电压 V_{out} 和标准电阻 R_s 上的电压降 V_s，器件输出电流可由 $I_{out}=\dfrac{V_s}{R_s}$ 获得。如图 7-11（b）所示，改变外部负载电阻值可以获得 I_{out}-V_{out} 线性关系和 I_{out}-P_{out}

曲线。当单个器件的 R_{in} 比较小时，可将输出电流 I_{out} 和输出电压 V_{out} 进行线性拟合，得到该温差下热电器件的内阻 R_{in} 和开路电压 V_{oc}。根据 I_{out}-V_{out} 线性关系和 I_{out}-P_{out} 曲线，可获得该温差条件下器件的最大输出功率 P_{max}（对应于外部负载总电阻等于内阻时的输出功率）。

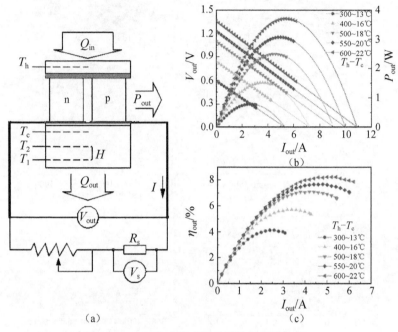

图 7-11 （a）热电发电器件评价装置原理图；
（b）器件性能测量参数示意图；（c）I_{out}-η 关系曲线

冷端排出热流 Q_{out} 由已知热导率的铜块（热流计）测量获得，即精确测量热流计高、低温两个测温点温度 T_1 和 T_2 及热流计几何尺寸，则：

$$Q_{out} = \kappa \times \frac{T_1 - T_2}{H} \cdot (L \times W) \tag{7-9}$$

式中，κ 为热流计热导率；L 和 W 为热流计截面的两个边长；H 为热流计上 T_1 和 T_2 两个测温点之间的垂直距离。

根据定义，器件的转换效率可以计算获得：

$$\eta = \frac{P_{out}}{Q_{in}} \times 100\% = \frac{P_{out}}{P_{out} + Q_{out}} \times 100\% \tag{7-10}$$

对给定的温差条件下可以获得 I_{out}-η 曲线和相应温差下的最大转换效率 η_{max} [图 7-11（c）]。

器件评价中，需要长时间维持稳定的大温差环境，并且测量参数多，容易产生较大的测试误差。测试误差的主要来源有：①冷、热端温度的准确控制困难。通常需要在同一个温差条件下改变负载，测量一系列输出电压，随着测试电流的增加,由于佩尔捷效应产生的热端吸收热量和冷端排放热量增加,通常会导致热端温度下降,冷端温度上升,影响器件输出电压和电流的准确测量。因此,冷热端温度的精准控制非常重要。②热辐射和对流传热很难避免。热源与冷源之间存在较大温差(尤其高温测量时),辐射传热和对流传热增加,热流计测得冷端排出的热流不完全是通过器件传导的热量,直接影响转换效率的准确获取。通常,对器件周围施加隔热保护并保持高真空度对提升测量精度有帮助。另外,器件热端温度的准确测量及热流计热导率的标定等均会对器件性能测量结果产生显著的影响。

2. 哈曼法测量材料热电性能

采用器件性能的评价测试方法还可以获得热电材料的 ZT 值。常规获得无量纲热电优值的最基本方法是分别测出电导率、泽贝克系数和热导率等几个参数,然后根据 ZT 值的定义便可计算获得被测材料的热电优值。然而,由于这种评价方法涉及众多的测试,使其比较复杂和耗时。通过对最终热电元器件性能的测试也可以一次性得到热电材料本身的 ZT 值,非常简便快捷。例如,热电优值可以通过器件的最大温差来进行估算。根据第 1 章中对制冷器件的分析,器件的最大温差 ΔT_{max} 在理想状况下与热电优值的关系可以表示为

$$Z = 2\Delta T_{max}/T_c^2 \tag{7-11}$$

式中,T_c 为温差电器件的冷端温度。最大温差 ΔT_{max} 与器件被施加的电流 I 呈近似抛物线关系,因此,可以容易地通过测量器件的热与电流的关系而确定出最大温差,进而利用式(7-11)就可以反推出热电优值。显然,这种方法不仅简单,而且方便。然而也必须指出,这种方法仅仅是对热电优值的一种近似估算。原因是式(7-11)的导出首先需要假设泽贝克系数 S、电阻率 ρ 和热导率 κ 三个参数与温度无关,而实际上这三个参数都是温度的函数。目前的单级器件,其最大温差可达到 67 K。在这么大的温差范围内,S、ρ 和 κ 都可能会发生显著的变化,因此,采用这种方法求出的热电优值应该是这个温度范围内的平均值。其次,导出公式的另一个前提是器件拓扑结构的影响已经被忽略不计,即器件中两温差电偶元件的截面积应分别按其最佳截面要求制作的。最后还应指出,采用这种方法确定的热电优值确切地说是器件的热电优值。它与材料热电优值不同之处在于,器件优值还包含了温差电偶接头处接触电阻及接触热阻的影响。从理论上说,只有当接触电阻与热阻为零时,这两个优值才会在数值上相等。

由于存在以上诸多限制条件,哈曼(Harman)进一步提出了一个直接测量温差电优值的简单方法。这种方法利用了被测样品中同时存在的佩尔捷效应和泽贝克效应与热电优值间的关系,其原理可参见图 7-12。如对被测样品施加一直流电流 I,由于佩尔捷效应的作用,形成被测样品中热量从一端到另一端的抽运,样品一端温度升高,而另一端温度下降,出现温差 ΔT。另外,由于温差的建立,将

会引起沿相反于佩尔捷抽热方向的热传导。同时，由于温差的存在，将会在被测样品的纯电阻 R 引起的电压降 V_R 上叠加一个由于泽贝克效应而引入的泽贝克电压 V_α，因此通过建立热平衡方程与电流电压方程，可以得到

$$ZT = \frac{V_\tau}{V_R} - 1 \tag{7-12}$$

式中，V_τ 为样品两端总电压。可见，只要通过适当的实验安排，测出 V_τ 和 V_R，就可以确定出材料的 ZT 值。V_τ 就是相应于绝热条件下两端的电压，而 V_R 则是相应于等温条件下的电压。绝热条件可通过尽可能减小样品与外界的热交换来近似，例如，采用真空系统、适当选取被测样品的形状与尺寸、采用较细的测量探针与电流引线等。测量 V_τ 和 V_R 可以采用稳态法或者瞬态法，具体测量过程可以参考相关专著[10]。

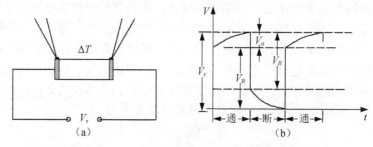

图 7-12　热电优值瞬态哈曼法直接测量原理图

7.4　界面设计与连接技术

7.4.1　电极材料的选择与电极连接技术

热电器件设计集成中，电极与热电材料的连接，特别是发电器件高温电极的设计与连接，是器件集成的关键技术。电极材料自身的物理性质（热导率、电导率、热膨胀系数等）及其与热电材料的匹配、电极与热电材料间的结合状态（结合强度、界面电阻、界面热阻、界面高温及化学稳定性等）直接影响器件的效率、可靠性和使用寿命。电极材料的选用主要遵循以下原则：①电极材料具有高的电导率和热导率以降低能量损耗；②电极材料的膨胀系数要与其相连接的热电材料尽量接近，以避免由于热膨胀系数的不匹配造成应力集中产生开裂。一般地，二者热膨胀系数差需要控制在 20%以内；③电极与热电材料界面结合强度高，并且接触电阻和接触热阻低；④在使用温度范围内，电极与热电材料无严重相互扩散或反应，避免由此造成对热电材料的损伤；⑤在使用温度范围内，具有一定程度的抗氧化性和高温稳定性；⑥电极与材料结合工艺简单。一般地，大部分金属材料都很难同时满足以上要求，特别是高结合强度、低界面电阻、界面高温稳定很难同时实现，因此，通常引入多层界面层来实现上述多种矛盾指标的同时满足。

表 7-2 列举了典型器件电极材料及其常用的连接方法。低温 Bi_2Te_3 基制冷器件的制备技术比较成熟,主要采用铜或铝为电极材料,一般用锡焊的方法实现电极与 Bi_2Te_3 基材料的焊接,受焊锡熔点的限制,这种器件很难在 200℃以上使用。采用喷涂技术可以在 Bi_2Te_3 基热电材料上直接制备 Al 等电极材料[11-15],这种器件因不使用焊锡,使用温度较高,适用于热源温度 300℃以下的温差发电。

表 7-2 几种典型的热电器件高温端电极连接方式

热电器件	电极	连接方式	特点
Bi_2Te_3	Cu	锡焊	CTE 匹配较好,界面电阻和界面热阻小,但焊接面高温稳定性差
	Al	等离子喷涂	成本高,电极易氧化
SiGe 基	C	弹簧压力接触	压力接触有利于缓解热膨胀系数不匹配问题,但界面电阻和界面热阻
	W	热等静压或放电等离子烧结	CTE 匹配较好,但界面电阻和界面热阻较大
	Mo-Si	热压烧结或放电等离子烧结	CTE 匹配较好,界面电阻和界面热阻小
PbTe 基	Fe、Ni	热压烧结或放电等离子烧结	界面结合好,但热膨胀系数匹配有待改进
氧化物	Ag	银浆连接	界面电阻和界面热阻小,但高温稳定性有待改进
$CoSb_3$ 基填充方钴矿	Mo	放电等离子烧结	热膨胀系数匹配有待改进
	Cu	弹簧压力接触	界面电阻和界面热阻大
	Mo-Cu	放电等离子烧结	热膨胀系数匹配较好,界面电阻和界面热阻小
半 Heusler 基	Cu	钎焊	界面电阻和界面热阻小,但高温稳定性差

对于应用于中、高温发电的器件,由于使用温度较高,高温电极材料的选择与连接技术更为困难。SiGe 基器件主要采用 C、W、Mo-Si 作为电极材料[16,17],连接方式有弹簧压力接触、热等静压、热压烧结或放电等离子烧结等;PbTe 基器件主要采用热压烧结或放电等离子烧结的方式与金属 Fe 或 Ni 电极连接,但制备过程及服役过程中 Ni 和 Fe 的扩散通常会导致 PbTe 基化合物热电性能的改变[18-21];氧化物热电发电器件主要采用银浆直接连接银电极,但银浆在高温下容易挥发从而导致器件失效[22]。新型 $CoSb_3$ 基填充方钴矿器件的电极材料和连接技术得到广泛的研究,早期 NASA-JPL 提出弹簧压力接触的方式制备 $CoSb_3$ 基热电发电器件,但界面电阻和界面热阻较大[23],影响器件效率的提升。樊等通过使用 Ti 过渡层并采用两步 SPS 法将 Mo 电极与 $CoSb_3$ 材料刚性连接[24],但由于 Mo 与 $CoSb_3$ 的热膨胀系数相差较大,界面处残留应力较大、容易产生裂纹,影响结合强度和器件可靠性。这一技术后来通过 Mo-Cu 合金化、优化合金成分,Mo-Cu 的热膨胀系数可以调节到与 $CoSb_3$ 基填充方钴矿相匹配,界面残留应力大幅度减小,界面强度和器件可靠性获得提高[25,26]。

7.4.2 热电材料/电极过渡层与界面结构

长期服役的热电器件,其高温端电极与热电材料的界面处易发生元素相互扩散或化学反应,导致界面组分和结构发生变化,产生附加界面电阻和热阻,从而造成器件性能衰减,甚至导致器件失效。另外,在 7.4.1 小节中介绍的大多数金属电极材料的选择原则中首先考虑高电导率、高热导率及热膨胀系数与热电材料的匹配,而这些电极材料常常很难与热电材料直接形成良好的结合,即很难实现 7.4.1 小节中给出的六方面要求。

同时解决电极材料与热电材料良好连接(高强度、低界面电阻和热阻)和高温界面稳定性问题的有效方法是在热电材料与电极间引入适当的过渡层。对于低温器件的锡焊工艺,这种过渡层的主要功能是改善材料与焊锡的浸润性,降低界面电阻和界面热阻。例如,对于碲化铋器件,在碲化铋材料焊接面镀镍是最常用和有效的办法,但是,对于高温器件,过渡层的选择和设计则更加复杂,主要需考虑三方面的功能:①在电极制备工艺中发挥"活化层"功能,促进热电材料与电极的结合,提高结合强度;②完成制备工艺后,形成稳定的界面层,该界面层用以阻挡高温条件下热电材料与电极间的互扩散和化学反应;③形成的界面阻挡层自身的电阻和热阻还必须足够低,即高温下必须是良导体。

以 $CoSb_3$ 基填充方钴矿中温器件和硅锗高温器件为例,考察过渡层和界面结构的设计。填充方钴矿材料中的主要成分 Sb 元素高温下很容易与 Al、Cu、Ni 等常见的金属材料发生严重的相互扩散和反应,导致材料性能的恶化或电极的失效。El-Genk 等研究发现,以 Cu 为电极的方钴矿器件在 600℃加速试验 150 天后,输出功率下降 70%,而高温端界面接触电阻率的大幅度上升是器件性能下降的主要原因[27]。赵等分别用 Cu-Mo 合金和 Cu-W 合金作电极,Ti 作扩散阻挡层,利用 SPS 一步法实现电极与方钴矿材料的连接。在 SPS 烧结过程中,活泼的金属 Ti 与两侧的热电材料和电极材料产生互扩散形成良好的结合,结合强度高并且界面电阻低[6,28]。但是,经过 550℃的恒温老化实验后发现,Ti/方钴矿界面处存在明显的元素扩散,并逐步形成由脆性金属间化合物 TiSb、$TiSb_2$ 和 TiCoSb 构成的扩散层(图 7-13),导致界面强度下降、接触热阻和接触电阻上升[25]。针对该电极体系,顾等对过渡层组分做了调整,使用 Ti+Al 混合物为过渡层,利用 Ti 和 Al 的高活性获得良好的连接。同时在 SPS 烧结过程中 Ti 与 Al 间发生固相反应,在 Ti 颗粒表面生成高温稳定并且导电性良好的 Ti-Al 金属间化合物,这种核-壳结构 Ti-Al 中间层结构[图 7-14(a)],比纯 Ti 过渡层高温更加稳定,并且可以阻止两侧元素的扩散,是一种理想的过渡层结构[29]。$Ti_{100-x}Al_x$-$Yb_{0.6}Co_4Sb_{12}$ 界面在 600℃、真空条件下加速老化后,过渡层 Al 含量对界面扩散具有显著影响,其中,$Ti_{94}Al_6$/$Yb_{0.6}Co_4Sb_{12}$ 界面扩散层厚度的生长速率最低[图 7-14(b)]。同时,Al 的添加使界面电阻在老化后仍然维持在 10 $\mu\Omega\cdot cm^2$ 以下[图 7-14(c)]。

第 7 章 热电器件设计集成与应用

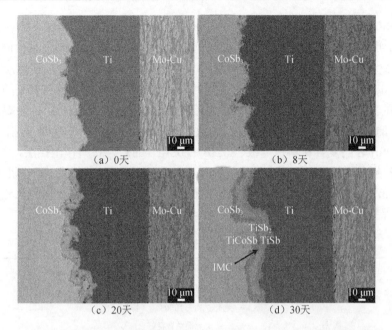

图 7-13 在 550℃不同加速时效时间下的 $CoSb_3$/Ti/Mo-Cu 界面扫描电镜图

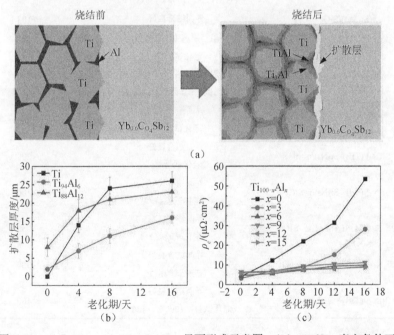

图 7-14 （a）$Ti_{100-x}Al_x$-$Yb_{0.6}Co_4Sb_{12}$ 界面形成示意图；（b）600℃、真空条件下 $Ti_{100-x}Al_x$-$Yb_{0.6}Co_4Sb_{12}$ 元件界面扩散层厚度随热持久时间的演化；（c）600℃、真空条件下 $Ti_{100-x}Al_x$-$Yb_{0.6}Co_4Sb_{12}$ 元件接触电阻率随热持久时间的演化

表 7-3 列举了主要硅锗合金热电元件高温电极结构与界面电阻[30-39]。C 电极

和 Mo-Si 电极可以不使用界面过渡层直接与锗硅热电材料连接。W 具有高的高温电导率，并且可以通过添加 Si_3N_4 制备 $W-Si_3N_4$ 复合材料将其热膨胀系数调节到与锗硅合金相匹配，是锗硅器件最常用的电极体系。W 电极体系可使用 C、Ti、$MoSi_2+Si_3N_4$、$TiB_2+Si_3N_4$ 等作为界面过渡层。$MoSi_2$ 和 TiB_2 均具有较高的电导率和一定的高温活性，有利于实现电极与锗硅合金的连接，添加 Si_3N_4 主要是调节过渡层的热膨胀系数和阻挡元素扩散。例如，Yang 等[40]使用体积分数为 $70W+30Si_3N_4$ 的复合材料作电极、$80TiB_2+20Si_3N_4$ 的复合材料作阻挡层，采用 SPS 一步烧结法制备了 $W-Si_3N_4/TiB_2-Si_3N_4$/P-SiGe 元件，室温接触电阻率仅为 15 $\mu\Omega\cdot cm^2$，800℃时接触电阻率约为 59 $\mu\Omega\cdot cm^2$；1000℃、120 h 老化试验后，该元件仍保持完好的界面结构，但接触电阻率有所上升。

表 7-3 硅锗合金热电元件高温端的结构与性能

电极/阻挡层/热电层	界面结构稳定性	接触电阻率/($\mu\Omega\cdot cm^2$)
W/C/SiGe	界面结合良好 （老化试验：1000℃，140 h）	300
W(CVD)/Sealed C/SiGe	界面结合良好 （老化试验：1000℃，1000 h）	< 100
(Si-Mo)/SiGe	界面结合良好	< 100
W/Ti/n-SiGe	阻挡层产生大量孔洞 （老化试验前）	—
C/Ti/n-SiGe	阻挡层产生大量孔洞 （老化试验：1100℃，300 h）	—
(Si-$MoSi_2$)/SiGe	界面结合良好 （老化试验前）	> 2000
($W-Si_3N_4$)/($TiB_2-Si_3N_4$)/n-SiGe	界面结合良好 （老化试验前）	~ 200
($W-Si_3N_4$)/($TiB_2-Si_3N_4$)/p-SiGe	界面结合良好 （老化试验前）	~ 100
($W+Si_3N_4$)/($MoSi_2+Si_3N_4$)/n-SiGe	界面结合良好 （老化试验前）	~ 150
($W+Si_3N_4$)/($MoSi_2+Si_3N_4$)/p-SiGe	界面结合良好 （老化试验前）	~ 300
($W+Si_3N_4$)/($TiB_2+Si_3N_4$)/p-SiGe	界面结合良好 （老化试验：1000℃，120 h）	< 100

7.4.3 界面电阻和界面热阻的测量

热电元件的界面接触电阻可基于四探针原理测量，测量原理图如图 7-15（a）所示。探针 A、B、C 和 D 依次成直线排列，A 和 D 为电流探针，B 和 C 为电压探针，界面垂直于该直线。在测量过程中，探针 A、B 和 D 固定不动，探针 C 从界面左侧位置向探针 D 方向移动，当 C 位于热电材料或电极内部时，R_{BC} 随着 BC 间距离的增加呈线性增加，当 C 经过界面时，R_{BC} 将出现一定幅度的跳跃，该跳跃即接触电阻。根据定义，将接触电阻与接触面积相乘，即得到界面的接触电阻率（$\rho_c = R_c \times A$）。图 7-15（a）所示的四探针结构中，由于测量样品界面上的电流密度不均匀通常会产生较大的测量误差，为减少误差，在实际测量装置中通常将 A、D 探针改进为两块金属电极[图 7-15（b）]，将二端面平行的条状测量样品置于此金属电极之间并施加压力夹紧样品（为了提高接触质量，可在金属电极与元件端面间插入铟箔等容易变形的金属片），这种结构可以获得更加精确的测量。

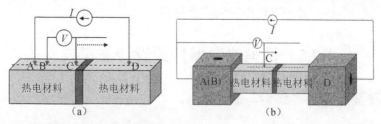

图 7-15 （a）四探针原理测量界面接触电阻示意图；（b）实际界面接触电阻测量装置示意图

图 7-16 是采用图 7-15（b）方法测量的 $Yb_{0.6}Co_4Sb_{12}/Ti/Yb_{0.6}Co_4Sb_{12}$ 元件界面接触电阻结果。测试样品包含两个界面，以过渡层中心为原点。探针 C 从样品左端移动到右端，随探针 C 的移动，BC 之间电阻缓慢增加，在左侧界面处 60 μm 范围内，测量电阻从 370 μΩ 快速上升到 479 μΩ，探针继续向右移动，电阻的变化幅度迅速减小，因此左侧界面电阻为 109 μΩ；在右侧界面处 50 μm 范围内，测量电阻从 493 μΩ 快速上升到 598 μΩ，因此右侧界面电阻为 105 μΩ。两者非常接近，这表明界面质量和测量的重复性很好。样品横截面积为 $4.5 \times 4.5 \ mm^2$，根据定义，左右两侧界面接触电阻率分别为 22 $\mu\Omega \cdot cm^2$ 和 21.3 $\mu\Omega \cdot cm^2$。

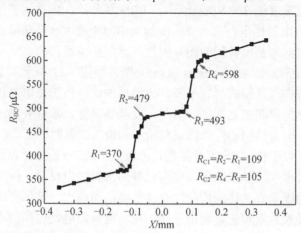

图 7-16 600℃热持久 8 天后 $Yb_{0.6}Co_4Sb_{12}/Ti/Yb_{0.6}Co_4Sb_{12}$ 元件界面电阻的测量数据

热电元件界面热阻的评价比界面电阻更困难,还没有直接测量界面热阻的方法。根据界面结构特征,可以从热电元件中切取包含界面层的薄片样品,将其视为热电材料/阻挡层/电极材料三层结构,基于多层热传导模型,热平衡状态下的热阻 W(热导率倒数)存在如下关系:

$$\frac{l}{\kappa} = \frac{l_1}{\kappa_1} + \frac{l_2}{\kappa_2} + \frac{l_3}{\kappa_3} + \delta \tag{7-13}$$

式中,l、l_1、l_2、l_3 分别为样品总厚度和热电材料、阻挡层、电极材料的厚度;κ、κ_1、κ_2、κ_3 分别为样品总平均热导率和热电材料、阻挡层、电极材料的热导率;δ 为界面附加热阻。分别测量各层相应物质的热导率和厚度,并测量样品总热导率,最后代入式(7-13)处理可获得附加界面热阻。

7.5 微型热电器件的设计与集成

7.5.1 微型器件基本结构与制造技术

热电器件的微型化是热电转换应用技术的重要拓展[41]。随着集成电路的发展,微电子系统的功耗不断降低,例如,石英手表的功耗约为 5 μW,心脏起搏器的功耗为 50 μW,无线传感器的功耗可以小至 100 μW 左右[42]。这些低功耗微电子系统迫切需要具有高功率密度和长寿命的微型电源取代现有化学电池。微型热电器件可利用环境温差发电并实现原位供电,在可穿戴电源、微型电源技术领域展现了重要的应用前景。另外,随着高速通信网络、无线传感技术、高功率密度电子元器件技术的快速发展,对高功率密度的局部主动制冷和精准温控的需求呈现爆炸性增长。例如,随着微电子器件尺寸的不断减小,器件集成度的不断提高,微小面积内的功耗急剧上升,导致巨大的局部热流密度,即称为"热点"。例如,微处理器的局部热流密度达 300 W/cm^2[43,44];LED 工作产生的热流密度在 100 W/cm^2 量级[45]。微型热电器件作为高功率密度的局部制冷技术已经获得重要的应用。

根据热流方向与热电臂间的相互关系,微型热电器件的典型结构分为面内结构(in-plane)型和垂直结构(cross-plane)型,如图 7-17 所示。面内结构型为薄膜结构,热流方向与薄膜或衬底平行。该结构的优点在于热电臂长,易于建立温差,可采用成熟的薄膜工艺制备。但是,受基底热漏、器件吸热面积小、高内阻等因素的影响,面内结构器件的热量利用率和输出能量密度低。

垂直结构类似于传统 π 形器件结构,可以基于传统 π 形器件设计原理、使用块体热电材料通过微加工技术制备,也可以使用薄膜热电材料,使用薄膜材料时热流方向与热电薄膜垂直。该结构的优点在于吸热面积大、热量利用率高,利于提高器件的热电转换效率和能量输出密度,在小温差热电发电和制冷应用方面均具有明显的结构优势。但是,垂直结构微型器件中界面电阻在器件总电阻中的占比大，电极制备工艺对器件转换效率影响敏感，因此低界面电阻率的电极制备是核心技术；另外，该结构器件不容易形成大温差，因此热电厚膜材料（几十到上百微米）的制备与微加工也是瓶颈技术之一。薄膜型垂直结构微型器件的典型制造技术包括：基于物理沉积、反应离子刻蚀和倒装焊接技术的微加工技术[46,47]，基于电化学沉积和焊接的集成技术[48,49]，使用热电材料浆料的印刷技术等[50]。其中，电化学沉积和浆料印刷技术的优点在于器件热电臂高度可达上百微米，且工艺相对简单。受材料制备温度低、材料内部杂质难去除等因素限制，目前电化学技术和浆料印刷技术制备的薄膜材料热电性能较差，限制器件性能的提升。而物理沉积与刻蚀技术受限于材料微加工和阵列排布时的技术难度，器件热电臂高度一般仅能达到 20 μm，器件两端难以建立较大的有效温差。

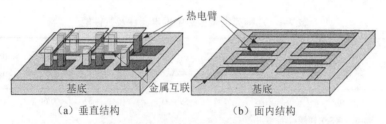

图 7-17　微型热电器件两种典型结构

7.5.2　微型热电器件性能与优化方法

微型热电器件由单个微小的热电对集成，热电材料的热电性能是影响器件性能的核心因素。根据 7.3 节中阐述的器件设计原理，器件的拓扑结构（几何形状、尺寸、连接方式、电流与热流耦合匹配等）和异质界面结构（电极/热电材料、电极/绝缘基板等）是影响器件能量转换效率等性能的主要因素。特别在微型器件中，随着热电臂尺寸的减少、单位面积热电臂数量的增加等结构参数的改变，器件中异质界面的接触电阻、接触热阻与基底热阻等寄生热阻对器件热电性能的影响急剧增大，同时热流的定向管理也变得更加困难。因此，对于微型器件，在开发低维材料制备技术、提高低维材料热电性能的同时，优化器件结构、有效地降低器件寄生电阻和寄生热阻是提升微型热电器件的关键。

虽然超晶格热电薄膜制备的微型热电器件显示出较好的热电性能，但是，制备厚度达几微米甚至几十微米的超晶格薄膜，工艺复杂，成本昂贵。美国 RTI 公司的 Venkatasubramanian 等通过制备高热电性能的 p 型 Bi_2Te_3/Sb_2Te_3 超晶格薄膜（ZT=2.4）和 n 型 $Bi_2Te_3/Bi_2Te_{2.83}Se_{0.17}$ 超晶格薄膜（ZT=1.4），开发出垂直结构的超晶格热电器件，最大制冷密度达 128 W/cm^2，5 K 温差下的电输出功率密度达 6.74 mW/cm$^{2[50,51]}$。美国加州大学 Santa Cruz 分校的 Shakouri 等[52]测试了基于 p 型 $Si/Si_{0.75}Ge_{0.25}$ 超晶格薄膜热电制冷器的性能，将超晶格薄膜堆叠 200 层（3 μm 厚）后，其室温下最大制冷温差约为 3 K，最大制冷功率密度约为 600 W/cm^2。

与超晶格热电薄膜器件相比较，基于物理气相沉积、化学气相沉积、电化学沉积等技术的单层热电薄膜的制备工艺比较简单，但薄膜材料热电性能的提升一直比较困难。德国 Micropelt 公司在两个 Si 片上溅射制备 20 μm 的 n 型 Bi_2Te_3 和 p 型 $(BiSb)_2Te_3$ 膜，并在其表面电镀上锡铅焊接层，然后使用掩膜技术刻蚀出设计形状的 p/n 单体，再将 p/n 单体对焊，制备了高密度的微型热电器件，可实现 40 W/cm^2 的制冷密度和 11.2 mW/cm^2 的电输出功率密度[53]。Wang 等[54]基于电化学方法、并利用氧化铝多孔模版制备 n 型和 p 型 Bi_2Te_3 纳米线阵列，泽贝克系数分别为–188 μV/K 和 270 μV/K，并进一步开发出纳米线阵列微型热电器件。

表 7-4 和表 7-5 分别列举了几种典型微型热电发电器件和微型热电制冷器件的结构参数与性能[41]。

表 7-4 几种典型微型热电发电器件及其性能

研究机构	热电材料	器件结构	面积 /mm^2	热电对数量	热电单元长度 /μm	温差/K	开路电压 /V	输出功率密度 /(mW/cm^2)
Infineon	n-p-Poly Si 薄膜	面内结构	6	59 400	—	5	0.66	0.000 18
DTS	n-$Bi_2(TeSe)_3$ 薄膜 p-$(BiSb)_2Te_3$ 薄膜	面内结构	63.65	2 250	50	5	2	0.002 5
JPL	n-Bi_2Te_3 薄膜 p-$(BiSb)_2Te_3$ 薄膜	垂直结构	2.89	63	20	1.25	0.004	0.034 6
MicroPelt	n-Bi_2Te_3 薄膜 p-$(BiSb)_2Te_3$ 薄膜	垂直结构	25	1 800	20	10	2.3	11.2
RTI	n/p-Bi_2Te_3 超晶格	垂直结构	460	512	5	5	1.247	6.74

表 7-5 几种典型微型热电制冷器件及其性能

研究机构	热电材料	器件结构	面积/mm^2	热电对数量	热电单元长度/μm	最大制冷温差/K	最大制冷密度 /(W/cm^2)
I-Yu Huang 等	n-p-Poly Si 薄膜	面内结构	100	62 500	—	5.6	
JPL	n-Bi_2Te_3 薄膜 p-$(BiSb)_2Te_3$ 薄膜	垂直结构	2.89	63	20	2	—
MicroPelt	n-Bi_2Te_3 薄膜 p-$(BiSb)_2Te_3$ 薄膜	垂直结构	11.4	—	20	31	40
RTI	n/p-Bi_2Te_3 基超晶格	垂直结构	—	2	5	55	128
A. Shakouri 等	p-$Si/Si_{0.8}Ge_{0.2}$ 超晶格	垂直结构	0.04×0.04	1	3	2.5	600

7.6 器件应用与服役性能

经过半个多世纪的发展,热电制冷器件已拥有了稳定的市场规模,特别是在小容积制冷、局域制冷技术领域具有较强的竞争力。与此同时,热电发电器件在军事和空间探测等领域拥有不可替代的地位,在工业余废热的回收利用方面也逐渐开始发挥其作用。

与传统制冷方式相比,热电制冷的效率与容积无关,适用于小容积制冷的场合,且通过调节电压或电流可实现精确控温。热电制冷器件还具有无需压缩机、无机械运动部件、可靠性高、无噪声等优点,且无需氨、氟利昂等制冷介质,更符合现代社会对于绿色环保的要求。作为日常消费类产品,便携式热电制冷冰箱、热电空调座椅、小型空调器、饮水机、红酒柜等是最典型的应用。热电制冷器件还被广泛应用于光电子、电子等领域,如红外探测器、光电倍增管、CCD 摄像机、激光二极管、恒温槽、去湿器、露点测试仪、冰点仪等。另外,热电制冷易于实现点制冷及精确控温的特点,促进了相关医疗器械产品的开发,包括冷冻手术刀、切片机冷冻台、显微镜冷冻台、医用低温床垫、生物反应器等。采用热电制冷技术的冷冻手术刀无需使用压缩机或液氮,与传统冷冻手术刀相比,体积更小、更灵活,同时刀头温度可达-50℃左右,非常适用于表皮和眼部手术。热电制冷器件的平均寿命已超过 3×10^5 h,单点失效率已低于 3×10^{-8}/h[55]。

热电发电器件最典型的应用是作为空间电源的同位素温差电池,在空间真空环境下,锗硅器件、碲化铅器件的工作寿命超过 30 年。除放射性同位素温差电池外,利用核反应堆热源、烃燃料燃烧热源、低品位工业余热等的热量都可以使用热电器件直接转换为电能。其中,工业废热、汽车尾气废热、环境温差等低能量密度、分散型的低品位热能的热电发电应用,长期受到关注但一直未获得实质性进展,除降低成本外,提高器件转换效率和服役可靠性是最大的挑战。

大多数热电发电应用均要求器件能够长期在大温差、高温或含有水、氧甚至腐蚀性气体的环境下工作,对于柔性器件还要求其能够长期在折绕状态下使用。构成器件的关键部件(热电材料、电极、基板等)在长期服役过程中将不可避免地产生性能劣变和功能损伤。引起器件性能蜕变和损伤的原因是多元和复杂的,主要涉及:①服役环境(特别是高温)下热电材料结构演变直接导致材料热电性能衰变和器件转换效率的降低,另外材料构成组分的挥发或氧化也会直接导致器件性能衰变甚至失效;②器件中异质界面是器件失效的主要原因,特别是高温环境下异质界面处的元素扩散和化学反应会直接导致界面电阻、界面热阻的增加,甚至界面裂纹的产生，导致器件的性能衰退和失效；③大温差、机械压力、机械振动等服役环境导致器件的结构损伤甚至碎裂。由于器件失效机理的复杂性，器件可靠性评价方法与服役寿命预测方法的建立仍然是重要的挑战。

7.7 挑战与展望

自20世纪90年代末以来，热电材料的研究获得迅猛的进展，多种新材料体系的发现及新的热电输运性能调控理论的提出导致了热电优值的不断攀升。另一方面，尽管热电转换技术的应用受到广泛的关注，但热电技术特别是热电发电技术的规模化工业应用一直进展缓慢。热电转换技术的研发链长，并且器件、系统后端技术开发难度大，造就了从材料到应用漫长的研发路径。首先，器件技术作为热电技术规模化应用的核心和瓶颈技术的发展滞后于突飞猛进的热电材料科学的发展。器件的高性能化面临的比材料高 ZT 更加复杂的科学与技术问题亟待解决，例如，器件拓扑结构的优化设计方法有待进一步完善，高可靠、低损耗的电极制备技术有待突破。尽管热电技术由于无活动部件而具有免维护、长寿命的特点，但苛刻环境下器件的服役衰减与失效不可避免，器件可靠性与寿命的预测体系尚不健全，直接影响热电技术的普及应用。其次，作为一种传统能量转换技术的替代性技术，与既存技术相比较，热电转换技术的成本优势还不显著，从材料到器件和系统的低成本批量制造技术的建立还需源头技术的创新，特别是器件批量制造与低成本化技术是决定热电技术能否由"实验室"或"小规模应用走向大规模产业化"的关键，也是决定热电材料研究领域能否持续繁荣的关键。最后，热电转换技术的优、劣势特征明显，以分散型、小功率、低能量密度为特征的热电转换技术的适用领域是由其自身特点所决定的，发展热电转换新的应用技术需要回归扬长避短的原点，需要综合体现热电转换技术的不可替代性、技术先进性、经济或社会效益等整体因素，瞄准特长应用领域、发展不可替代的热电应用技术是该领域的发展方向。

参 考 文 献

[1] Weinberg F J, Rowe D M, Min G. Novel high performance small-scale thermoelectric power generation employing regenerative combustion systems. Journal of Physics D—Applied Physics, 2002, 35(13): 61-63.

[2] Crane D T, Bell L E. Progress towards maximizing the performance of a thermoelectric power generator. In: International conference on thermoelectrics, ICT, proceedings ICT-25th international conference on thermoelectric. 2006: 11-16.

[3] 易春龙. 电弧喷涂技术. 北京: 化学工业出版社, 2006.

[4] 吴燕青, 鲁端平, 蒋立峰, 等. 无钎焊层、热耦合面高绝缘、低热阻热电模块的制造方法: 中国, CN101783386B, 2012.

[5] 龙春泉, 阎勇, 张建中, 等. n 型 PbTe 单体的一体化工艺研究. 电源技术, 2008, 32 (5): 299-301.

[6] 赵德刚, 李小亚, 江莞, 等. $CoSb_3$/Mo-Cu 的热电接头的一步 SPS 法制备及评价. 无机材料学报, 2009: 24(3): 136-141.

[7] 李小亚, 赵德刚, 陈立东, 等. 一种 π 形 $CoSb_3$ 基热电转换器件及制备方法. CN 100583478 C, 2010.

[8] Antonova E E, Looman D C. Finite elements for thermoelectric device analysis in ANSYS, International Conference on Thermoelectrics. IEEE Xplore, 2005, 215-218.

[9] Zhang Q H, Liao J C, Tang Y S, et al. Realizing a thermoelectric conversion efficiency of 12% in bismuth telluride/skutterudite segmented modules through full-parameter optimization and energy-loss minimized integration. Energy and Environmental Science, 2017, 10(4): 956-963.

[10] Rowe D M. CRC Handbook of Thermoelectrics: Micro to Nano. Boca Raton: CRC Press, 2006.

[11] 徐德胜. 半导体制冷与应用技术. 上海: 上海交通大学出版社, 1999.

[12] 李小亚, 陈立东, 夏绪贵, 等. 一种碲化铋基热电发电器件及其制造方法: 中国, CN101409324A, 2009.

[13] 李小亚, 陈立东, 夏绪贵, 等. 一种碲化铋基热电发电器件: 中国, CN201408783Y, 2010.

[14] 柏胜强, 李菲, 吴汀, 等. 碲化铋基热电发电元件及其制备方法: 中国, CN103579482A, 2014.

[15] 柏胜强, 李菲, 吴汀, 等. 一种碲化铋基热电器件及其制备方法: 中国, CN103413889A, 2013.

[16] Hasezaki K, Tsukuda H, Yamada A, et al. thermoelectric semiconductor and electrode fabrication and evaluation of SiGe/electrode. The 16th International Conference on Thermoelectrics, Dresden, 1997, 599-603.

[17] Lin J S, Miyamoto Y. One-step sintering of SiGe thermoelectric conversion unit and its electrodes. Journal of Materials Reserach, 2000, 15(3): 647-652.

[18] Merges V. Development of the radioisotope thermoelectric generator. The 2th International Symposium on Power from Radioisolopes, Madrid, 1972: 385-396.

[19] Orihashi M, Noda Y, Chen L D, et al. Ni/PbTe and Ni/$Pb_{0.5}Sn_{0.5}$Te ioining by plasma activated sintering. The 17th International Conference on Thermoelectrics, Nagoya, 1998: 543-546.

[20] Long C Q, Yan Y, Zhang J Z, et al. New integration technology for PbTe element. The 25th International Conference on Thermoelectrics, Vienna, 2006: 26-30.

[21] Belson H S, Houston B. Thermal expansion of lead telluride. Journal of Applied Physics, 1970, 41: 422-425.

[22] Lim C H, Choi S M, Seo W S, et al. A power-generation test for oxide-based thermoelectric modules using p-type $Ca_3Co_4O_9$ and n-type $Ca_{0.9}Nd_{0.1}MnO_3$ legs. Journal of Electronic Materials, 2012, 41: 1247-1255.

[23] El-Genk M S, Saber H H, Caillat T. Efficient segmented thermoelectric unicouples for space power applications. Energy Conversion Management, 2003, 44(11): 1755-1772.

[24] Fan J F, Chen L D, Bai S Q, et al. Joining of Mo to $CoSb_3$ by spark plasma sintering by inserting a Ti interlayer. Materials Letters, 2004, 58(30): 3876.

[25] Zhao D, Li X, He L, et al. Interfacial evolution behavior and reliability evaluation of $CoSb_3$/Ti/Mo-Cu thermoelectric joints during accelerated thermal aging. Journal of Alloys and Compounds, 2009, 477: 425-431.

[26] Zhang Q, Huang X, Bai S, et al. Thermoelectric devices for power generation: recent progress and future challenges. Advanced Engineering Materials, 2016, 18 (2): 194-213.

[27] El-Genk M S, Saber H H, Caillat T, et al. Tests results and performance comparisons of coated and un-coated skutterudite based segmented unicouples. Energy Conversion and Management, 2006, 47(2): 174-200.

[28] Zhao D, Li X, Wang L, et al. One-step sintering of CoSb$_3$ thermoelectric material and Cu-W alloy by spark plasma sintering. Materials Science Forum, 2009, 610: 389-393.

[29] Gu M, Xia X G, Li X Y, et al. Microstructural evolution of the interfacial layer in the Ti-Al/Yb$_{0.6}$Co$_4$Sb$_{12}$ thermoelectric joints at high temperature. Journal of Alloys and Compounds, 2014, 610: 665-670.

[30] Hasezaki K, Tsukuda H, Yamada A, et al. Thermoelectric semiconductor and electrode fabrication and evaluation of SiGe/electrode. International Conference on Telecommunications, 1997: 599-602.

[31] Bennett G L. Space Applications. D. M. ROWE. CRC handbook of thermoelectrics. Boca Raton: CRC press, 1995.

[32] Mondt J F. SP- 100 Space Subsys terns//Rowe D M. CRC Handbook of Thermoelectrics. Boca Raton: CRC press, 1995.

[33] Cockfield R. Engineering development testing of the GPHS-RTG converter. Intersociety Energy Conversion Engineering Conference, 1981: 321-325.

[34] Bennett G L, Hemler R J, Schock A. Development and use of the galileo and ulysses power sources. Space Technology Industrial and Commercial Applications, 1994,15(3): 157-174.

[35] Bennett G L, Lombardo J J, Hemler R J, et al. Mission of daring: The general-purpose heat source radioisotope thermoelectric generator, 4th International Energy Conversion Engineering Conference and Exhibit (IECEC), San Diego, California, AIAA, 2006.

[36] Bennett G, Lombardo J, Rock B. Power performance of the general-purpose heat source radioisotope thermoelectric generator. Space Nuclear Power Systems, 1987: 199-222.

[37] Lin J S, Tanihata K, Miyamoto Y, et al. Microstructure and property of (Si-MoSi$_2$)/SiGe thermoelectric convertor unit. Functionally Graded Materials, 1997: 599-604.

[38] Lin J S, Miyamoto Y. One-step sintering of SiGe thermoelectric conversion unit and its electrodes. Journal of Materials Research, 2000,15(3): 647-652.

[39] Hasezaki K, Tsukuda H, Yamada A, SiGe/electrode response to long-term high-temperature exposure. International Conference on Telecommunications, 1998: 460-463.

[40] Yang X Y, Wu J H, Gu M, et al. Fabrication and contact resistivity of W-Si$_3$N$_4$/TiB$_2$-Si$_3$N$_4$/P-SiGe thermoelectric joints. Ceramics International, 2016, 42(7): 8044-8050,

[41] 宋君强, 史迅, 张文清, 等. 热电材料的热输运调控及其在微型器件中的应用. 物理, 2013, 42: 112-123.

[42] Vullers R J M, Schaijk R V, Doms I, et al. Micropower energy harvesting. Solid-State Electronics, 2009, 53: 684-693.

[43] Arik M, Petroski J, Weaver S. Thermal challenges in the future generation solid state lighting applications: Light emitting diode. Inter Society Conference on Thermal Phenomena, 2002, 113-120.

[44] Sharp J, Bierschenk J, Lyon H B. Overview of solid-state thermoelectric refrigerators and possible applications to on-chip thermal management. Proceedings of the IEEE, 2006, 94(8): 1602-1612.

[45] Watwe A, Viswanath R. Thermal implications of non-uniform die power map and CPU performance. Proceedings of Inter PACK, 2003: 35044.

[46] Böttner H, Nurnus J, Gavrikov A, et al. New thermoelectric components using microsystem technologies. Journal Microelectromechanical Systems, 2004, 13(3): 414-420.

[47] Venkatasubramanian R. Thin-film thermoelectric device and fabrication method of same: US Patent N0.: 6300150B1, 2001.

[48] Snyder G J, Lim J R, Huang C K, et al. Thermoelectric microdevice fabricated by a MEMS-like electrochemical process. Nature Materials, 2003, 2(8): 528-531.

[49] Shin K J, Oh T S. Micro-power generation characteristics of thermoelectric thin film devices processed by electrodeposition and flip-chip bonding. Journal of Electronic Materials, 2015, 44 (6): 1-8.

[50] Venkatasubramanian R, Watkins C, Caylor C, et al. Microscale thermoelectric devices for energy harvesing and thermal management//The Sixth International Workshop on Micro and Nanotechnology for Power Generation and Energy Conversion Applications. Berkeley, 2006.

[51] Bulman G E, Siivola E, Shen B, et al. Large external ΔT and cooling power densities in thin-film Bi_2Te_3-superlattice thermoelectric cooling devices. Applied Physics Letters, 2006, 89(12): 122117.

[52] Shakouri A, Zhang Y. On-chip solid-state cooling for integrated circuits using thin-film microrefrigerators. IEEE Transactions on Components and Packaging Technologies, 2005, 28(1): 65-69.

[53] Bottner H, Nurnus J, Schubert A, et al. New high density micro structured thermogenerators for stand alone sensor systems//The 26st International Conference on Thermoelectrics, IEEE, 2007, 306-309.

[54] Wang W, Jia F, Huang Q, et al. A new type of low power thermoelectric micro-generator fabricated by nanowire array thermoelectric material. Microelectronic Engineering, 2005, 77(3-4): 223-229.

[55] 张建中. 温差电技术. 天津: 天津科学技术出版社, 2013.

关键词索引

A

爱因斯坦振动　25

B

半导体物理　17, 21, 39, 65
半共格纳米结构　74
半 Heusler 合金　28, 97, 98, 99
包晶反应　80, 121
薄膜型器件　6
玻尔兹曼方程　17, 18, 23
玻尔兹曼常数　17, 23
布里渊区　20, 24, 28, 35, 73, 99

C

层层自组装法　152, 157
层状结构　66, 93, 112
超晶格材料　110, 111, 112
超晶格热电薄膜　110, 112, 183, 184
弛豫时间　17, 18, 19, 21, 22, 23, 24, 25, 38, 39, 118
穿透系数　38

D

大缺陷散射　21, 126
带隙　66, 71, 78, 79, 82, 85, 86, 96, 97, 101, 102, 110, 120, 146, 147
单级器件　170, 172, 175
单量子阱　110
单抛物带模型　17, 21, 28
弹性常数　87
导带　17, 19, 20, 66, 79, 82, 88, 97, 111

导电聚合物　60, 120, 137, 138, 139, 141, 142, 146, 151, 153, 155, 157, 158
德拜模型　23
德拜温度　23, 24, 29, 71, 75
等效能谷数　21
低频声子　31, 87, 113
点缺陷散射　24, 25, 27, 29, 39
电场强度　43
电串联　6, 163, 164
电导率　1, 7, 16, 17, 18, 19, 20, 21, 27, 28, 29, 43, 44, 55, 58, 59, 60, 62, 67, 68, 77, 79, 84, 94, 96, 97, 112, 116, 118, 120, 137, 138, 141, 142, 143, 144, 145, 146, 147, 148, 149, 150, 152, 157, 168, 169, 175, 176, 178, 180
电负性选择原则　87
电荷迁移架桥　149, 150
电弧喷涂　166, 167, 187
电极　51, 54, 59, 163, 164, 165, 166, 167, 168, 172, 176, 177, 178, 179, 180, 181, 182, 183, 185, 186
电流密度　18, 43, 165, 168, 169, 181
电势差　2, 5, 43, 44, 55
电子　4, 5, 16, 18, 21, 22, 23, 27, 29, 32, 33, 34, 38, 39, 61, 65, 66, 67, 78, 82, 85, 88, 90, 91, 92, 93, 97, 98, 103, 110, 115, 116, 117, 128, 129, 137, 138, 144, 150, 155, 182, 185
电子共振态　29
定容比热　23, 92

多段结构器件　172
多量子阱　110, 111, 114, 115
多能带简并　27, 28

E

二级相变　93
二维材料　34, 35, 36

F

发电效率　7, 9, 11
反键态　88
反位缺陷　66, 67
反萤石晶体结构　92
范德堡法　54, 55
范德华力　59, 66
范德华外延生长　112
方块电阻　55
非弹性散射　37
非共度生长　111
非共格纳米结构　74
非简并状态　19, 20, 26
非简谐性　31
非稳态法　46, 49
费米-狄拉克分布　17, 19, 35
费米积分　19, 20
费米能级　17, 19, 20, 21, 22, 26, 27, 28, 29, 97, 110, 115, 129, 146
分子链有序化　142
分子束外延　111
粉体混合法　153
服役可靠性　163, 185
辐射系数　48
负载电阻　8, 9, 10, 173
附加势垒　38
傅里叶定律　47

G

高锰硅化合物　80, 82
高温扩散焊　166
格林艾森常数　24, 31
各向异性　67, 113, 129, 145
功率密度　163, 168, 170, 171, 182, 183, 184
共度生长　111
共格纳米结构　74
共振散射　24, 25, 27, 31, 32, 39
固溶度　28, 72, 73, 76, 102
固溶模型　29
固相混合法　125
光学波　21, 22, 71
过渡层　167, 177, 178, 180, 181
过滤效应　39, 93, 112, 118, 128, 146, 147, 158

H

哈曼法　175, 176
焊接　59, 60, 164, 165, 166, 167, 177, 178, 183, 184
合金固溶　29
核-壳结构　120, 178
横波　33, 71, 92
横波阻尼效应　33, 92
后置电路法　59, 60
化学气相沉积　111, 118, 184
环形构造　164
环型器件　6
黄铜矿结构　100, 101

J

机械合金化　77, 82, 84, 120, 121, 131
机械拉伸　143

激光脉冲法　49
级联叠堆器件　6
极性半导体材料　71
加权有效质量　21, 26
价带　19, 66, 73, 79, 82, 88, 89, 97, 99, 102, 111
价电子数　81, 82, 85, 97
简并状态　19, 20, 26
简约费米能级　19, 21, 26, 27, 35
简约普朗克常量　17, 23
接触电阻　44, 167, 172, 173, 175, 176, 178, 179, 180, 181, 183
接触热阻　48, 172, 175, 176, 178, 183
介电常数　22, 71
界面高导电层　146
界面扩散　178, 179
界面能量过滤效应　127, 146
金刚石结构　28, 75, 100, 101, 102, 103
金属配合物　137
晶格常数　21, 75, 78, 82, 85, 86, 101, 111, 112
晶格热导率　16, 23, 24, 25, 26, 27, 29, 31, 32, 37, 39, 70, 73, 74, 77, 84, 86, 87, 88, 91, 92, 93, 94, 95, 98, 99, 101, 102, 113, 114, 118, 120, 127, 128, 129, 151
晶格失配度　112
晶格振动散射　21
晶界散射　22, 24, 25, 32, 84
晶体对称性　27, 90, 102
镜面系数　37
聚3,4-乙撑二氧噻吩　137, 139
聚3-己基噻吩　137, 139
聚苯胺　137, 139, 141, 143, 144, 145, 146, 152, 153, 155, 157
聚对苯撑乙烯　137
聚乙炔　137, 141
绝对泽贝克系数　3, 5, 45

绝热　11, 13, 61, 176

K

卡诺循环效率　9
开尔文关系　5, 6
空间分辨率　56, 57, 58
空间群　66, 71, 78, 85, 90, 96, 97
空穴　2, 3, 18, 21, 22, 23, 66, 67, 78, 82, 99, 110, 116, 138
孔洞半径　85, 86
快离子导体　92, 94, 95
宽频声子散射　31, 32
类金刚石化合物　100, 102
类液态效应　32
离化介数　22
离化杂质散射　21, 22, 77
离域　137, 138, 144
立方结构　28, 78, 85, 90, 93, 99, 100, 102, 103
两探针法　43
量子阱效应　36
笼状结构　65, 85, 90
洛伦兹常数　19, 20, 23

M

马赛克晶体　93, 94
脉冲激光沉积　111, 118
模板法　119
模板诱导　158
纳米插层　150

N

纳米粉体　70, 120, 121, 122, 124, 125, 153
纳米复合　34, 38, 39, 56, 70, 77, 84, 96, 98, 99, 110, 120, 125, 126, 127, 128, 129, 137, 139, 140, 141, 149, 150, 153, 155, 157, 158

关键词索引

纳米晶　34, 38, 68, 70, 117, 118, 120, 121, 124

纳米线　34, 35, 36, 38, 51, 53, 58, 59, 60, 61, 62, 110, 119, 120, 129, 146, 147, 148, 149, 153, 154, 184

内阻　9, 10, 11, 170, 171, 174, 182

能带简并度　26

能带收敛　28, 79, 80

能带态密度　29, 35

能谷工程　112, 117

扭曲因子　28, 102

P

佩尔捷系数　4, 5, 6, 18, 44

佩尔捷效应　1, 2, 3, 4, 5, 11, 43, 44, 175

平板型器件　6

平均原子体积　29

普朗克常量　17, 29

Q

气相合成法　119

器件集成　164, 176, 182

器件失效　177, 178, 185

器件应用　185

器件优化设计　163, 169

迁移率　17, 19, 20, 22, 26, 27, 28, 38, 66, 75, 77, 78, 82, 86, 88, 93, 114, 116, 117, 118, 142, 143, 144, 146, 152, 158

球磨法　70, 76, 77, 121

球形等能面　18

取向性　67, 68, 69

全参数仿真模型　172

群速度　31

R

扰动效应　87

热并联　6, 163

热导率　1, 7, 8, 11, 14, 16, 18, 23, 24, 25, 27, 31, 32, 37, 38, 39, 43, 46, 47, 49, 50, 51, 52, 53, 60, 61, 62, 67, 68, 70, 73, 74, 75, 76, 77, 79, 82, 84, 86, 91, 92, 93, 94, 96, 98, 99, 101, 102, 112, 113, 116, 118, 120, 126, 127, 128, 129, 138, 139, 142, 150, 158, 168, 169, 170, 171, 172, 173, 174, 175, 176, 178, 182

热电薄膜　53, 54, 57, 117, 157, 158, 182, 184

热-电耦合本构方程　169

热电器件　5, 6, 7, 9, 13, 117, 129, 163, 164, 165, 166, 167, 168, 169, 172, 173, 176, 177, 178, 182, 183, 184, 185, 187

热电优值　1, 8, 9, 16, 18, 28, 33, 62, 65, 67, 68, 69, 70, 77, 79, 86, 93, 94, 95, 96, 102, 138, 151, 172, 175, 176, 186

热电元件　7, 163, 164, 165, 166, 167, 179, 180, 182

热激发　21, 23

热扩散系数　49, 50

热流密度　46, 47, 163, 165, 168, 182

热膨胀系数　176, 177, 178, 180

热平衡方程　11, 13, 176

溶液法　119, 120, 121, 153

溶液介质混合法　153, 154, 155

熔融悬甩法　120

柔性器件　185

S

泽贝克系数　1, 2, 3, 4, 5, 6, 7, 16, 17, 18, 19, 20, 21, 23, 26, 27, 28, 29, 38, 43, 44, 45, 46, 55, 56, 57, 58, 59, 60, 62, 68, 70, 79, 80, 84, 88, 93, 95, 96, 97, 112, 115, 116, 117, 118, 127, 128, 138, 141, 142, 143, 144, 145, 146, 147, 148, 149, 150, 152, 158, 168, 169, 171, 175, 184

泽贝克效应 1, 2, 3, 4, 5, 6, 10, 43, 55, 56, 176
三维 34, 35, 90, 169, 172
散射机制 16, 20, 21, 22, 23, 24, 25, 27, 31, 34, 71, 74
散射因子 17, 19, 21, 22, 26, 38
扫描隧道显微术 58
色散关系 34, 35, 88
闪锌矿结构 100, 101
声学波 21, 22, 71
声子波长 25, 37, 39
声子玻璃-电子晶体 32, 65, 85
声子传播速率 22, 23
声子倒曳散射 39
声子界面散射理论 37, 38, 113
声子频率 23
声子平均自由程 25, 32, 36, 37, 38, 39, 92, 93, 113, 118, 120
声子-声子散射 24
声子态密度 31, 32
湿化学法 120, 121, 124, 131
斯特藩玻尔兹曼常数 48
势阱 110, 114, 115, 116, 117
势垒 4, 38, 93, 110, 114, 115, 116, 117, 118, 127, 146, 147, 158
受主掺杂 72
双极扩散 23
瞬态热流法 49, 50
斯宾那多分解 125
四面体配位 90, 101
四探针法 43

T

汤姆孙系数 5, 6, 45
汤姆孙效应 1, 2, 4, 5, 6, 168

填充方钴矿 25, 31, 32, 65, 85, 86, 87, 88, 89, 126, 177, 178
填充极限 87
填充量 31, 87
同位素温差电池 185
拓扑结构 163, 168, 175, 183, 186

W

微型热电器件 182, 183, 184
温度梯度 2, 5, 17, 18, 45, 47, 55, 58, 168, 173
稳态测量法 46, 48
无机笼合物 90, 91
无序尺度参数 29
无序散射因子 29, 30

X

相对泽贝克系数 2, 3, 5, 6, 45
形变势 22
形变势常数 22
旋甩 69, 70, 124, 125, 126, 129

Y

赝立方 102, 103
氧化物热电材料 95, 96, 97
液相混合法 125
一步法结合 166
一级相变 93
一维材料 36
异质界面 163, 169, 183, 185
应力场涨落 24, 29, 30
有机/无机复合 137, 138, 146, 147, 150, 153, 157
有机热电材料 137, 158

有机小分子　137, 144
有限元法　170, 172
有效态密度　27
有效质量　17, 19, 20, 21, 26, 27, 28, 66, 78,
　　79, 82, 88, 93, 97, 146
黝锡矿结构　100, 101
预置电路法　59, 60
原位表征　56, 57, 58
原位反应　125
原位聚合法　145, 155, 156, 157
原位生成　125
原位析出　125
原子层沉积　111

Z

载流子浓度　16, 17, 19, 20, 21, 22, 26, 67,
　　72, 76, 82, 84, 88, 89, 93, 96, 98, 114, 115,
　　116, 141, 146, 147
载流子热导率　16
载流子占据概率　17
窄禁带半导体　21
振动频率　25, 31, 87, 92
制冷效率　11, 12, 13
制冷器件　11, 12, 184, 185
质量场涨落　24
质量涨落散射因子　30
中性杂质散射　21, 22
周期性热流法　49
转换效率　1, 6, 7, 9, 163, 165, 168, 170,
　　171, 172, 173, 174, 175, 182, 183, 185

准一维　138
自蔓延　92
自旋熵　95
纵波　21, 33, 71
最大输出功率　168, 170, 171, 173
最大制冷量　11, 14
最低晶格热导率　25

其他

Bi_2Te_3　36, 53, 54, 56, 59, 65, 66, 67, 103,
　　104, 112, 113, 114, 117, 118, 120, 121, 122,
　　123, 124, 125, 126, 130, 131, 132, 133,
　　134, 139, 140, 146, 147, 153, 154, 161,
　　167, 177, 183, 184, 189
Block 模块　95
Dulong-Petit 定律　92
Mg_2Si　28, 31, 78, 79, 105
N 过程　24
n 型半导体　3, 4, 20, 83, 99
nowotny chimney ladder　80
p 型半导体　81, 82, 84
SiGe 合金　75
U 过程　24, 25
Wiedemann-Franz 定律　23
Y 形构造　164, 165
IV-VI 族化合物　71, 128
β 因子　26, 27
$β-FeSi_2$　82, 83
π-π 共轭　138, 142, 143, 145, 146, 151, 155
π形元件　6, 167
π形构造　164